室内设计成套方案精选

新古典主义住宅

武　峰　王深冬　主编

中国建筑工业出版社

本书为室内设计成套方案精选。2000年陆续出版的"峰和图库"《CAD室内设计施工图常用图块》系列图集，在读者中有着深远的影响，深受设计人员的欢迎。但设计总在不断地求新，为了适应装饰装修行业求变的发展，"峰和图库"又在升级换代的思考中推出了成套方案图集：室内设计方案成套化，包括彩色效果图、施工图、材料表等，目的是为了减轻设计师繁重的工作负担，并促进设计产业规范化。

本集为新古典主义风格的住宅装饰设计方案施工图，包括顶层高档住宅、美式古典大家、单身精品公寓等，共3套范例。

本系列图集可供室内设计人员、装饰装修技术人员工作参考，亦可供环境设计及建筑设计人员及建筑、艺术院校师生学习参考。

责任编辑：朱象清　李东禧　李晓陶
责任设计：赵明霞
责任校对：姜小莲　关　健

图书在版编目（CIP）数据

室内设计成套方案精选. 新古典主义住宅/武峰，王深冬主编. —北京：中国建筑工业出版社，2010.12
ISBN 978-7-112-12707-8

Ⅰ.①室… Ⅱ.①武…②王… Ⅲ.①住宅-室内设计-图集　Ⅳ.①TU238-64

中国版本图书馆CIP数据核字（2010）第248693号

《室内设计成套方案精选》
新古典主义住宅
编委会成员名单

武　峰	朱伯才	袁世民	翟炎锋
侯　震	尤逸南	孙以栋	王加强
武　山	王深冬	张海民	王政强
常　恺	孙德峰	王红江	刘　军
毛一心	宋成杰	耿海榕	左小枫
于　斌	高　伟	慕战宇	保智勇
李　明	黄洪源	王利民	马增峰
高宝营	韦李花	齐　智	张海涛
李银秀	张鲁培	李银夏	周宇辉
谢　盈	张宏颖		

室内设计成套方案精选
新古典主义住宅
武　峰　王深冬　主编
*
中国建筑工业出版社出版、发行（北京西郊百万庄）
各地新华书店、建筑书店经销
北京嘉泰利德公司制版
北京中科印刷有限公司印刷
*
开本：880×1230毫米 1/16　印张：20½　字数：656千字
2010年12月第一版　2010年12月第一次印刷
定价：**168.00**元
ISBN 978-7-112-12707-8
（19965）

版权所有　翻印必究
如有印装质量问题，可寄本社退换
（邮政编码 100037）

编者的话

首先感谢长期使用"峰和图库"系列丛书的广大设计师及读者，丛书2001年出版已经十年，在这个过程中，同我们一起成长的设计师大都已成为国内设计行业的骨干力量。在丛书出版过程中，很多设计师及施工单位提出了许多宝贵的意见，让我们对本行业也有了更深刻的了解。"设计"总在不断地求新，总是像人们展示出最大的变化，怎样适应本行业的快速发展，从而能更好地为设计师提供具有目的性、前瞻性、创新性、整体性的设计资源，是我们长期探索和整合的目标。

如今单纯的施工图图集已经不能满足市场的实际需求，在设计师朋友及读者的反馈中，成套方案的需求越来越明显。成套方案即效果图方案加配套施工图、材料表整套方案。这个形式将使设计师及读者在参考使用上更加方便和便捷。"峰和图库"系列丛书的销售人群还是过分针对了施工图设计和绘图人员，新系列《室内设计成套方案精选》将扩充新内容，包含效果图、施工图、材料表等。并考虑了更广泛的读者对象，涵盖了设计人员，装饰装修工程项目经理与现场技术人员、操作人员，业主与甲方也同样可以使用新系列。

《室内设计成套方案精选》就是在这种情况下应运而生的。新系列成套方案精选以囊括公装和家装为细分市场的长期计划（住宅、宾馆、餐饮、办公、商业、文教、展示、医疗、公共空间、洗浴、娱乐、景观）成套案例。

为了尽快获得更快更新的设计资源，需要广大的设计师参与本系列图书的编撰工作。随着互联网的发展，这已成为现实。今后我们将通过"书网结合"的模式来加快图书的编辑，为广大设计师提供一个出版自己优秀作品的平台。近十年的发展，大批设计师设计出了很多优秀作品，因为工作繁忙大都没有整理出版，可以说是一种资源浪费，"峰和图库"现为广大设计师同仁提供了展示和交易作品的平台，只要设计师把优秀是作品上传到"峰和图库"网站中，我们将选择优秀的作品加以出版，使设计师有个展示平台。

"专业为室内设计师提供优质图纸源文件服务"是"峰和图库"长期以来不懈努力的方向。经历了多年的发展，"峰和图库"网站 <http://WWW.DWG-COOL.COM> 已经是为金牌系列用户提供的配套专业性服务网站，设计师拥有一个设计资源丰富、使用便捷的数据库，将大大提升工作效率和增强企业竞争力。今后，"峰和图库"电子商务平台，除了为广大新老客户提供更多商务拓展的良机以外，我们还会努力整合符合设计师习惯的建材商品知识库信息、在线预算以及在线材料表生成系统等。均是为了减轻设计师繁重的工作负担和促进室内设计产业的规范化。这些成果也将陆续出版成图书与广大读者见面。在此，我们要特别感谢中国建筑工业出版社对这种创新模式的支持，真诚希望大家对我们提出宝贵的意见和建议，以便我们能够更好地为业界朋友们提供更为专业化的电子商务服务。在互联网高速发展的今天，"峰和图库"将与您携手共创和谐未来。

本书《室内设计成套方案精选——新古典主义住宅》涵盖了顶层高档住宅、美式古典大家、单身精品公寓等范例。不仅可以为设计师提供参考，也可直接借鉴使用，从而减轻设计师的工作负担，节省更多的时间和精力来投入到更具价值的创意之中。希望通过此书我们能携手共进，做出更好的设计、更优秀的金牌工程。

此书大量图稿由李迎夏、张鲁培、周宇辉、张锦锦、魏珂珂等同志协助绘制，在此表示衷心感谢。

目录
CONTENTS

顶层高档住宅范例

项目说明

效果图 ———————————————————— 图码 3

施工图 ———————————————————— 图码 11

材料表 ———————————————————— 图码 87

美式古典大家范例

项目说明

效果图 ———————————————————— 图码 93

施工图 ———————————————————— 图码 99

材料表 ———————————————————— 图码119

单身精品公寓范例

项目说明

效果图 ———————————————————————— 图码123

施工图 ———————————————————————— 图码129

材料表 ———————————————————————— 图码158

SELLECTION OF INTERIOR DESIGN PROJECT

新古典主义住宅
NEO-CLASSICISM RESIDENCE

顶层高档住宅范例
EXAMPLES OF HIGH·GRADE RESIDENCES OF THE TOP FLOOR

顶层高档住宅项目说明
EXAMPLES OF HIGH·GRADE RESIDENCES OF THE TOP FLOOR

室内面积／750m²

空间性质／住宅

坐落位置／北京

主要建材／石材、马赛克、壁纸、金银箔、地毯、木地板

  社会的发展，人们的生活质量得到提高，住宅形式也不断发生变化，一居、两居，传统的公寓楼已无法满足部分人群的居住需求，更大面积、更加舒适的居住空间向住宅形式提出了更高的要求。本案是利用顶层改造的一个近750m²的住宅案例。功能布局上涵盖了起居室、超豪华主卧室、主人书房、男孩房、女孩房、客房等多个空间。以新古典主义为装饰风格，引入酒店设计理念，打造了一个超大面积高档的居住空间，也带来了一个全新的居住形式。

-Interior Design-

-Interior Design-

顶层高档住宅范例
EXAMPLES OF HIGH·GRADE RESIDENCES OF THE TOP FLOOR

-Interior Design-

顶层高档住宅范例
EXAMPLES OF HIGH · GRADE RESIDENCES OF THE TOP FLOOR

-Interior Design-

顶层高档住宅范例
EXAMPLES OF HIGH · GRADE RESIDENCES OF THE TOP FLOOR

登录"峰和图库"网站，获取更多成套设计方案

-Interior Design-

-Interior Design-

顶层高档住宅范例
EXAMPLES OF HIGH·GRADE RESIDENCES OF THE TOP FLOOR

登录"峰和图库"网站，获取更多成套设计方案

-Interior Design-

-Interior Design-

EXAMPLES OF HIGH · GRADE RESIDENCES OF THE TOP FLOOR

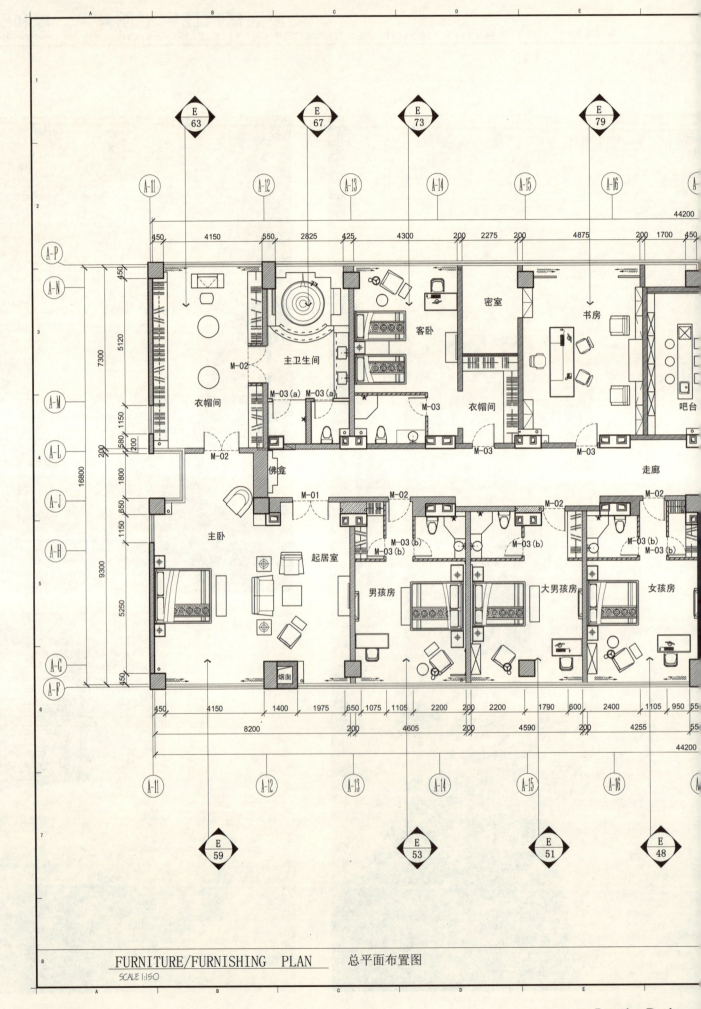

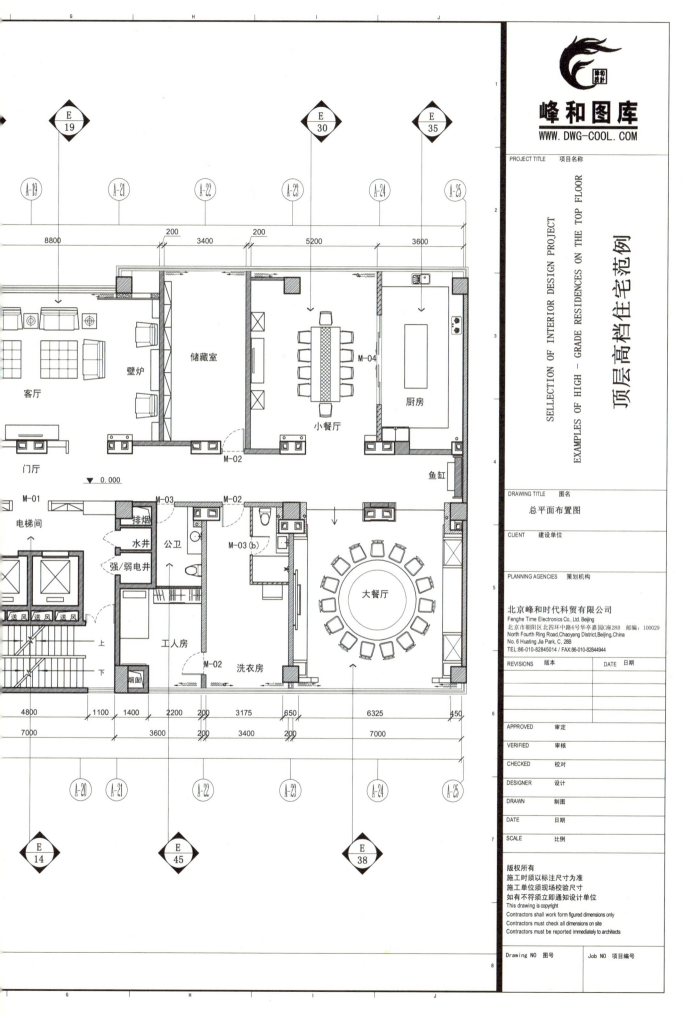

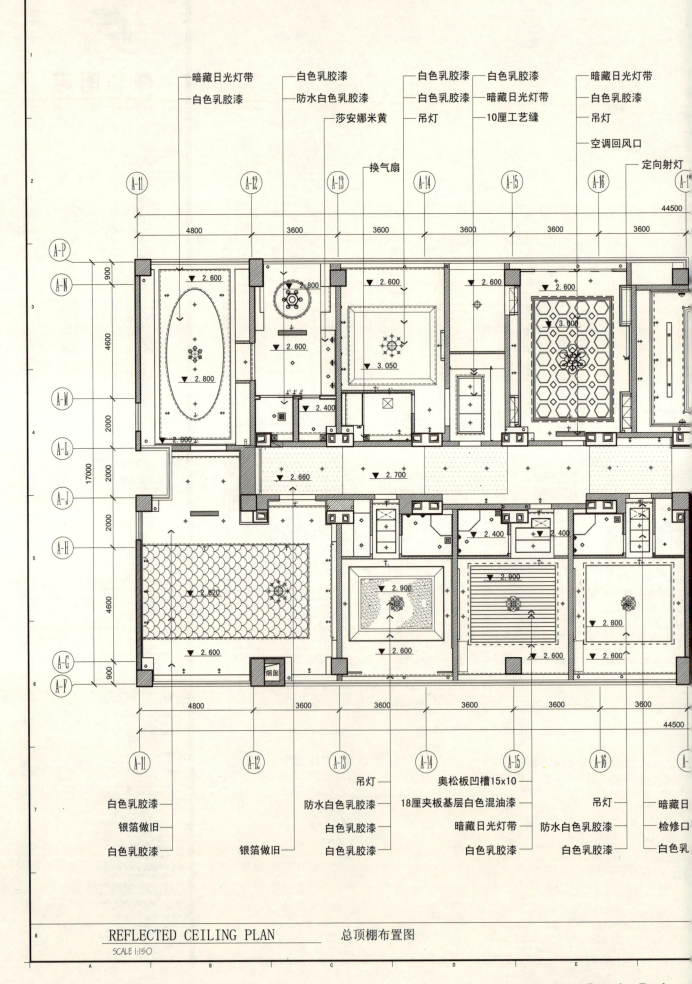

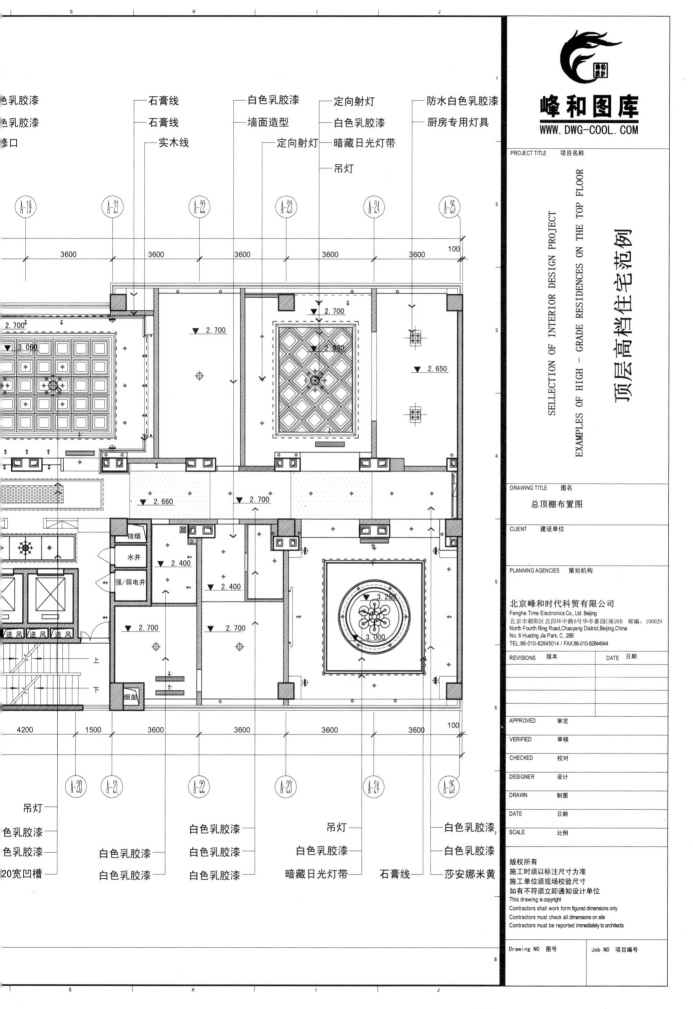

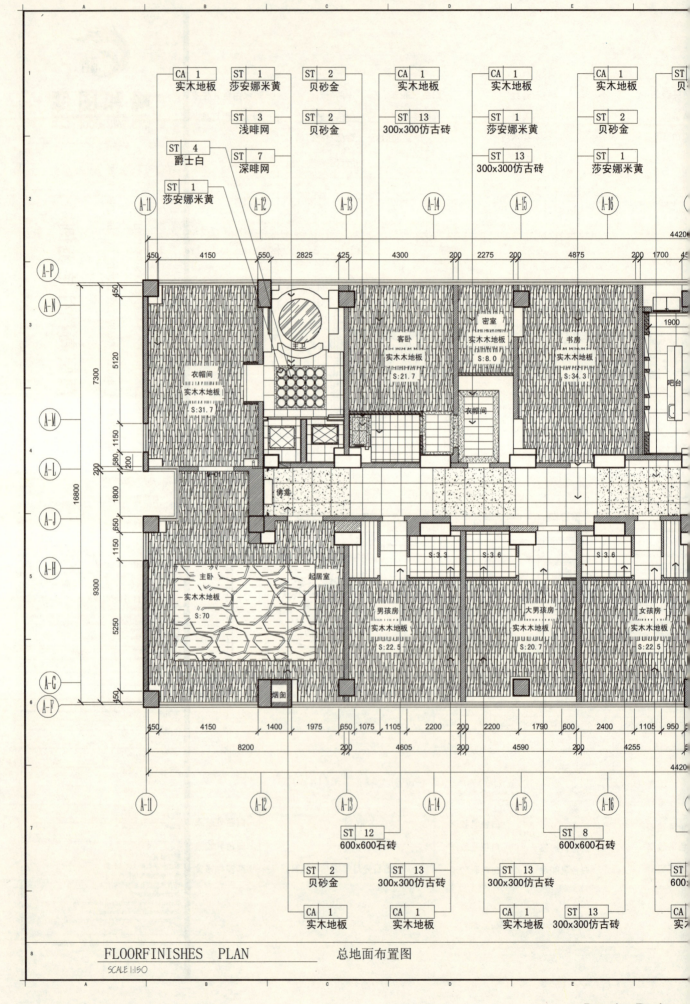

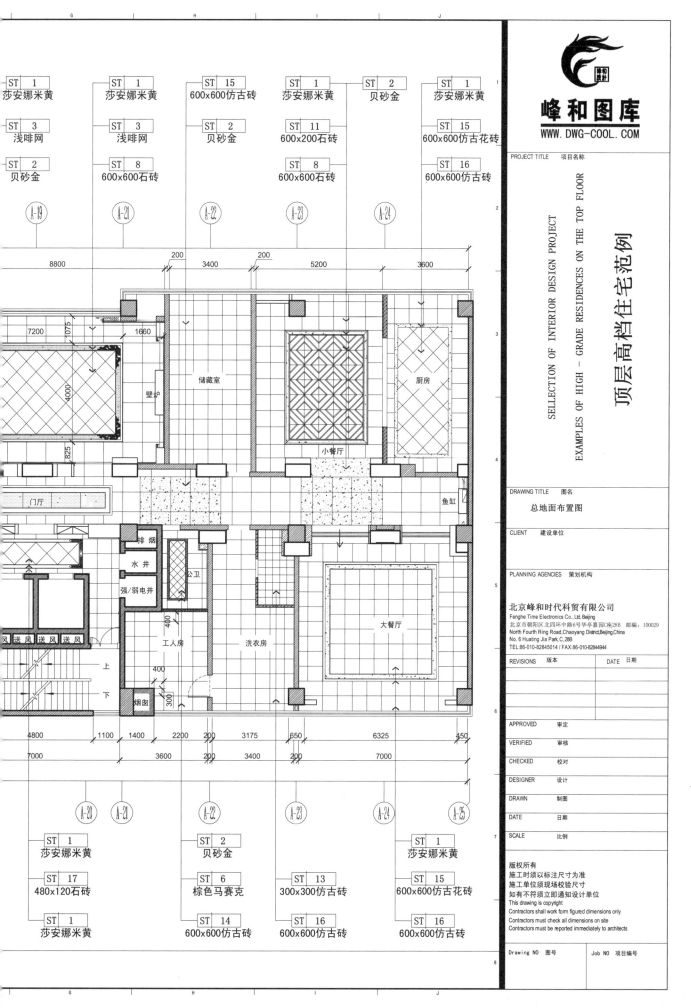

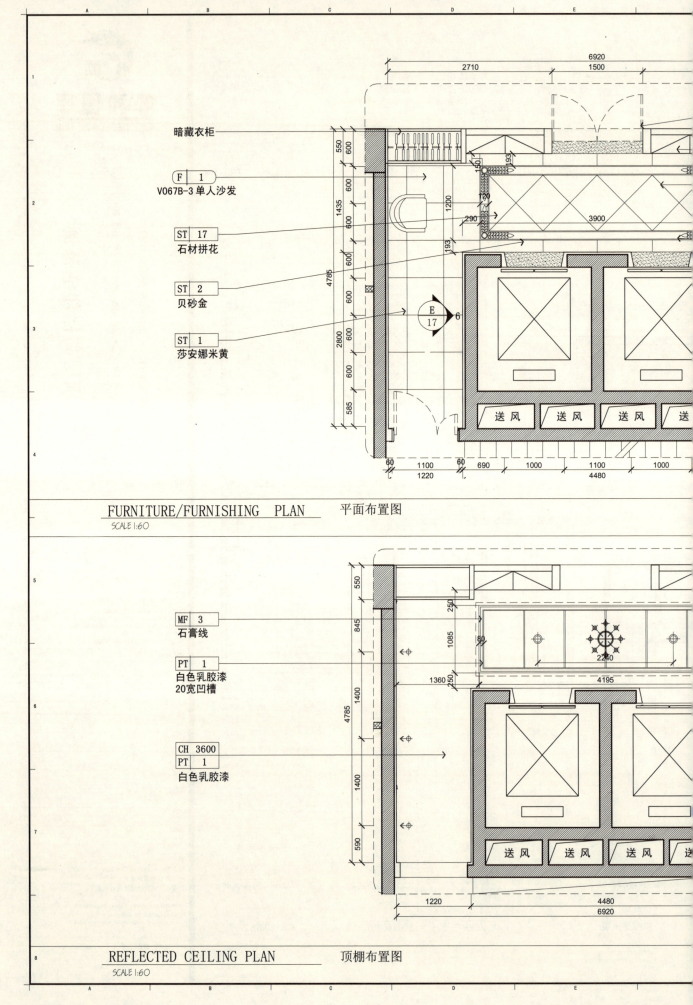

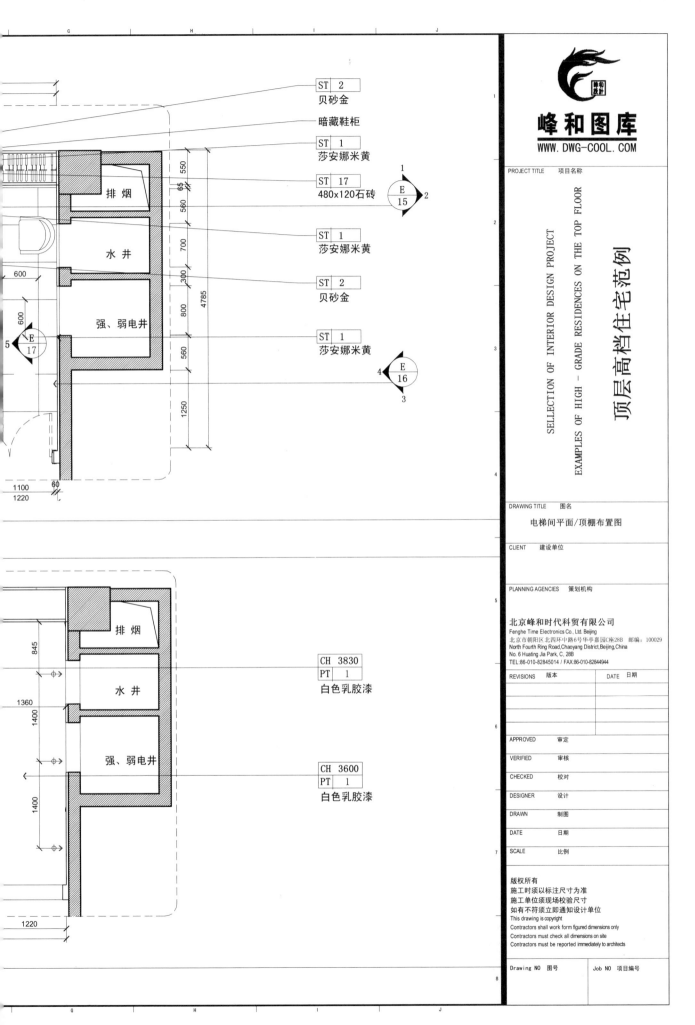

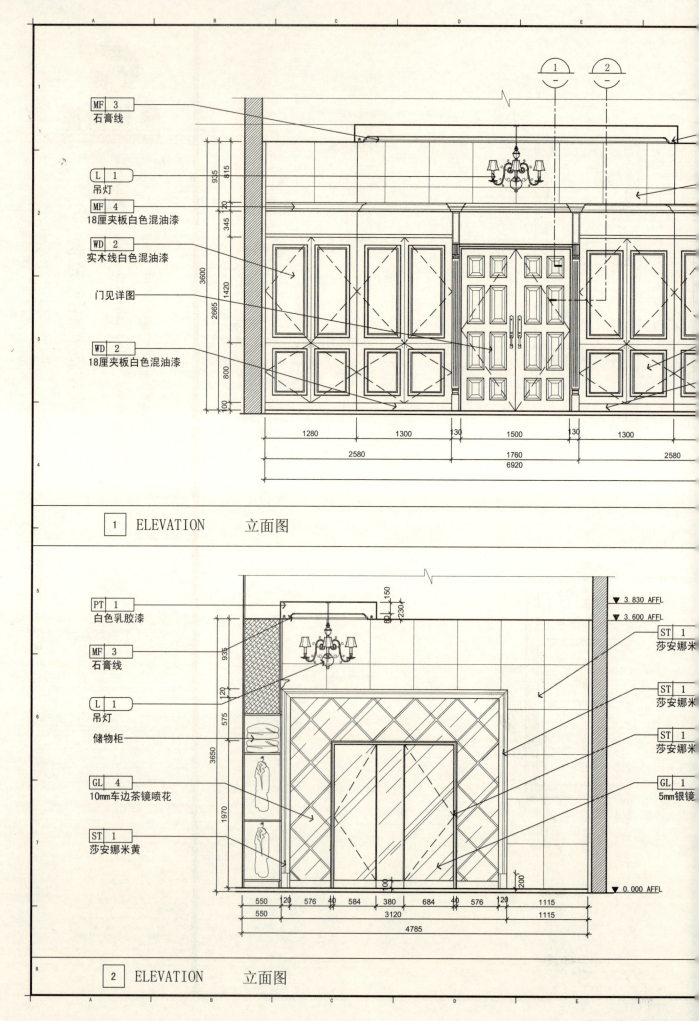

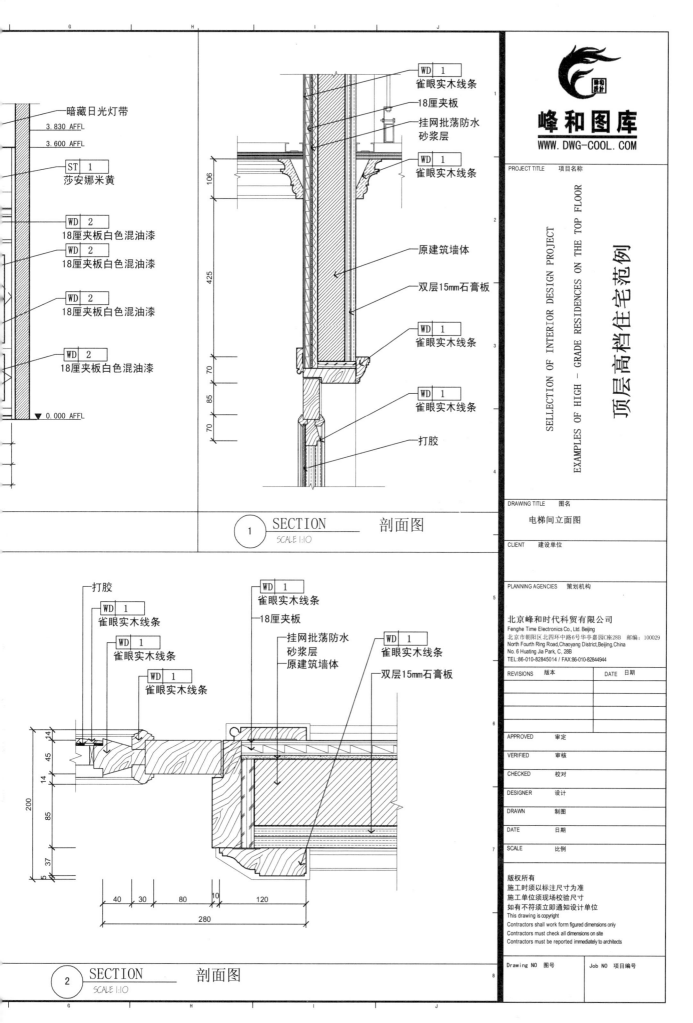

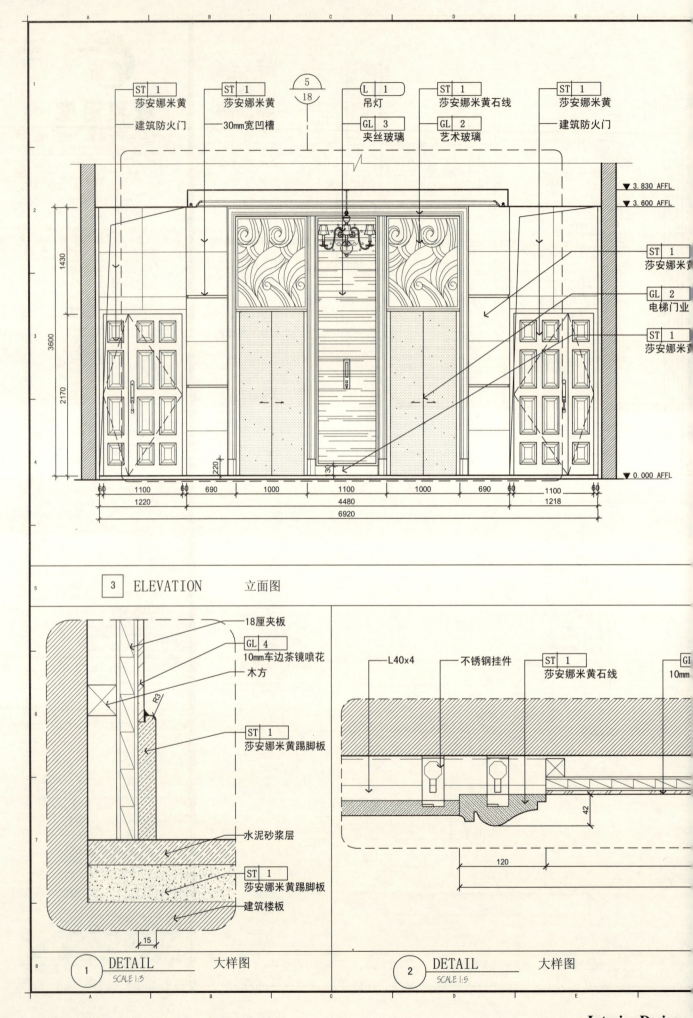

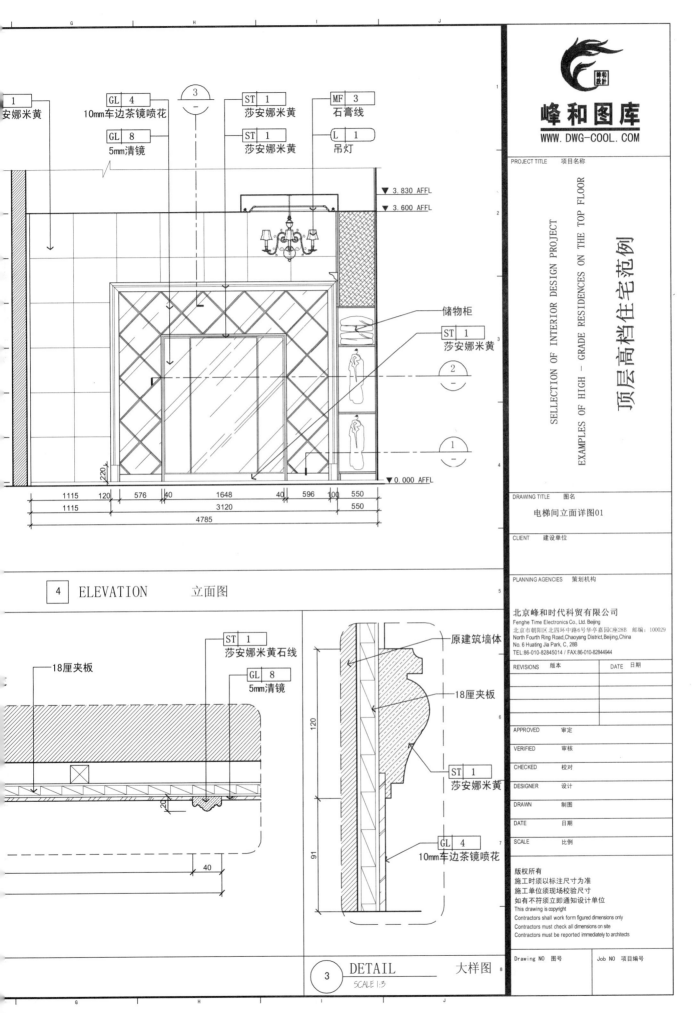

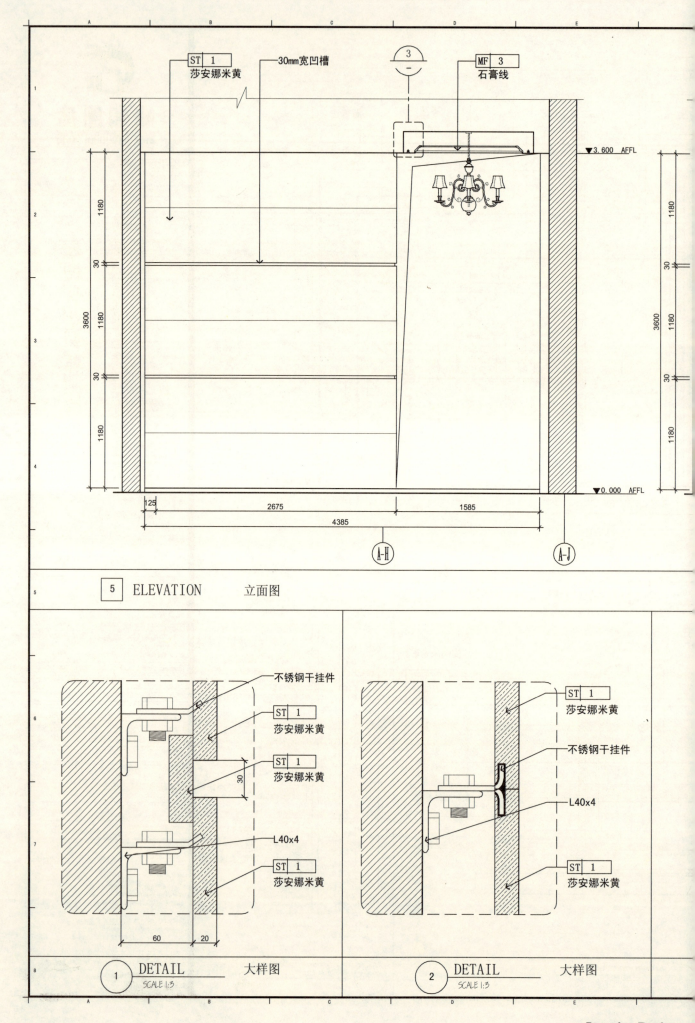

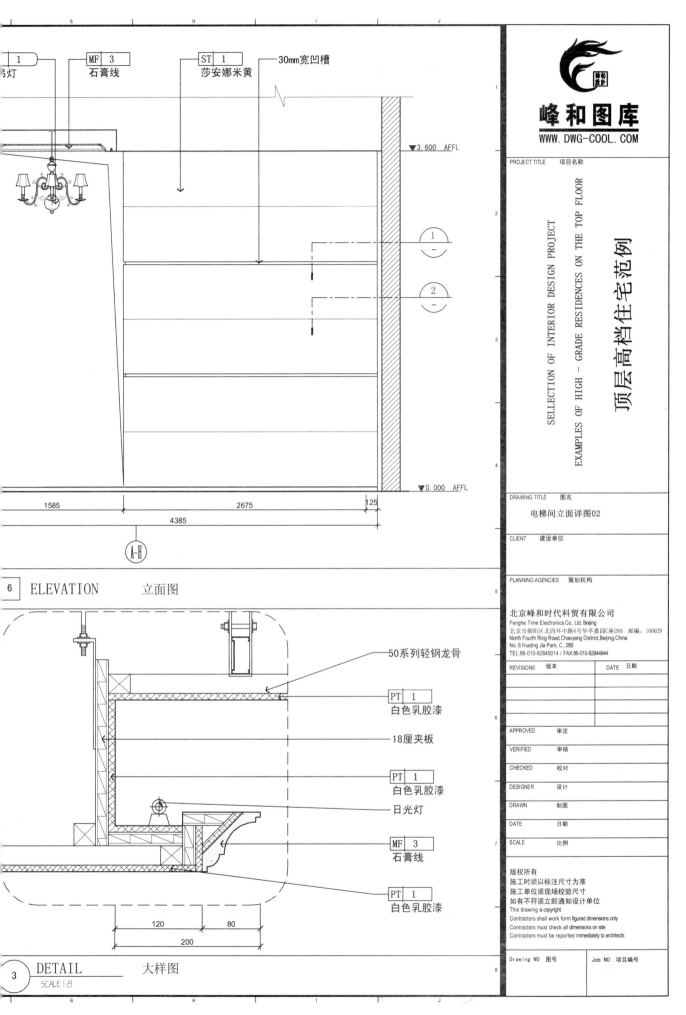

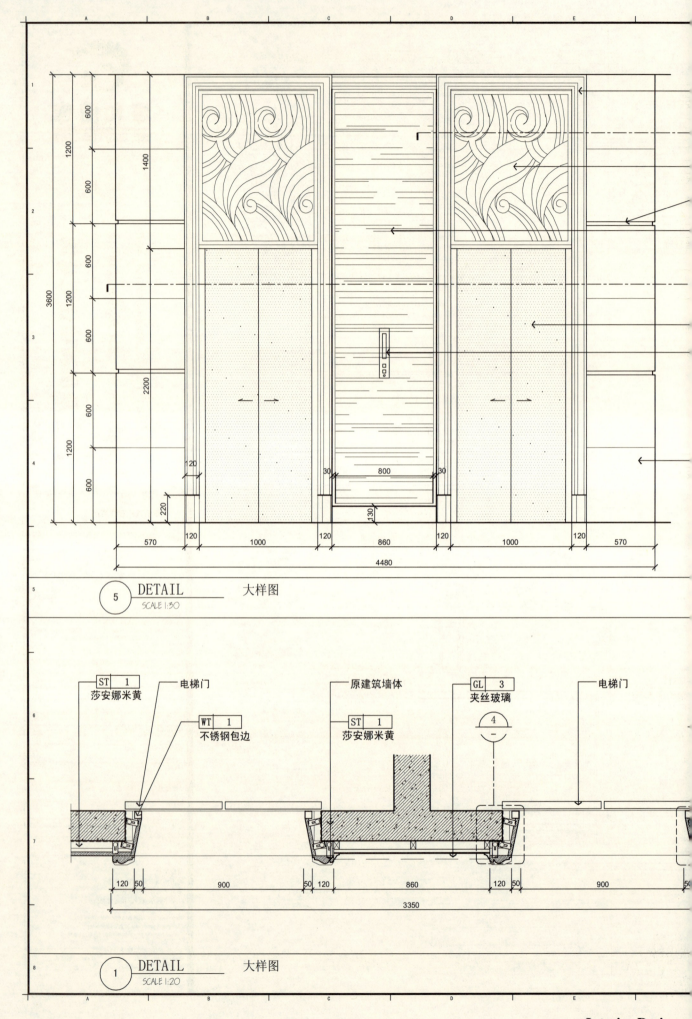

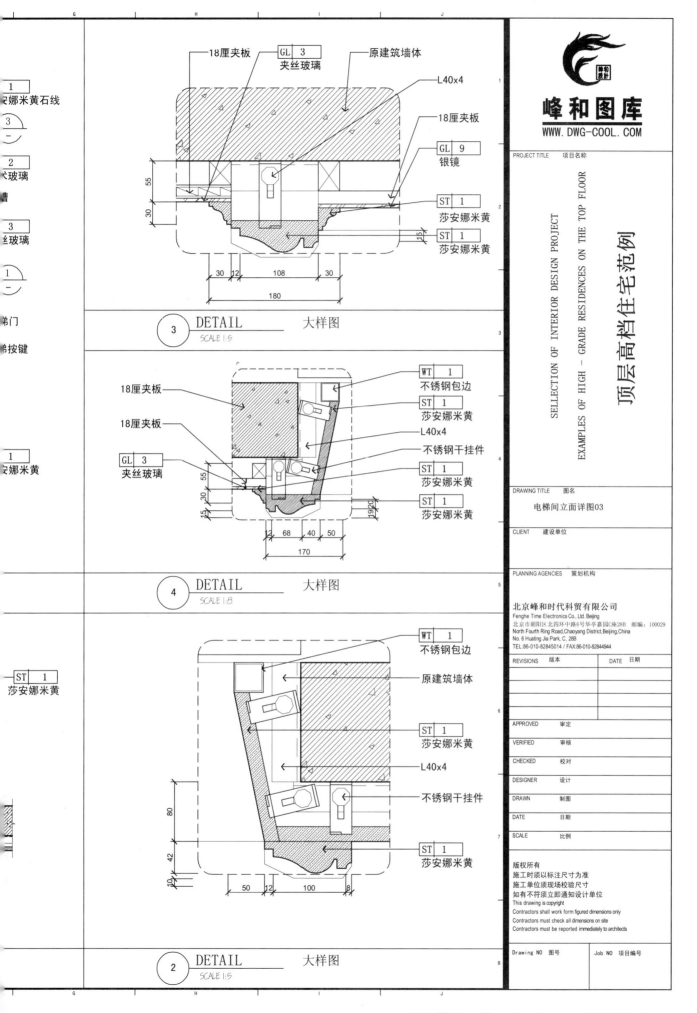

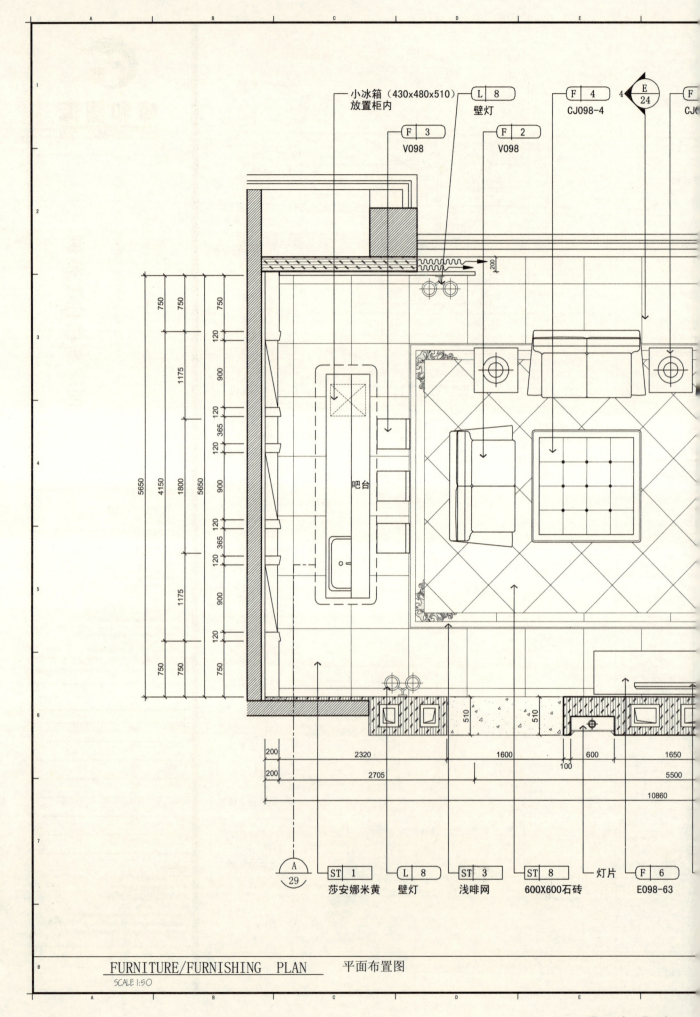

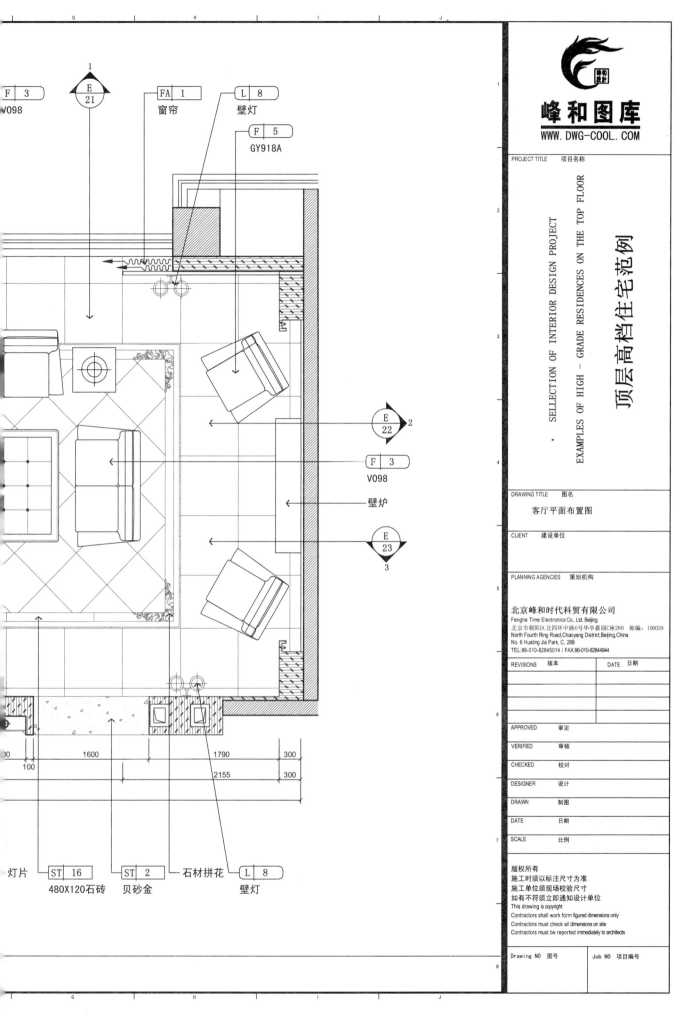

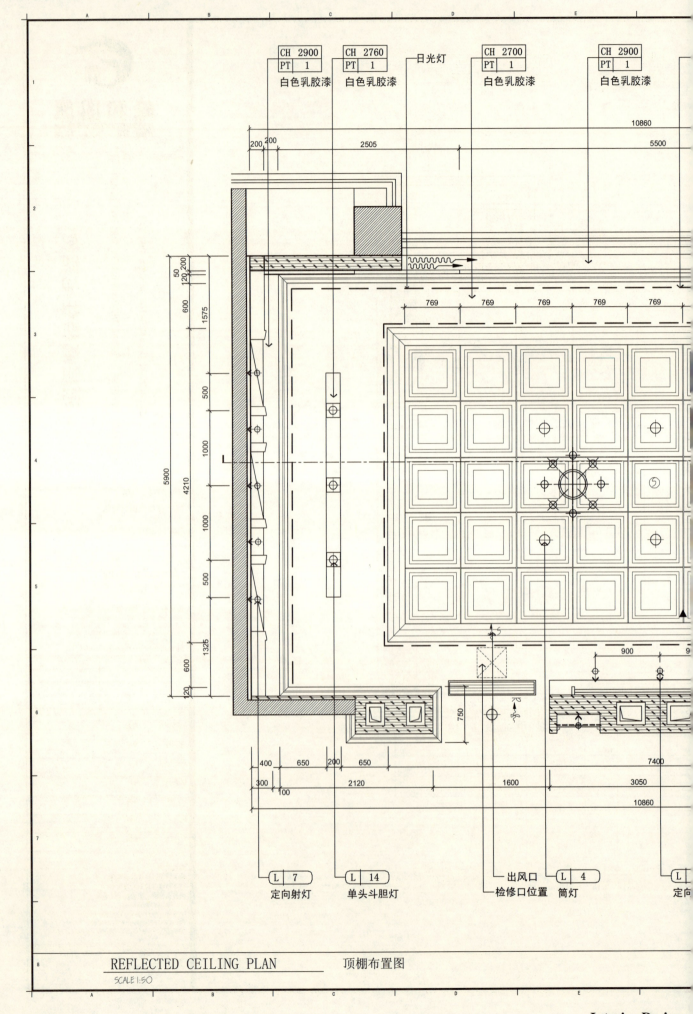

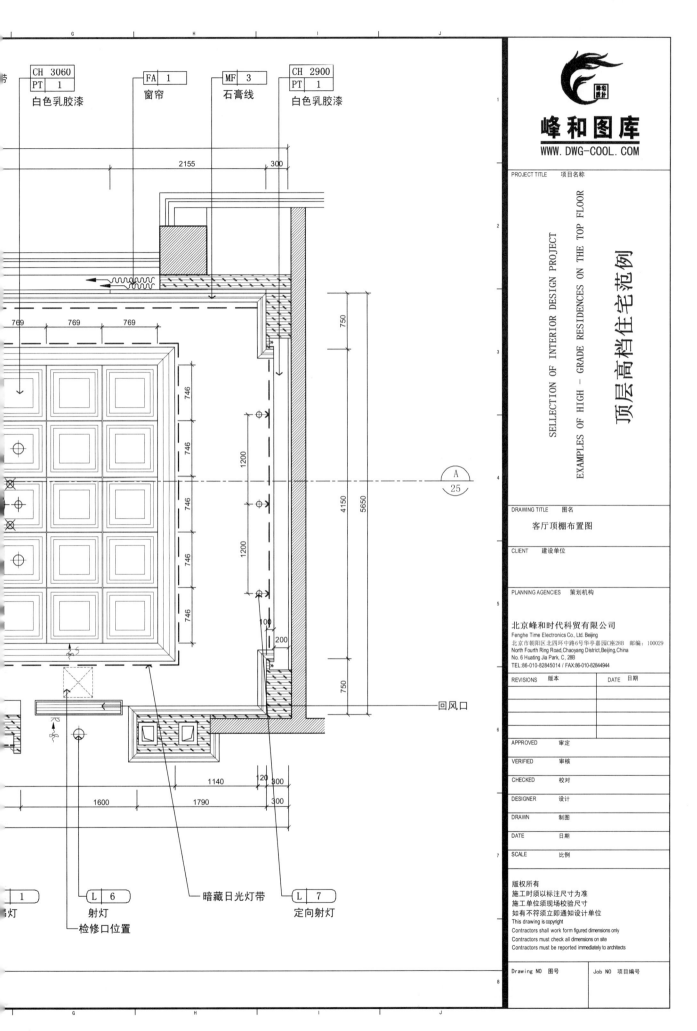

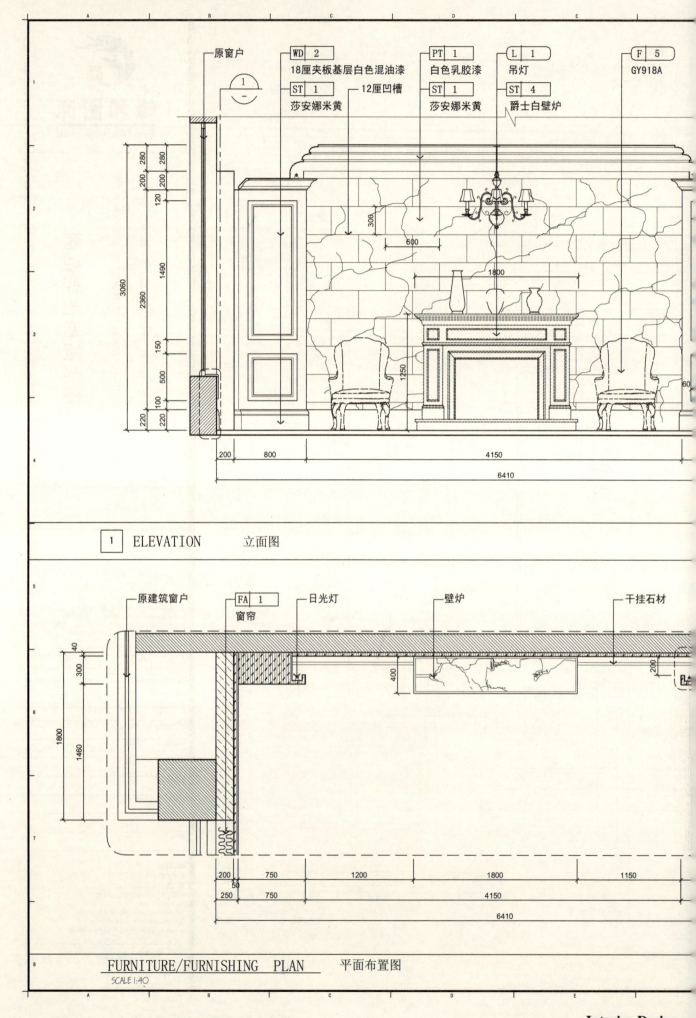

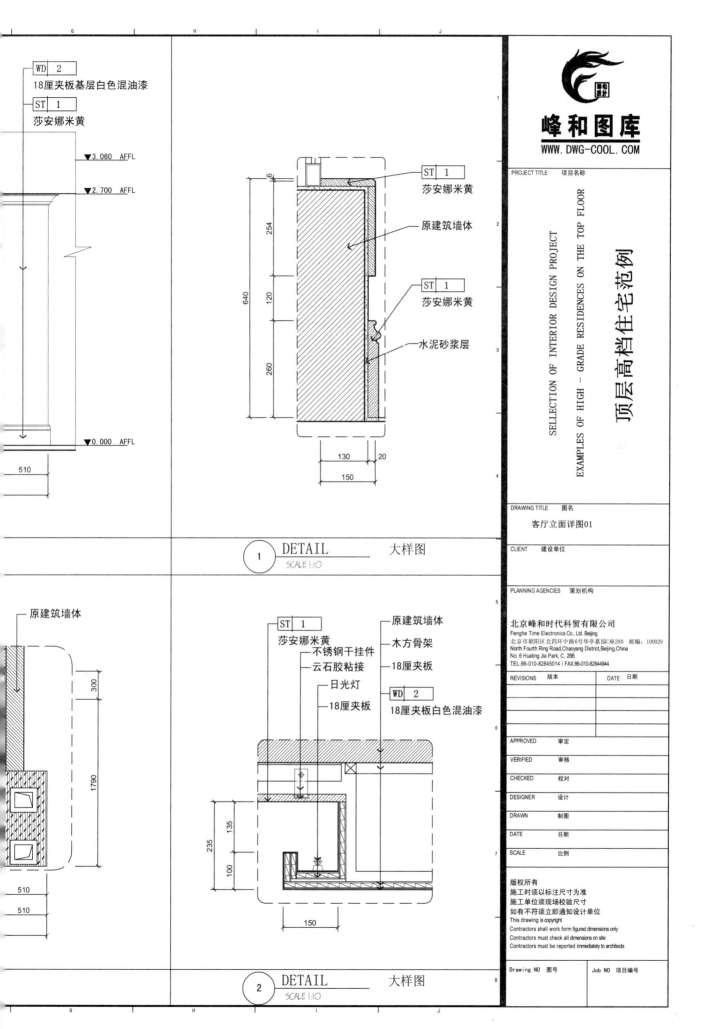

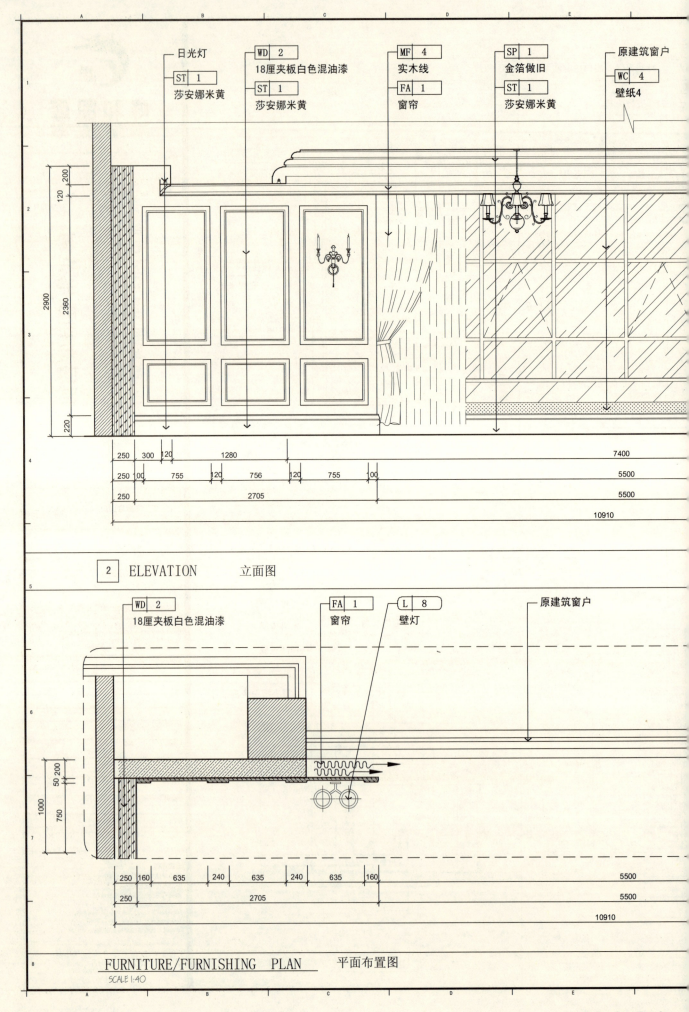

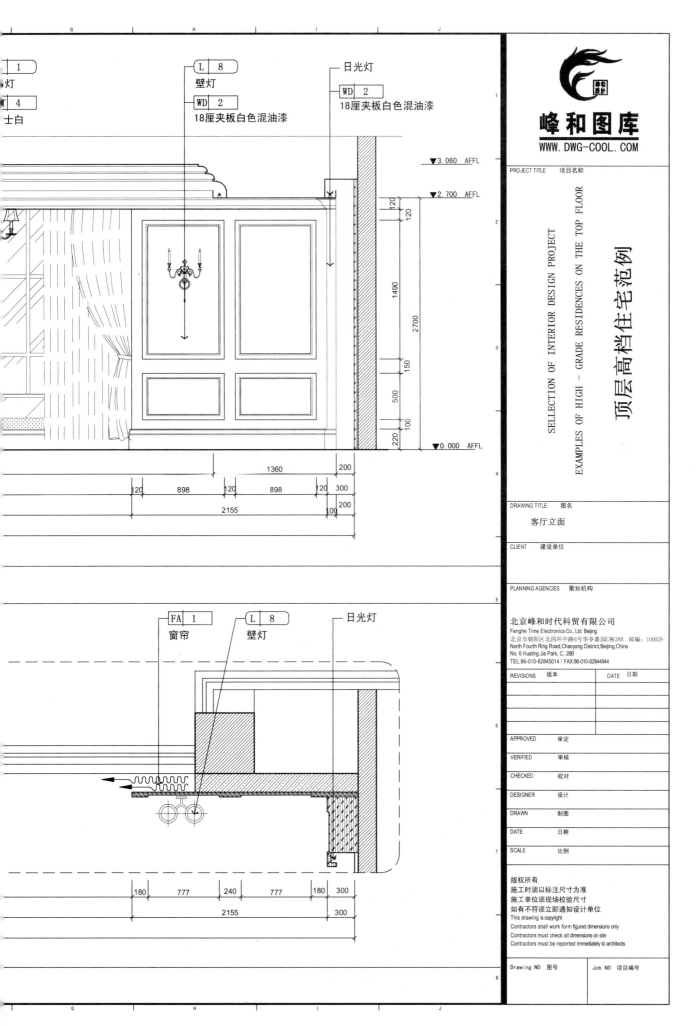

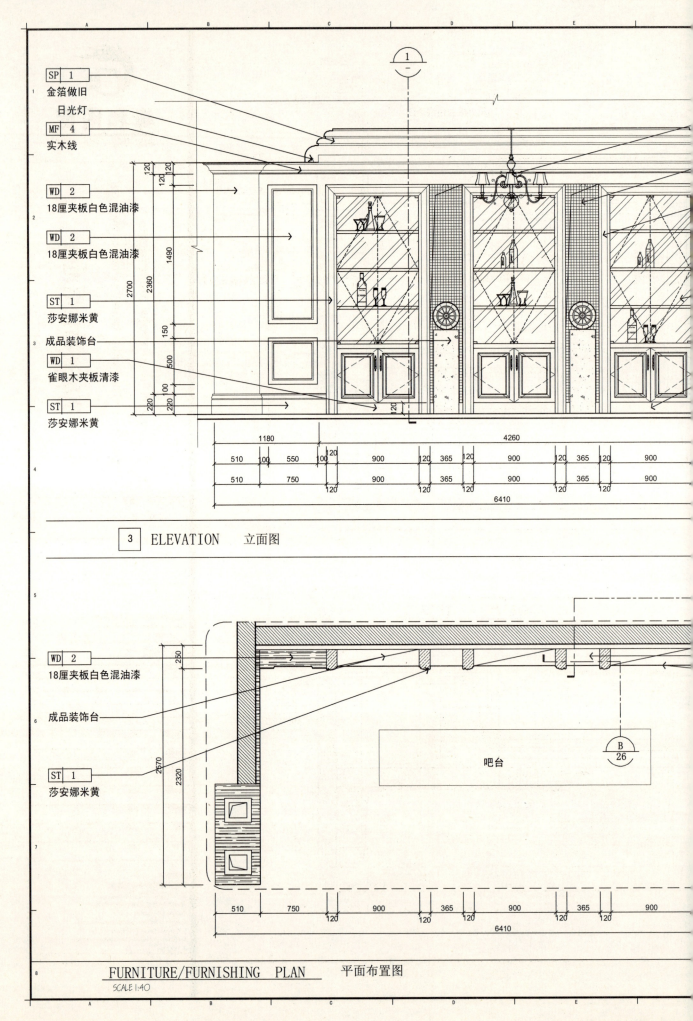

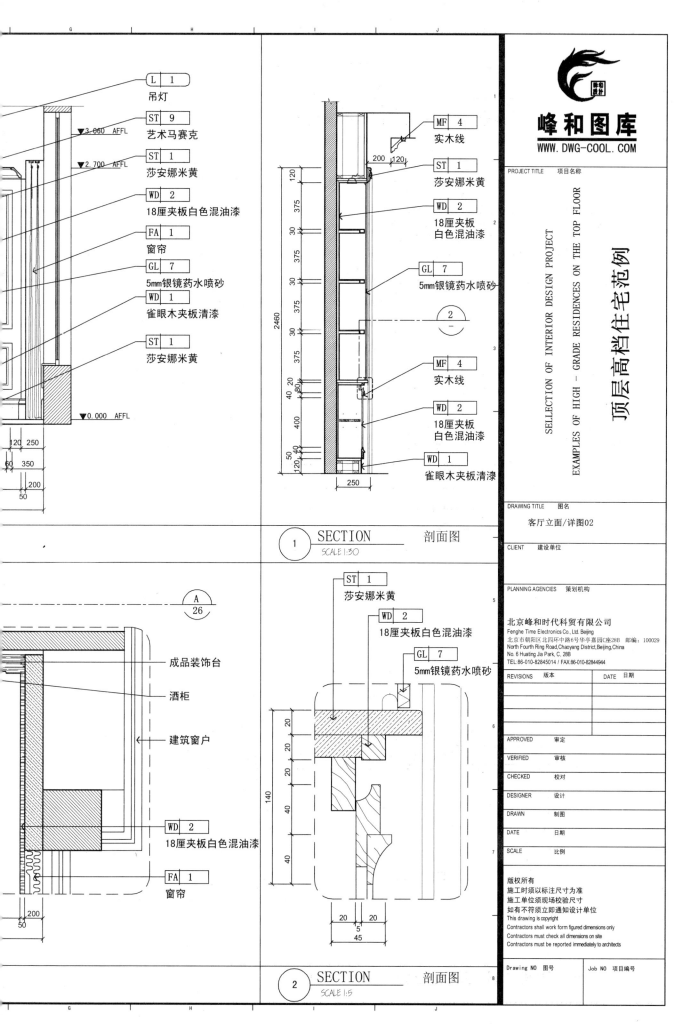

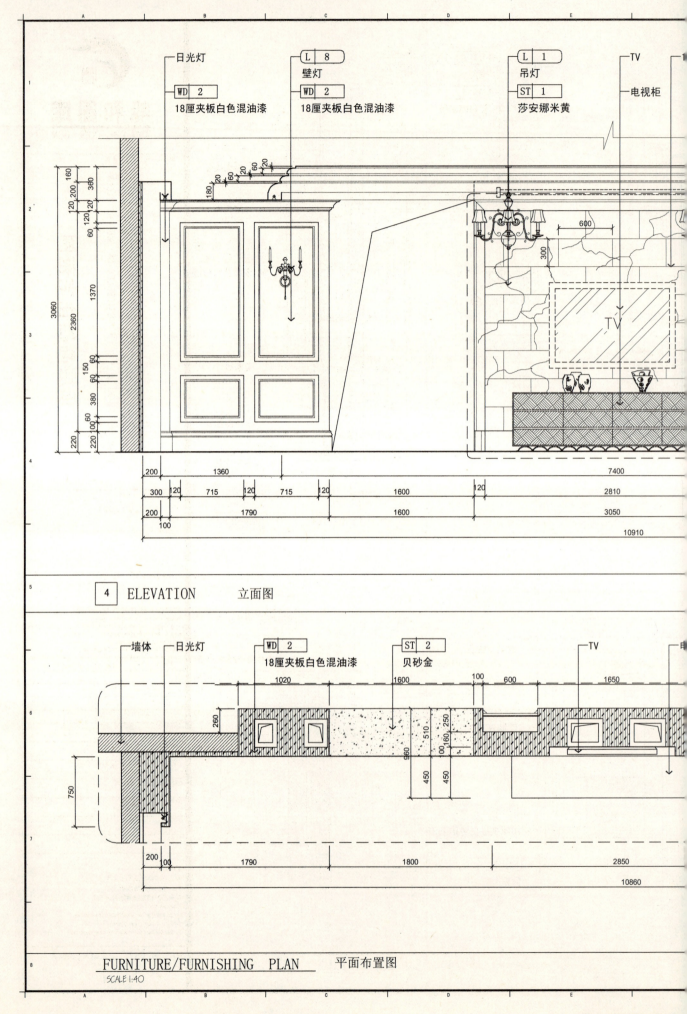

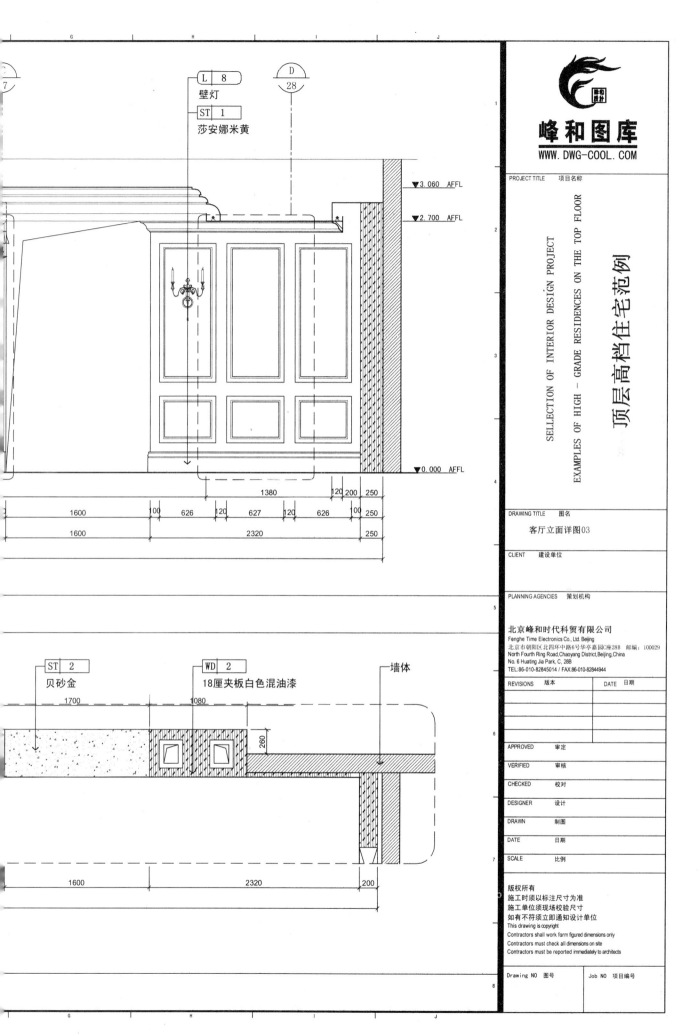

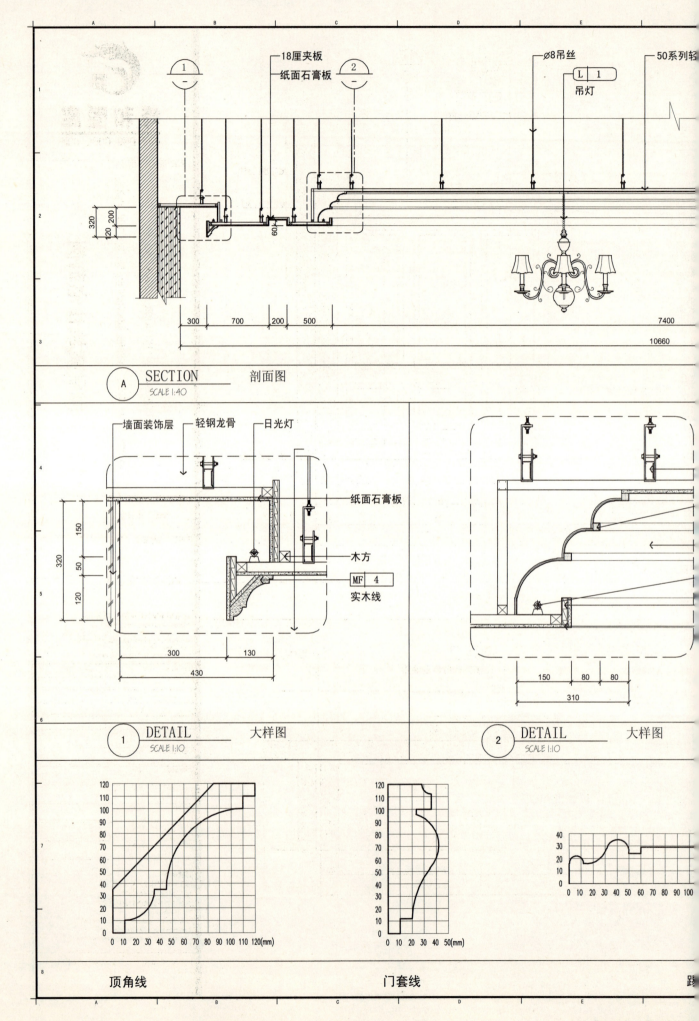

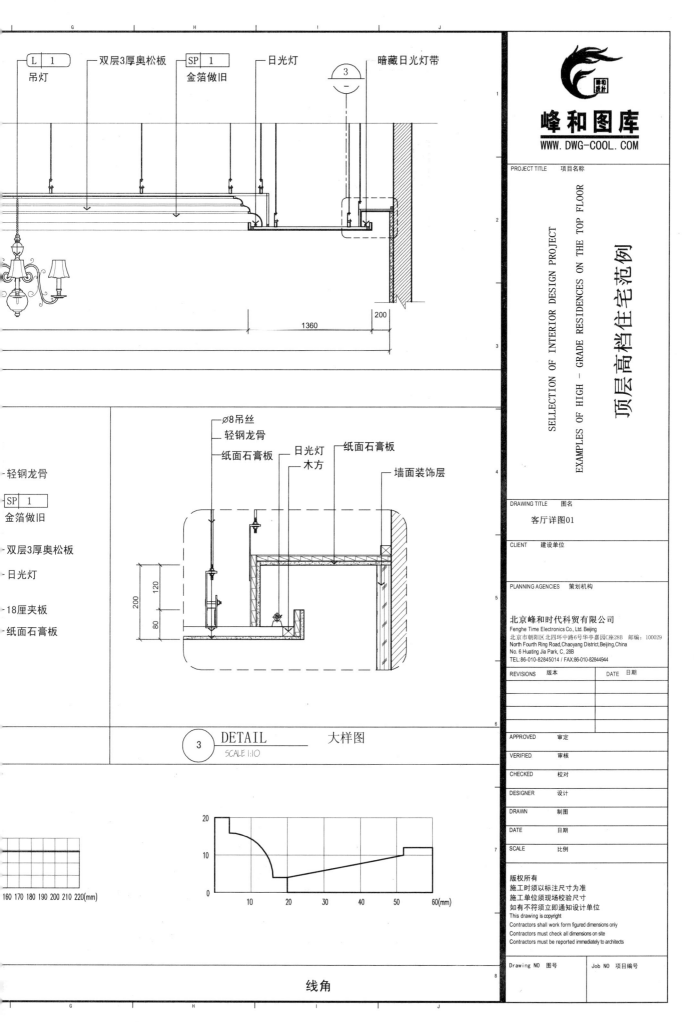

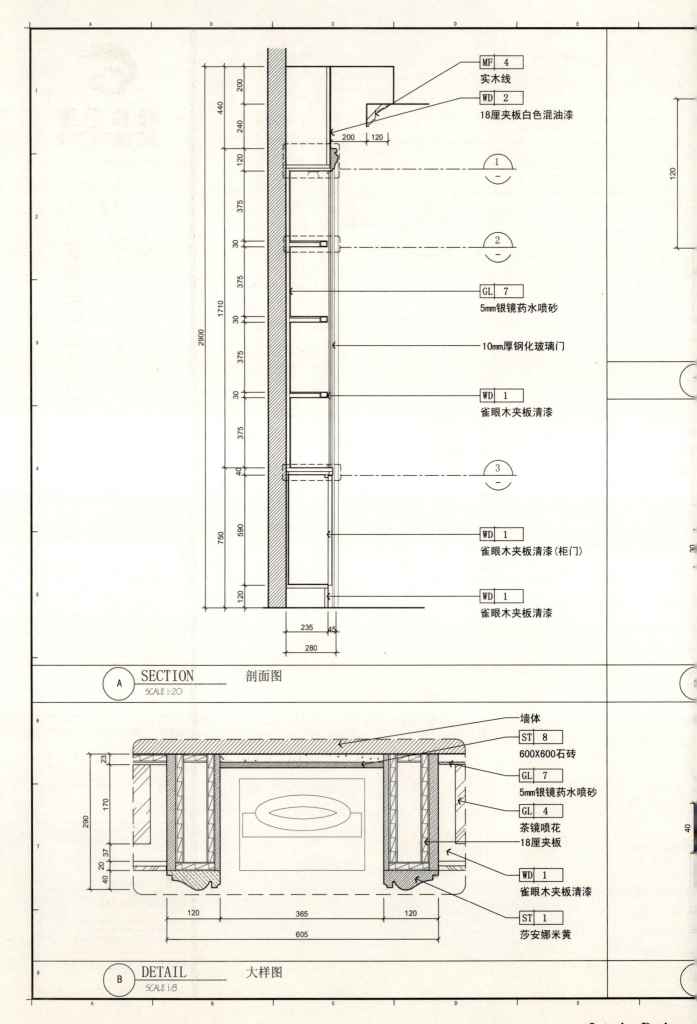

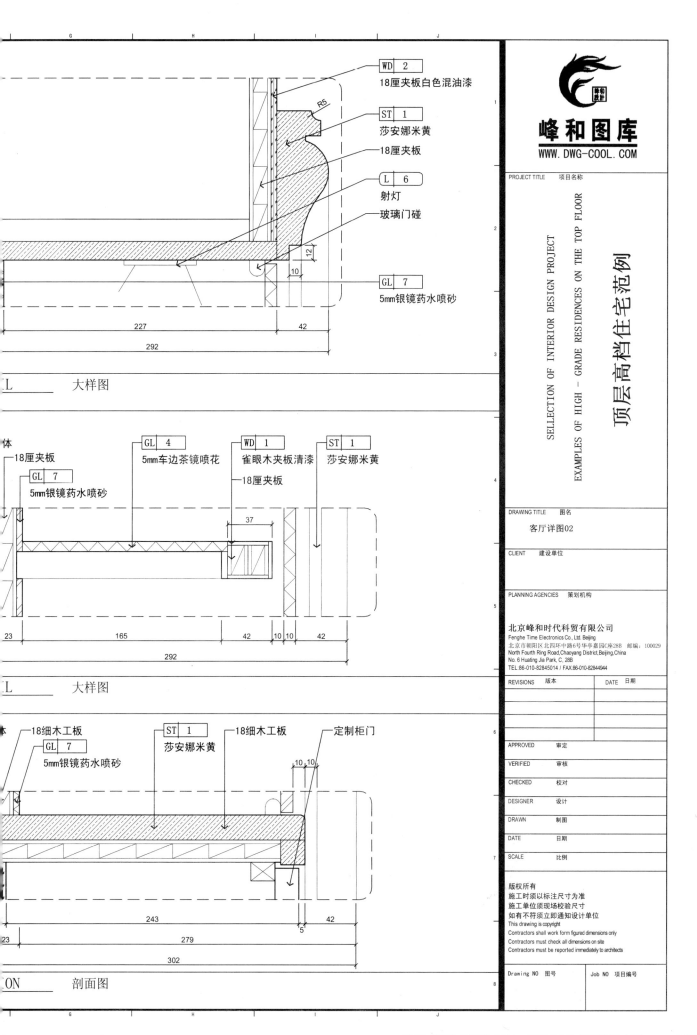

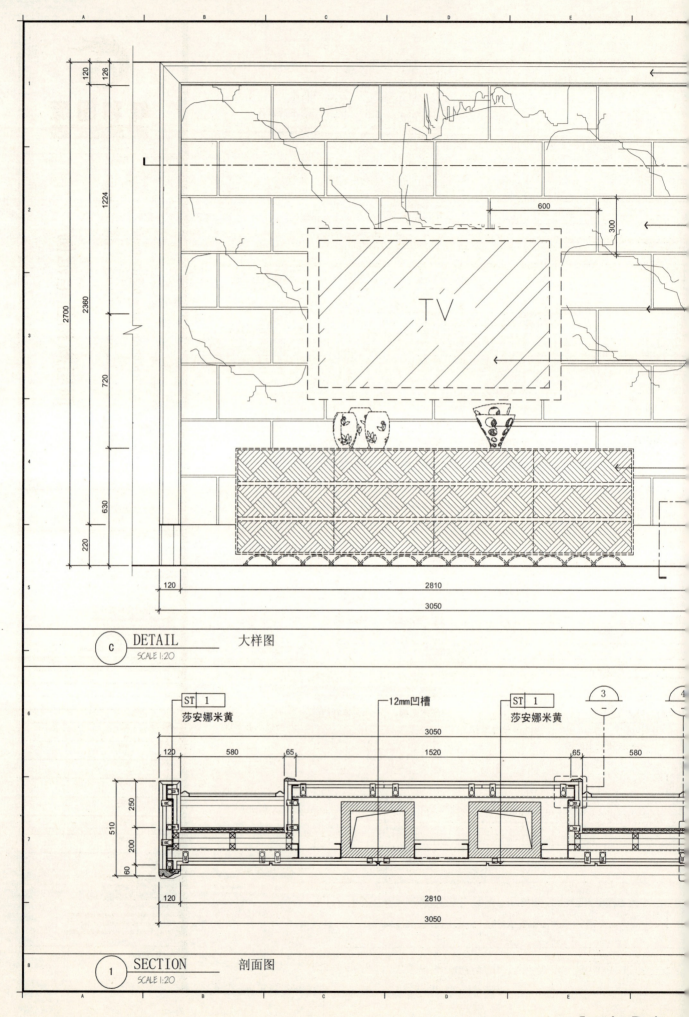

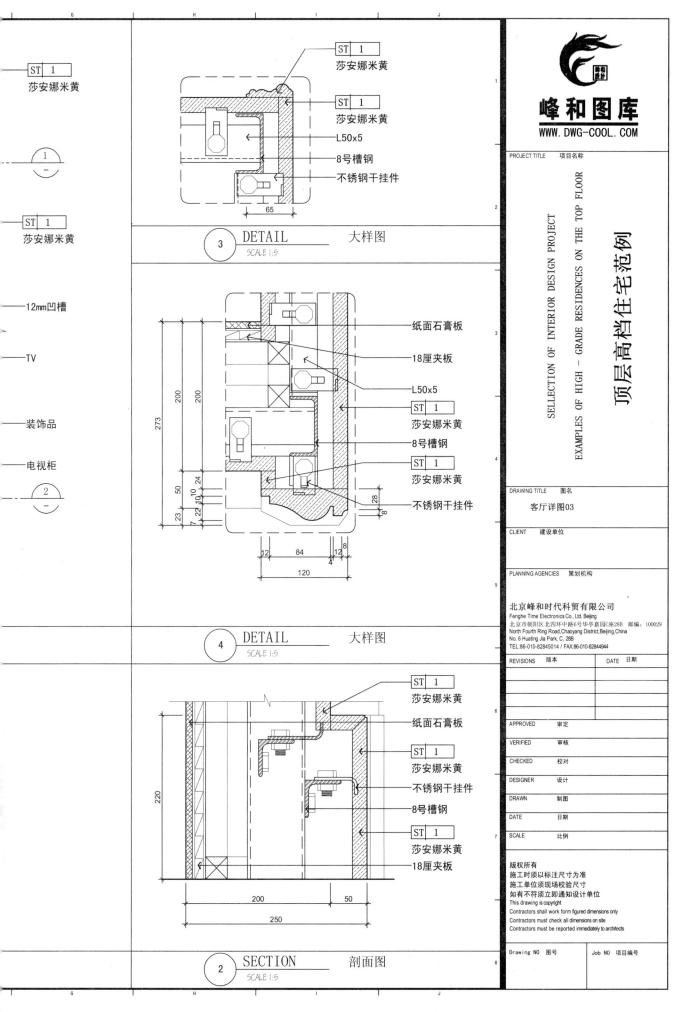

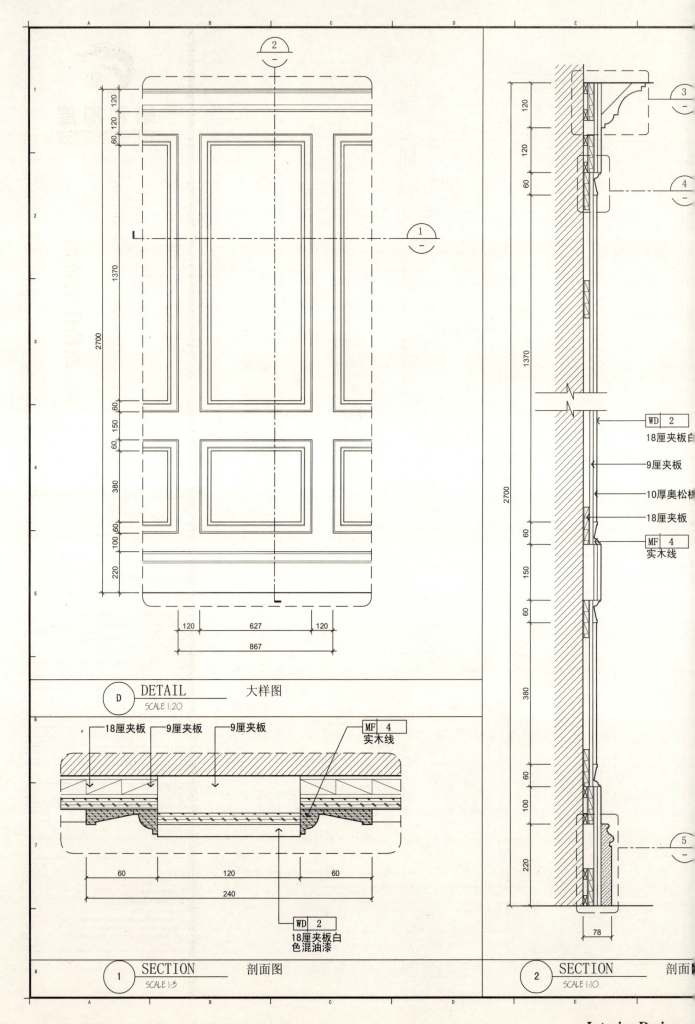

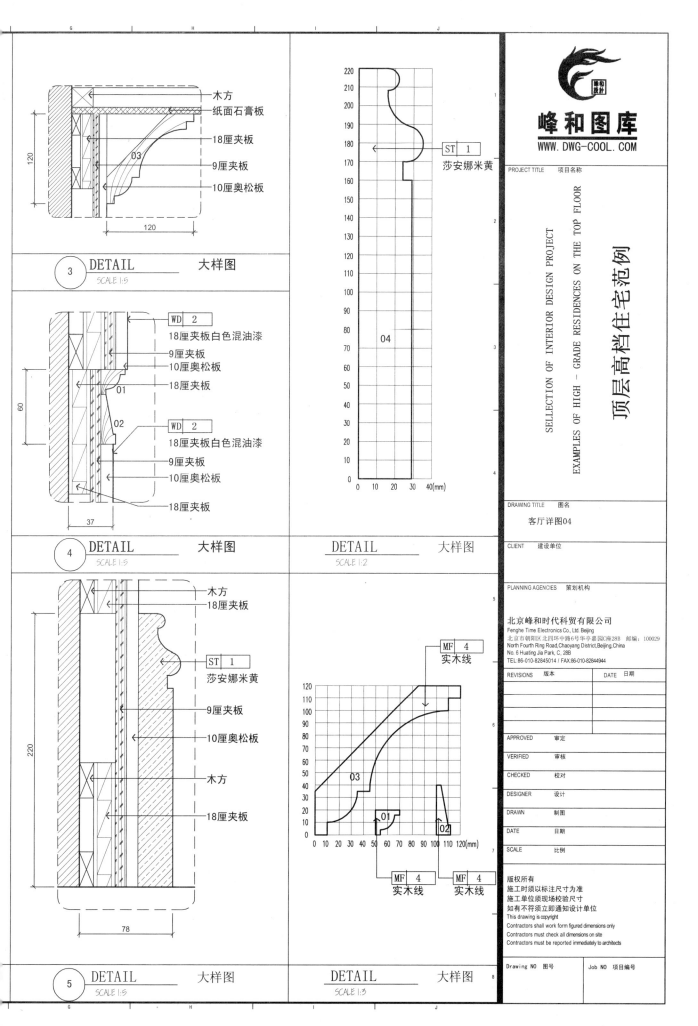

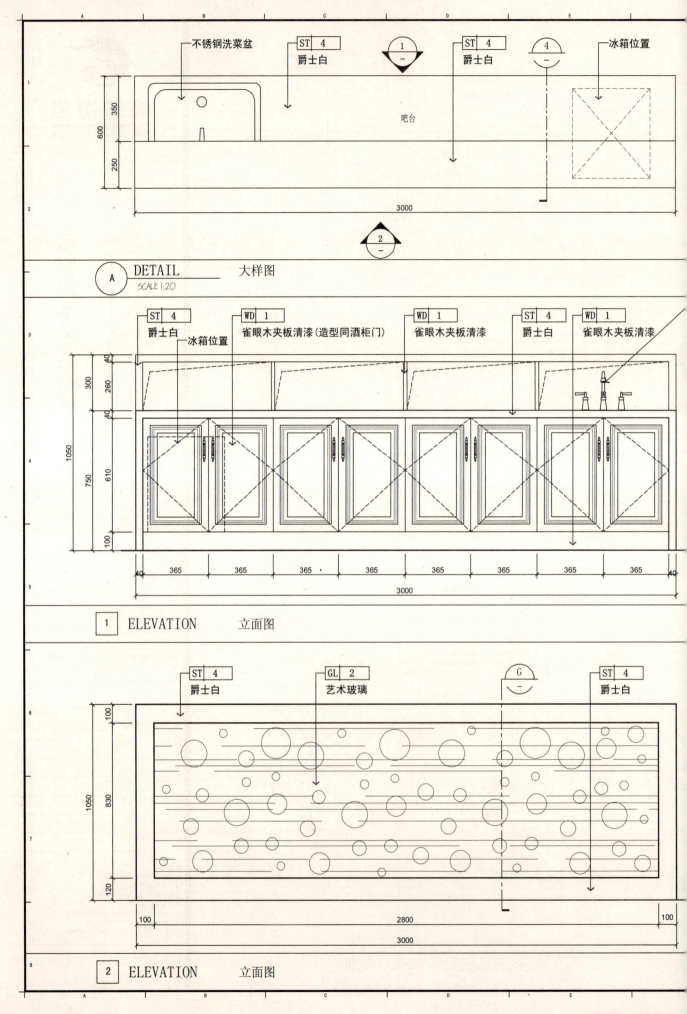

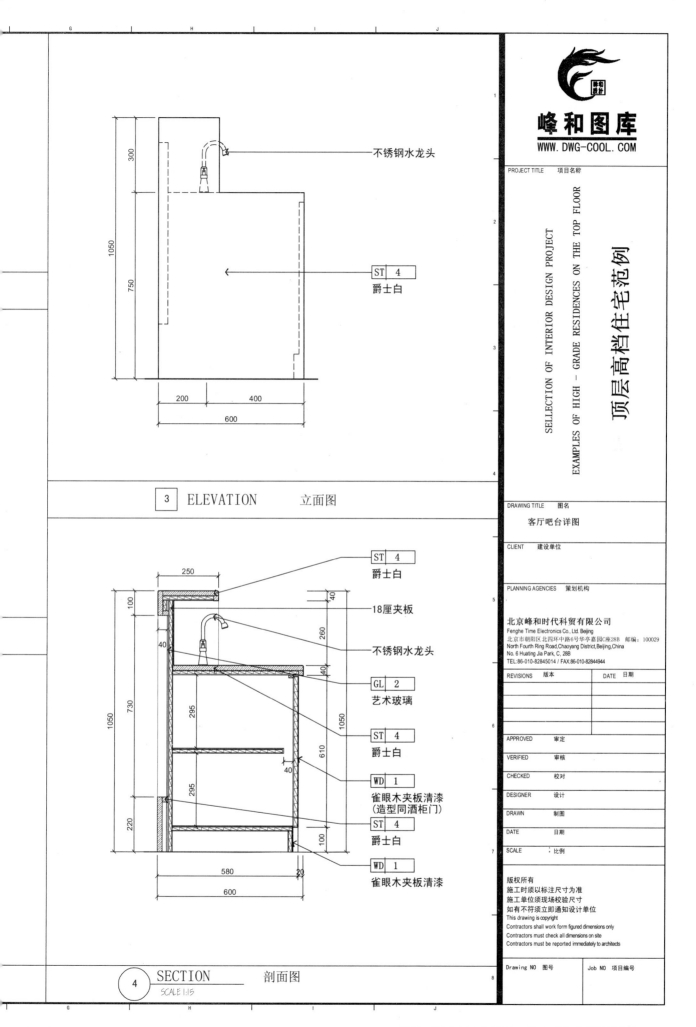

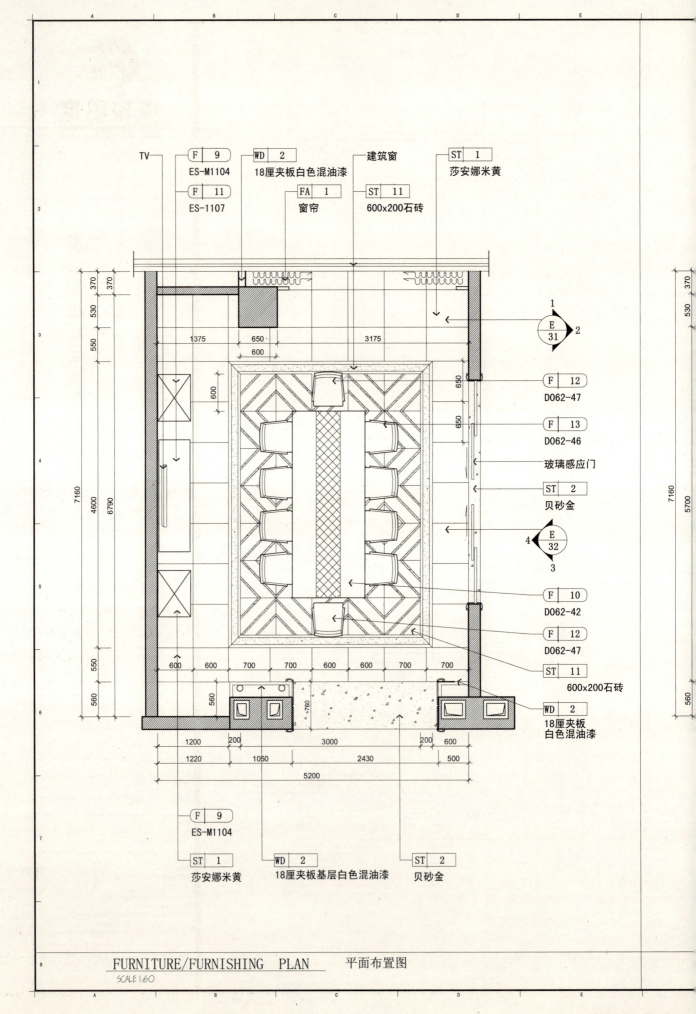

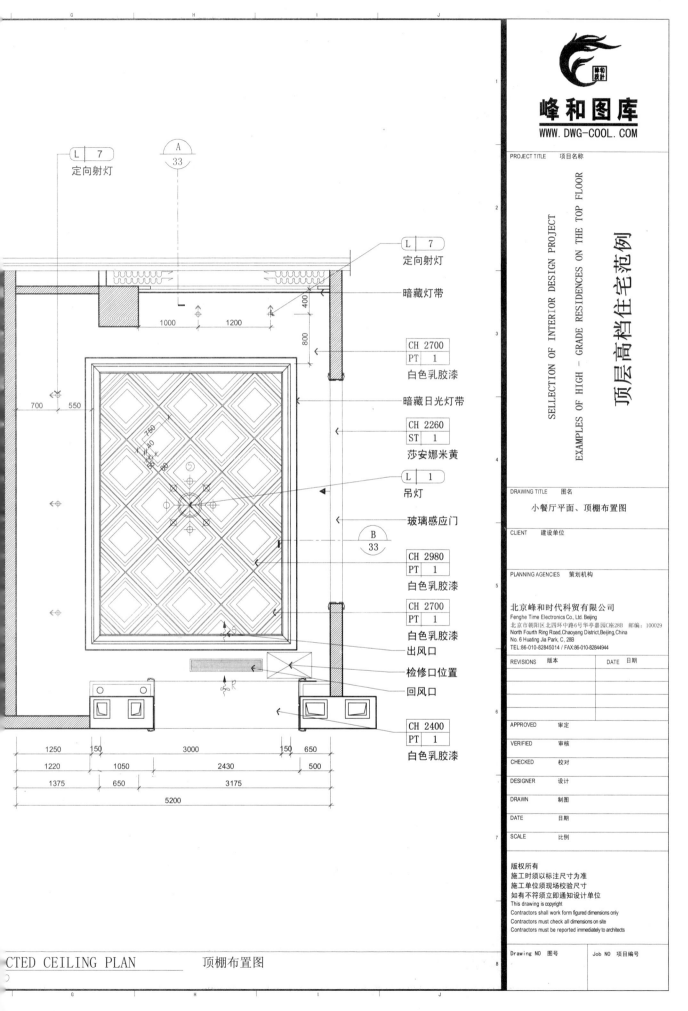

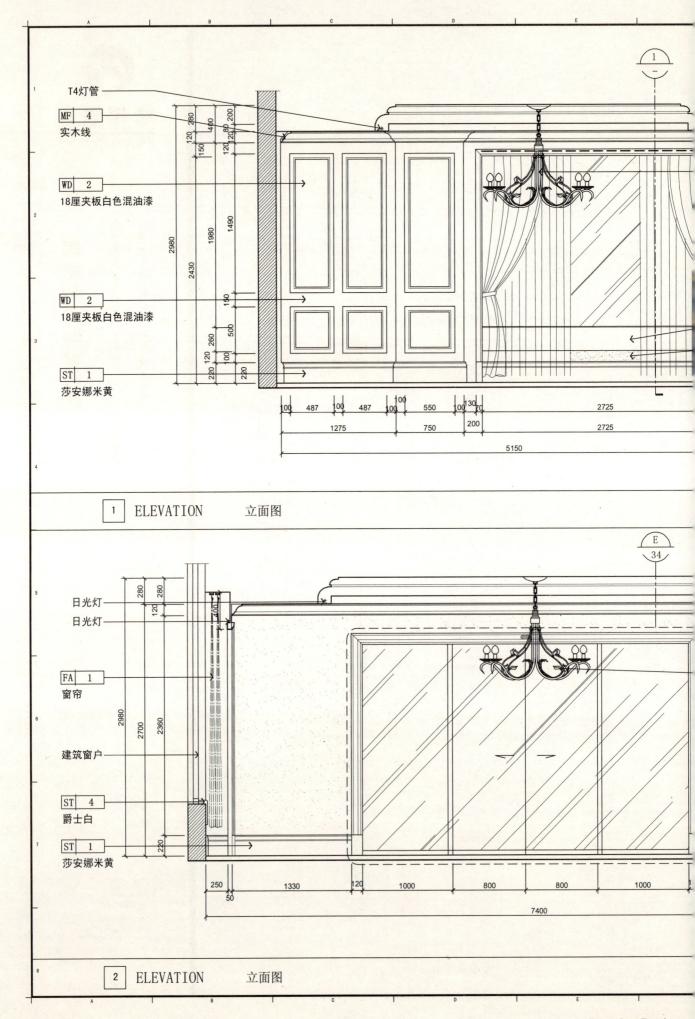

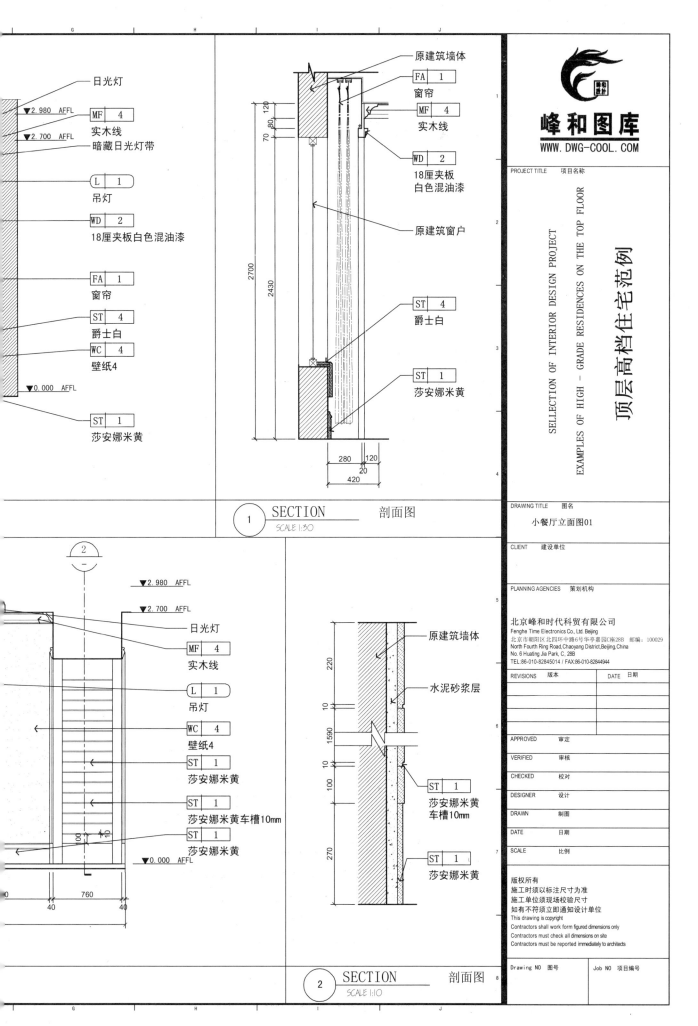

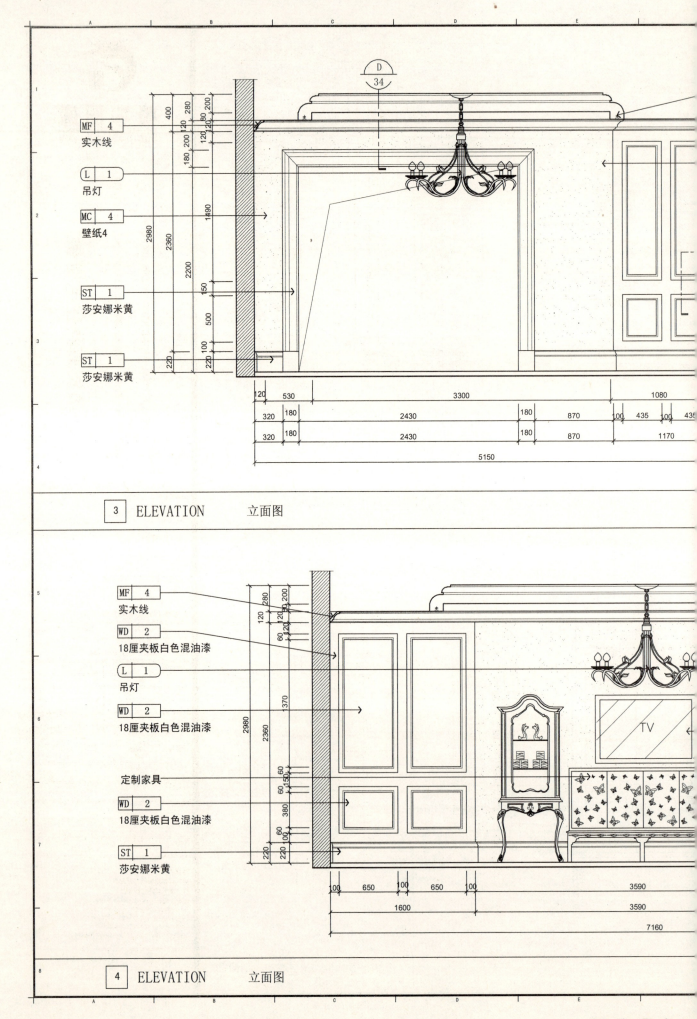

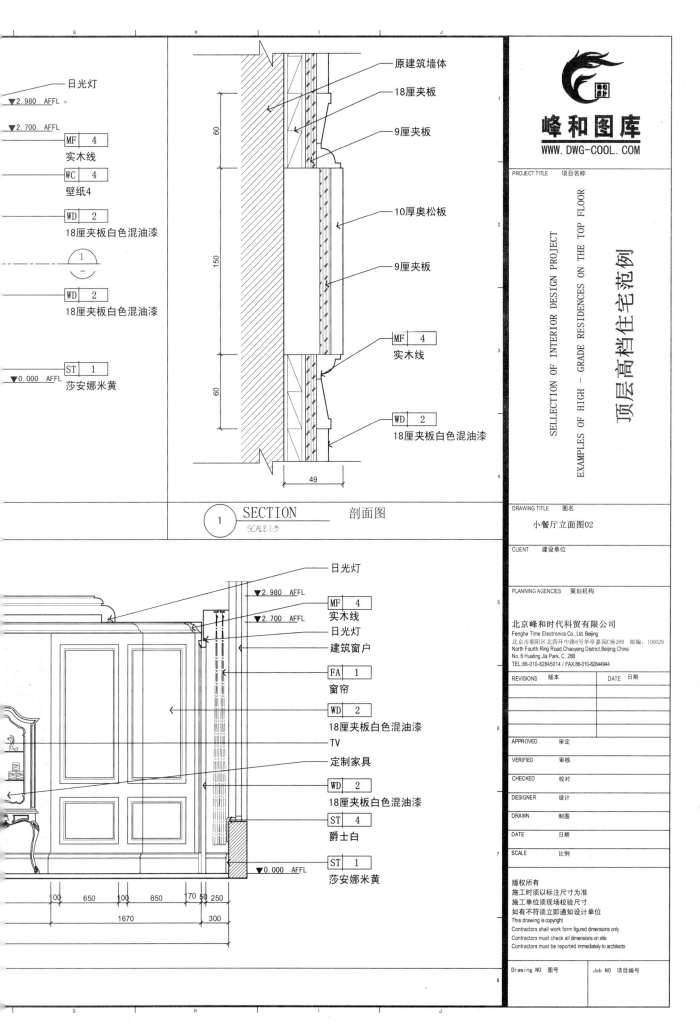

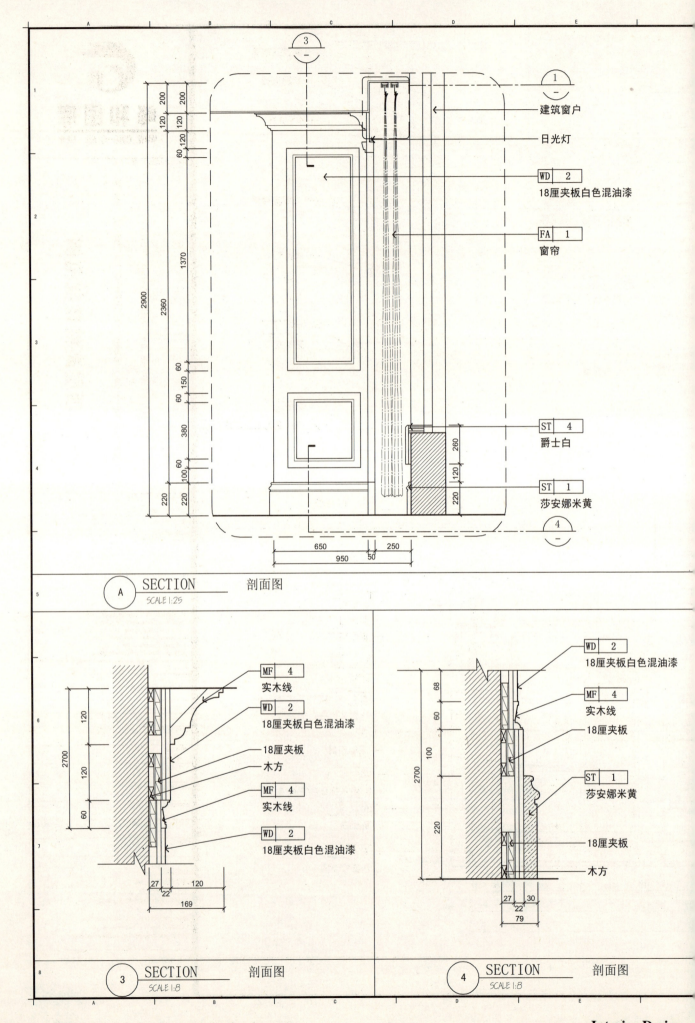

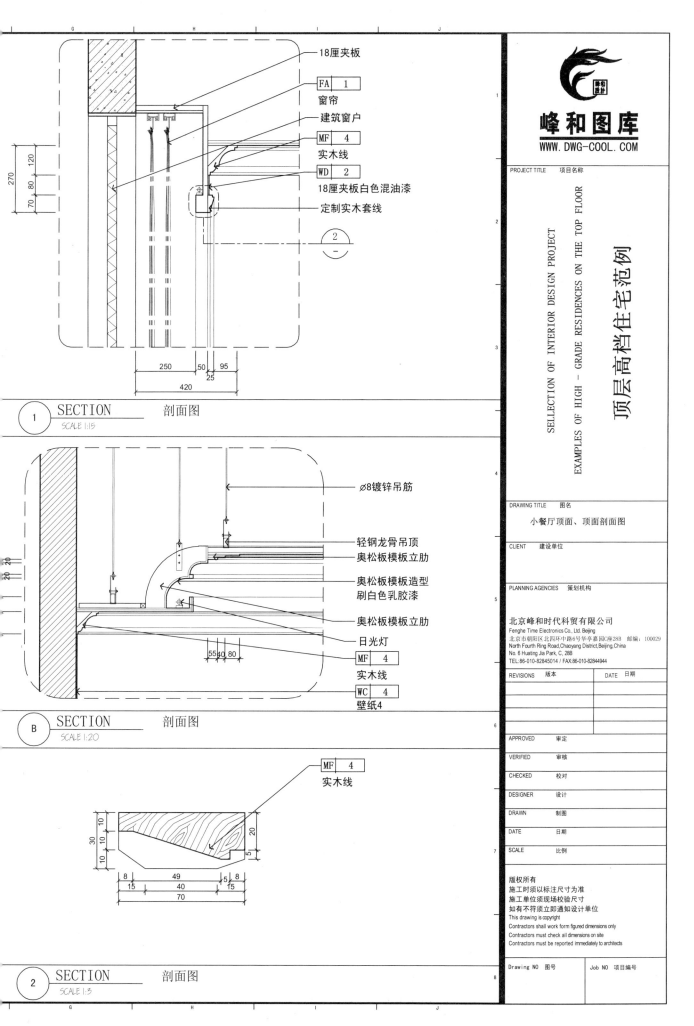

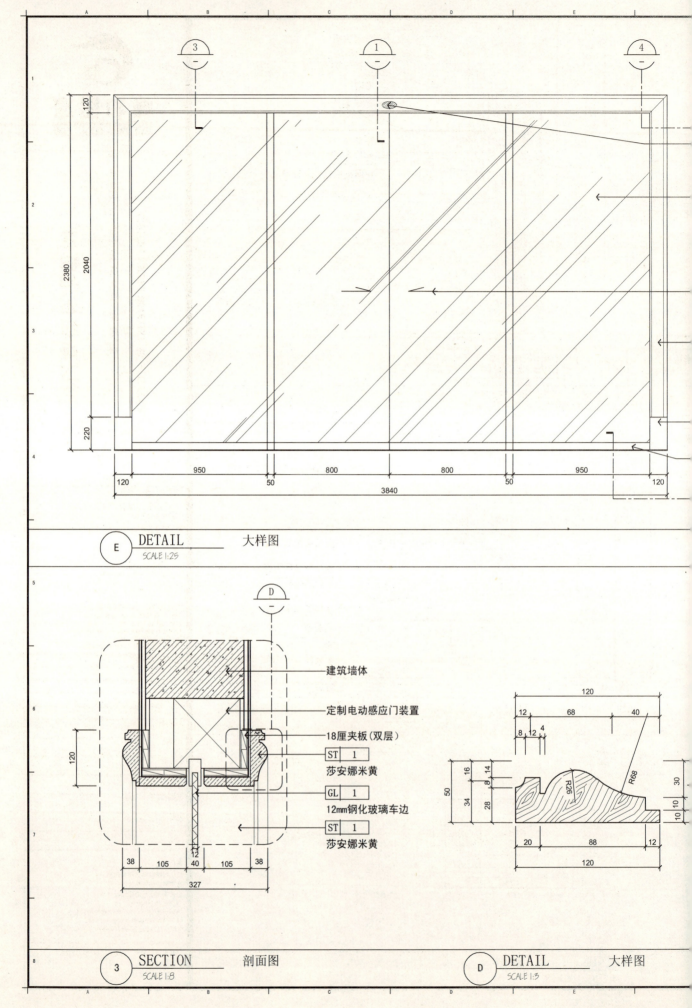

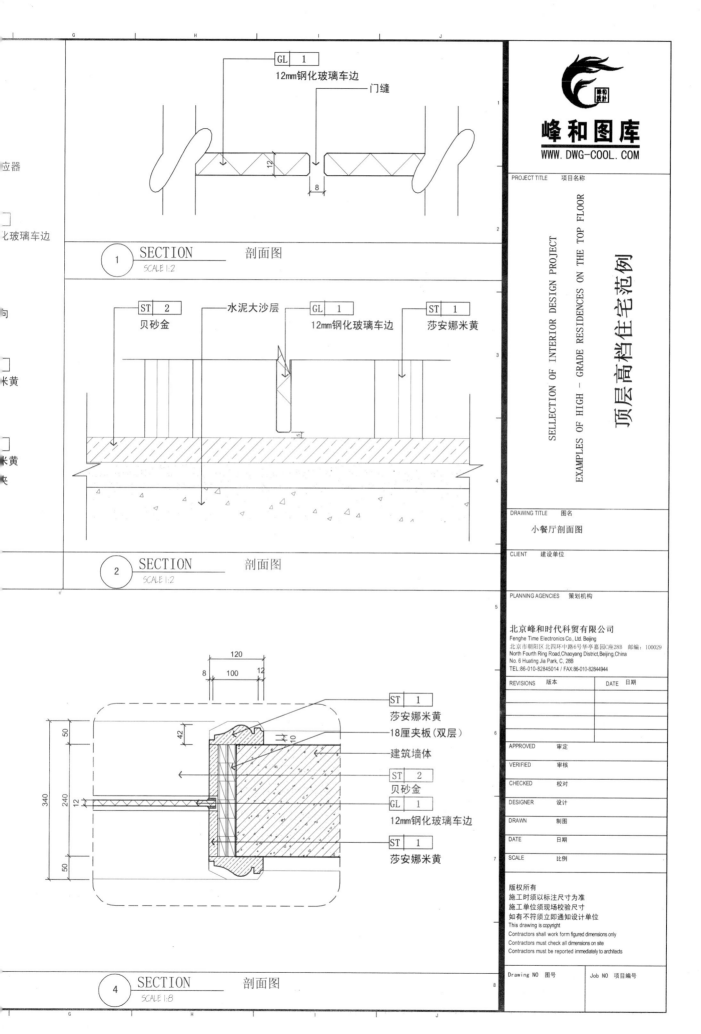

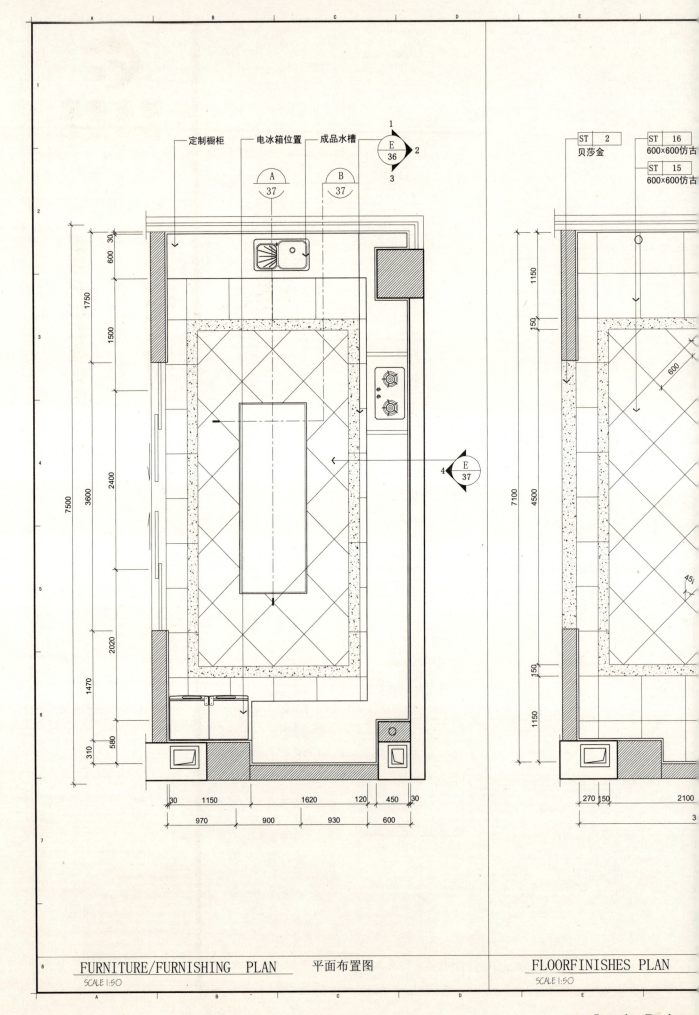

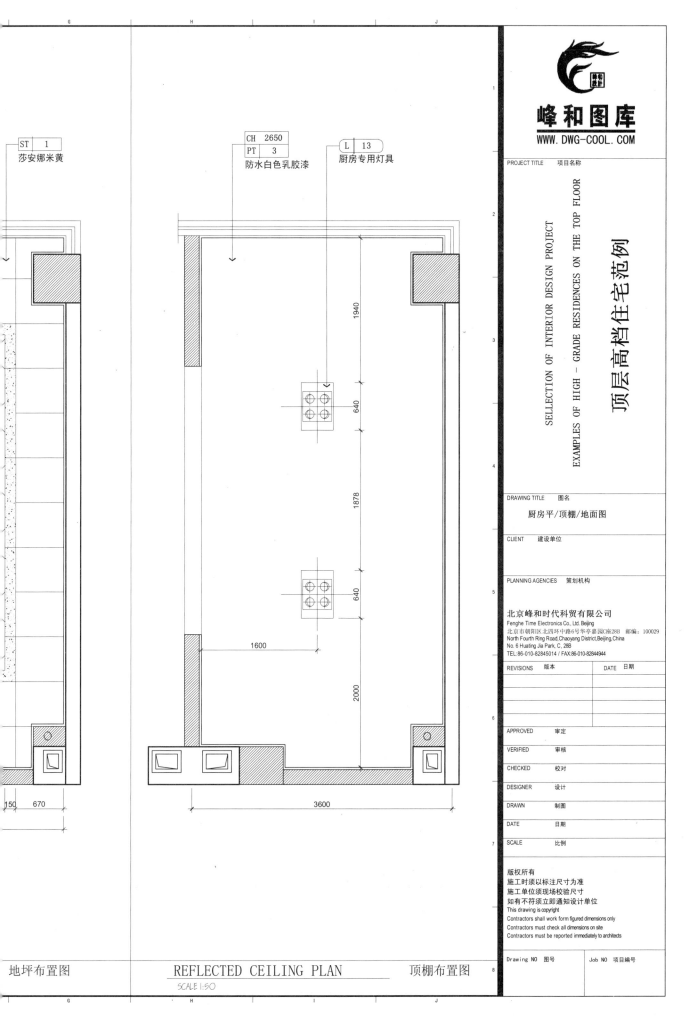

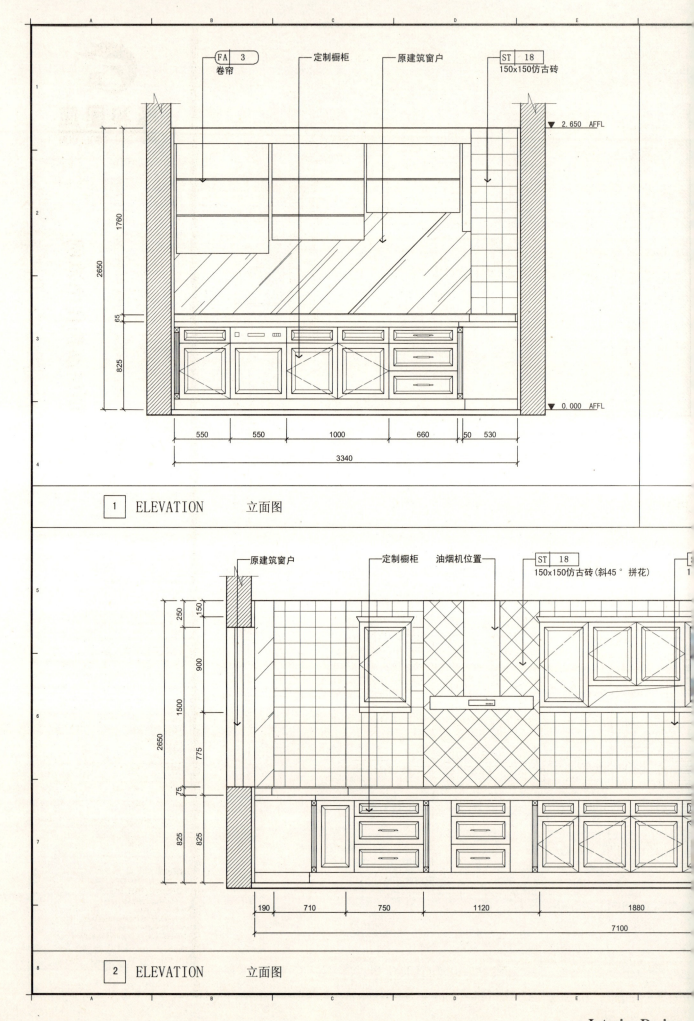

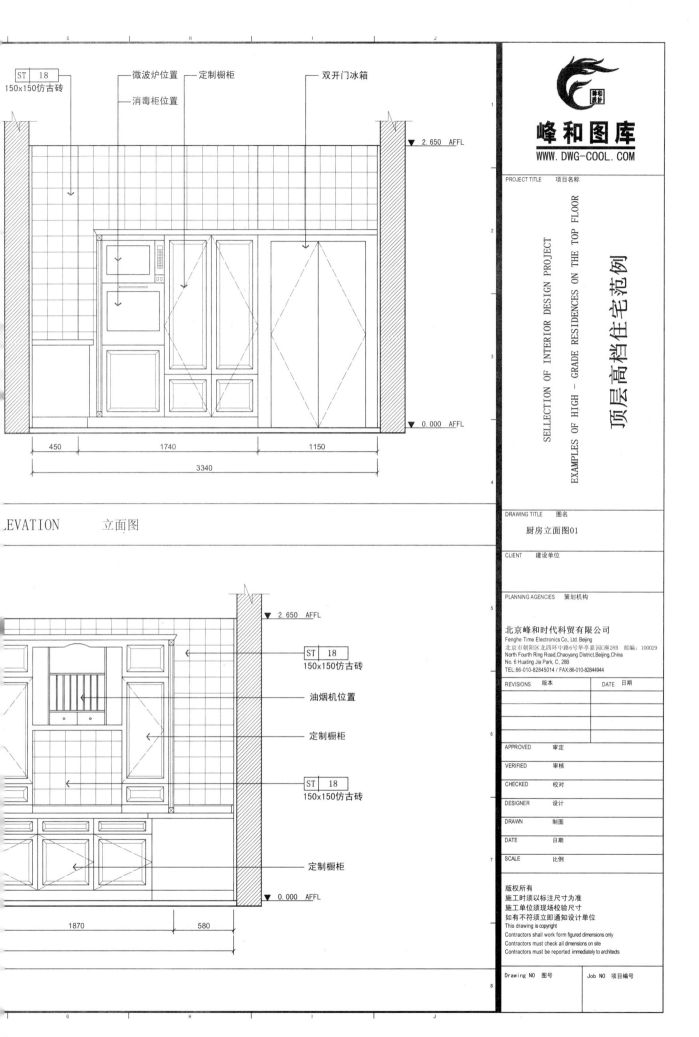

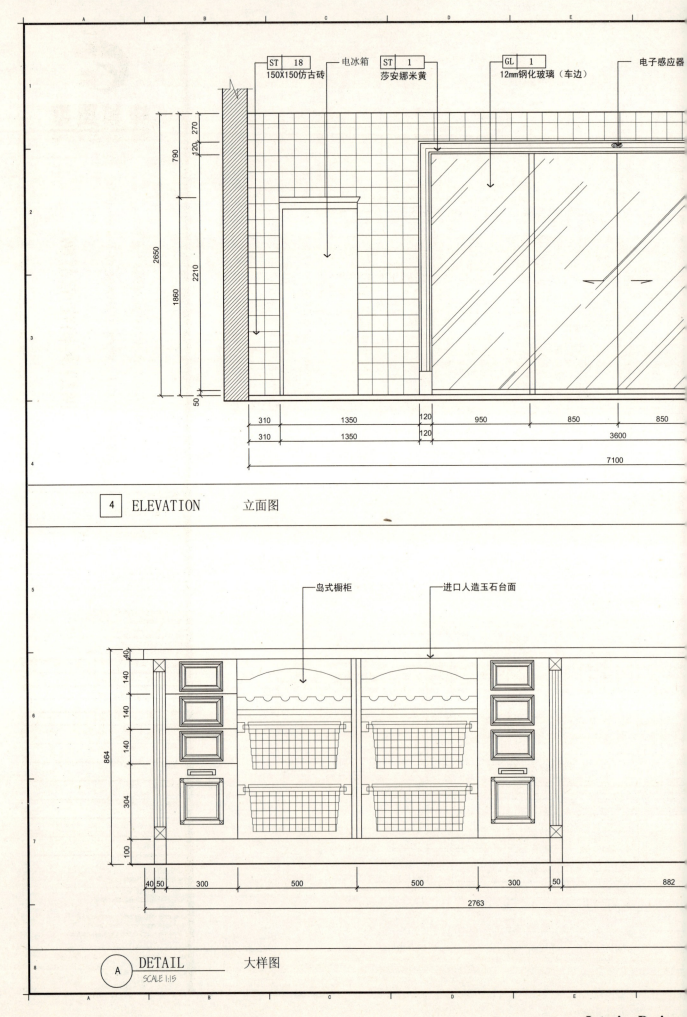

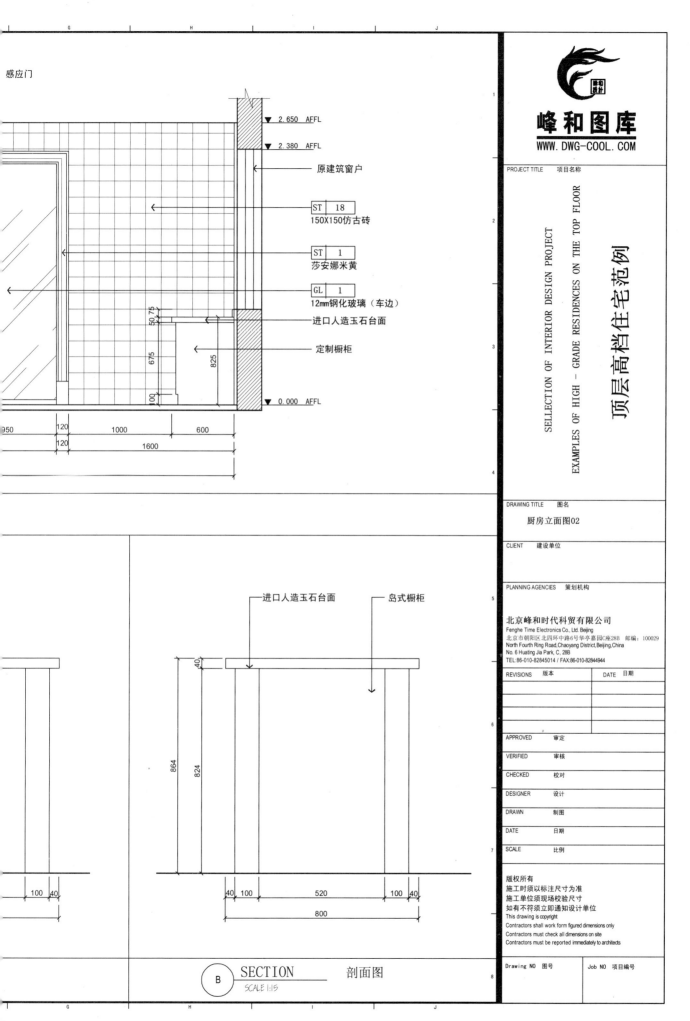

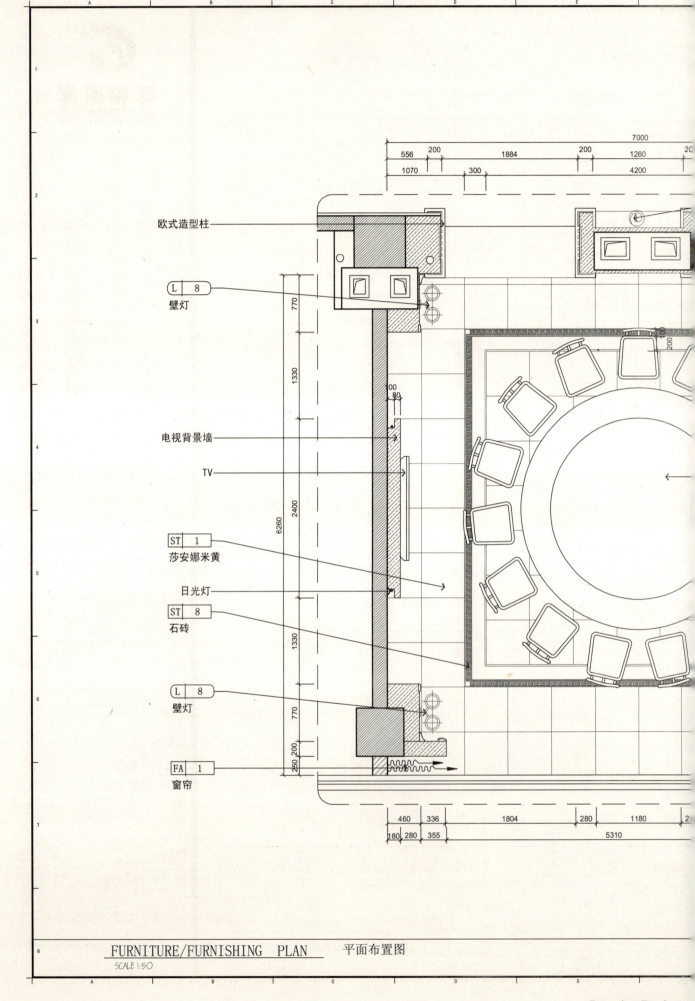

FURNITURE/FURNISHING PLAN   平面布置图
SCALE 1:50

-Interior Design-

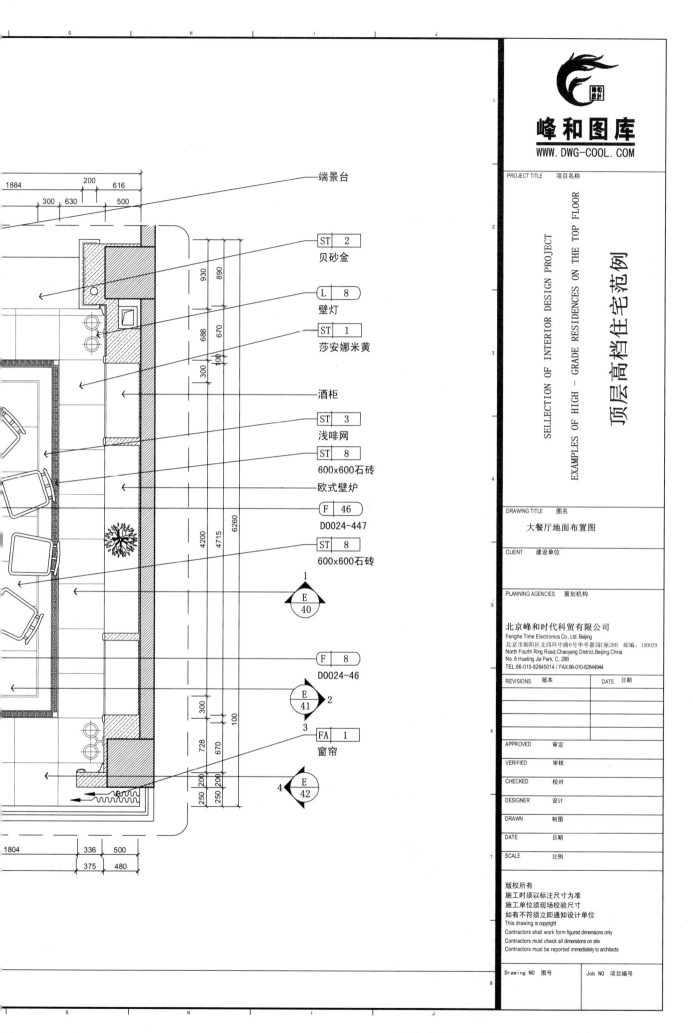

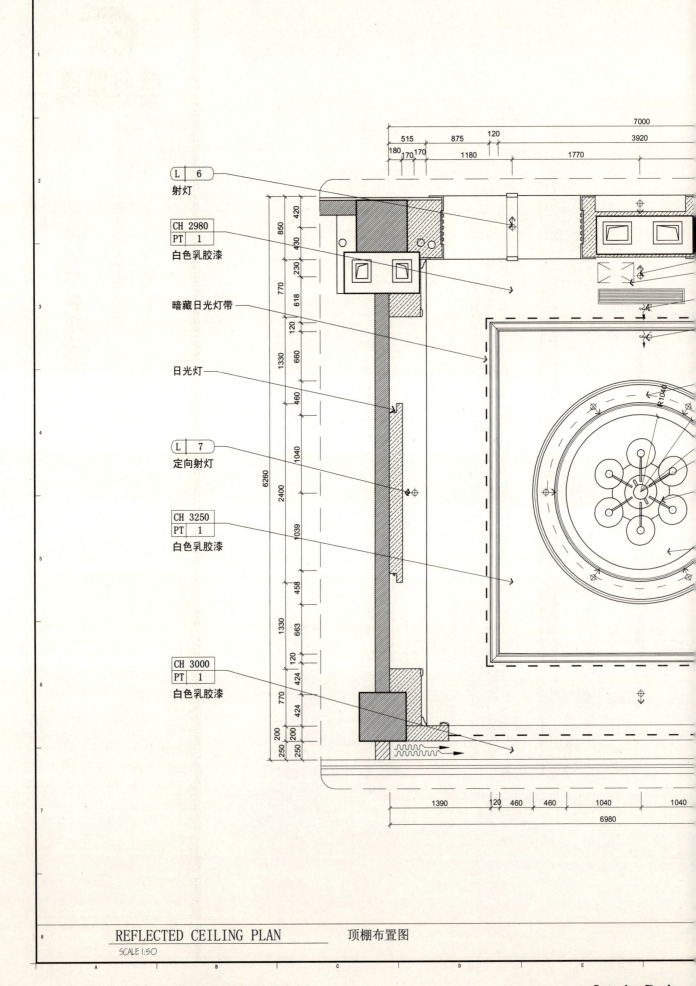

REFLECTED CEILING PLAN 顶棚布置图
SCALE 1:50

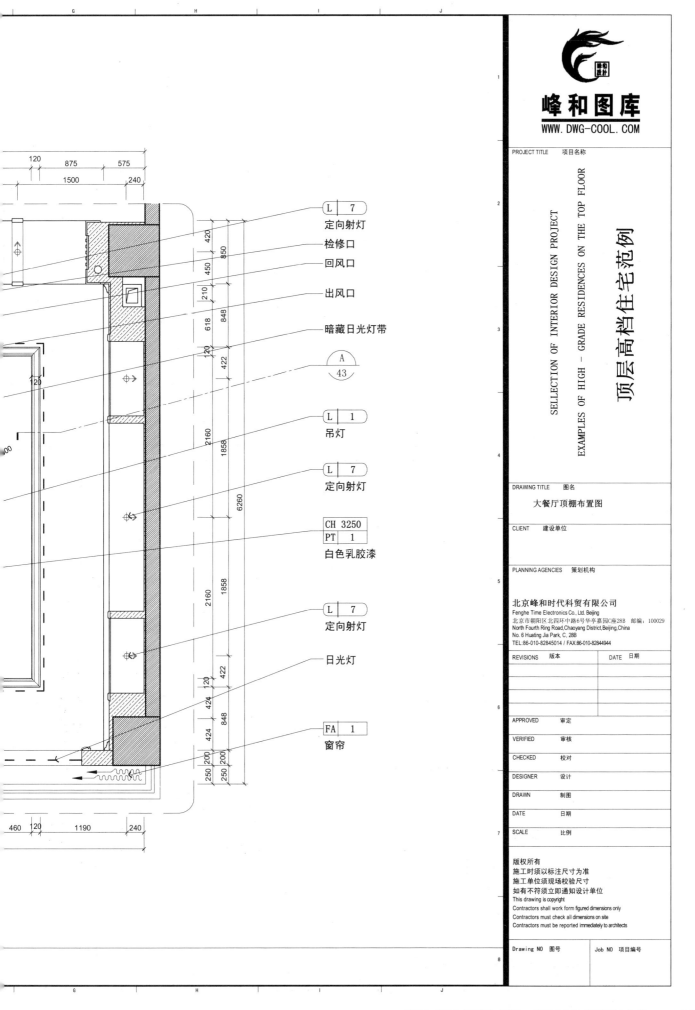

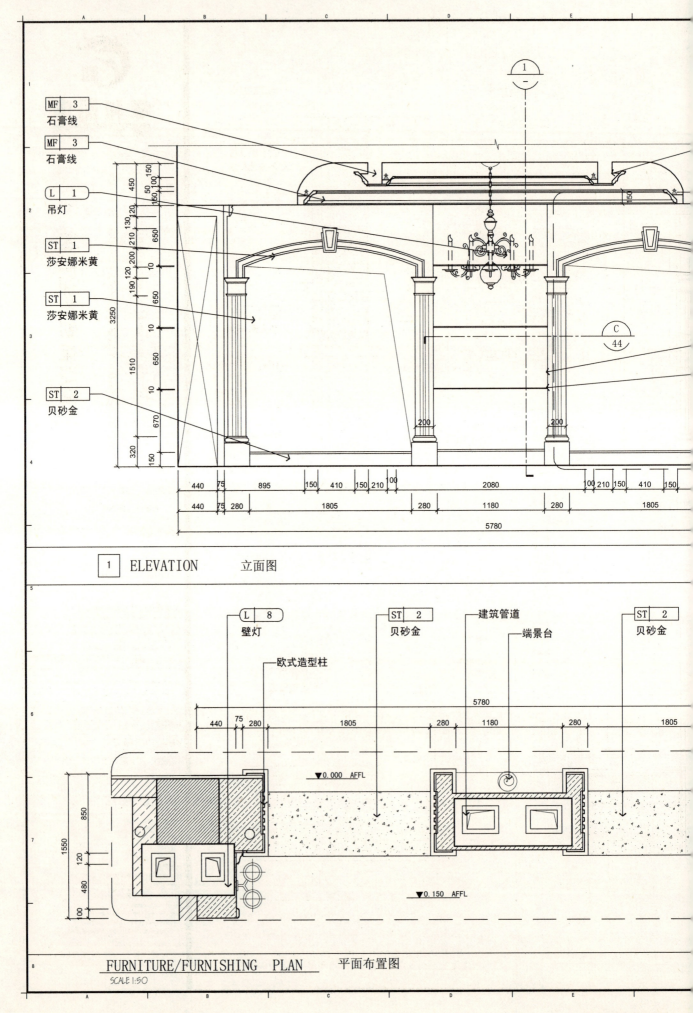

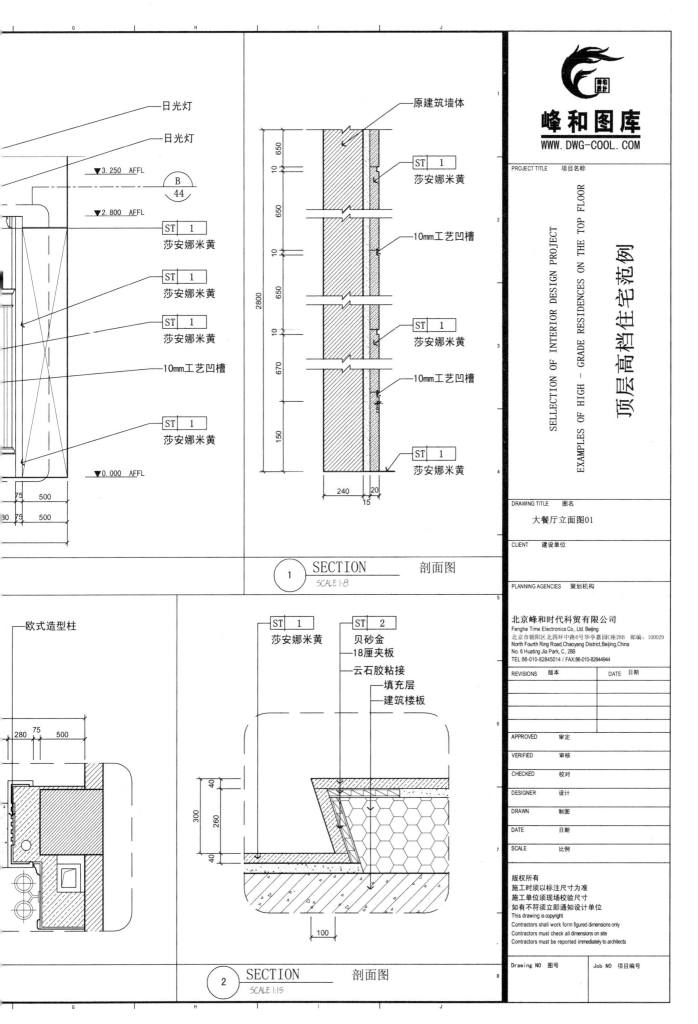

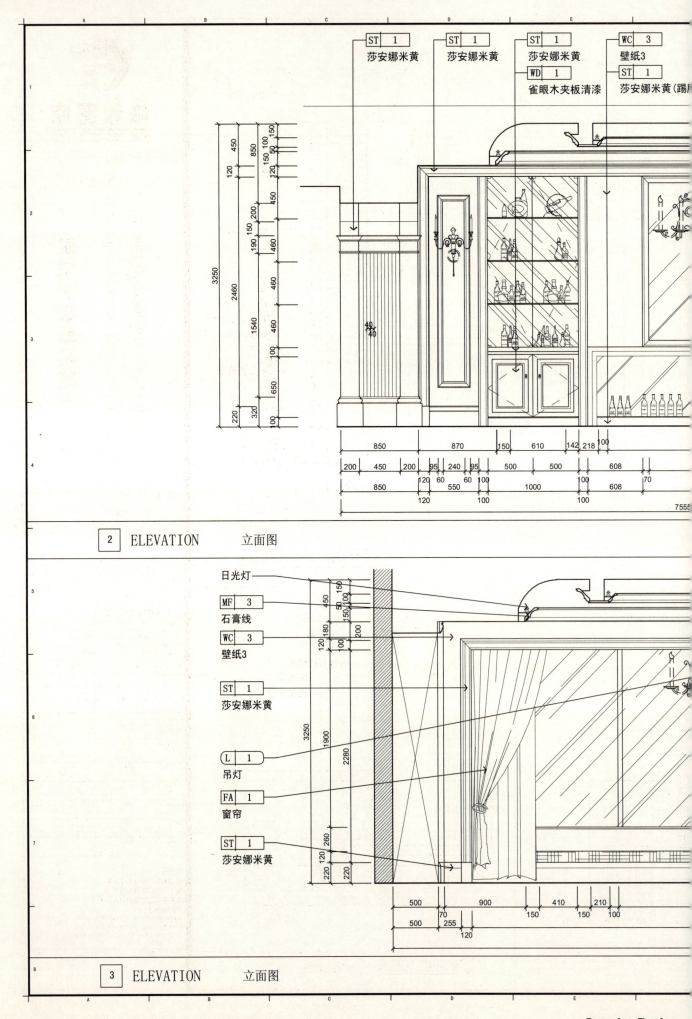

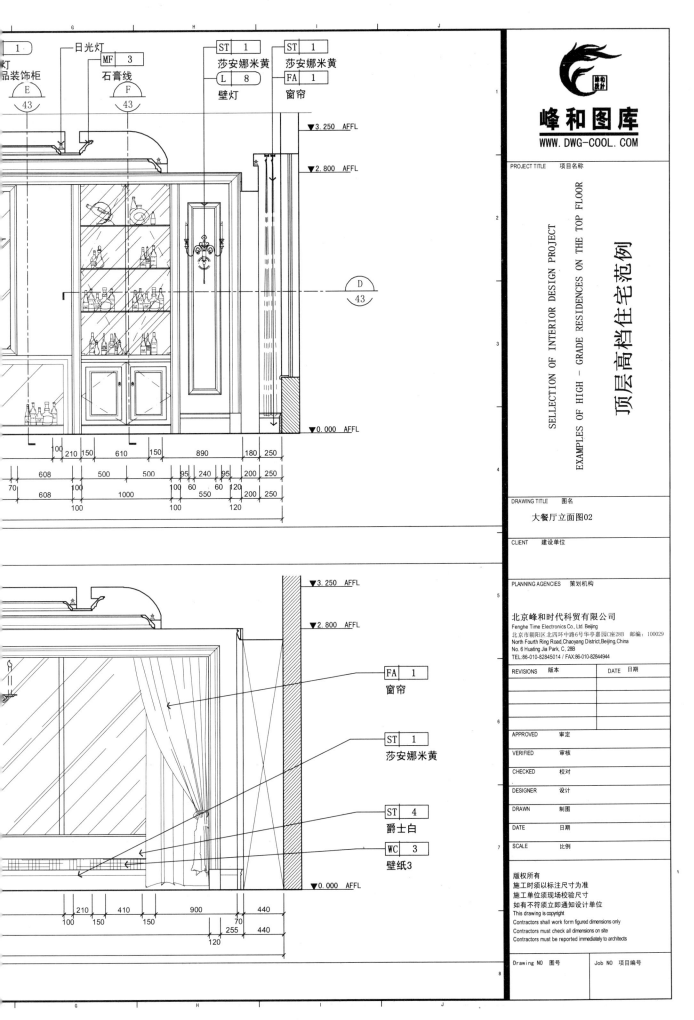

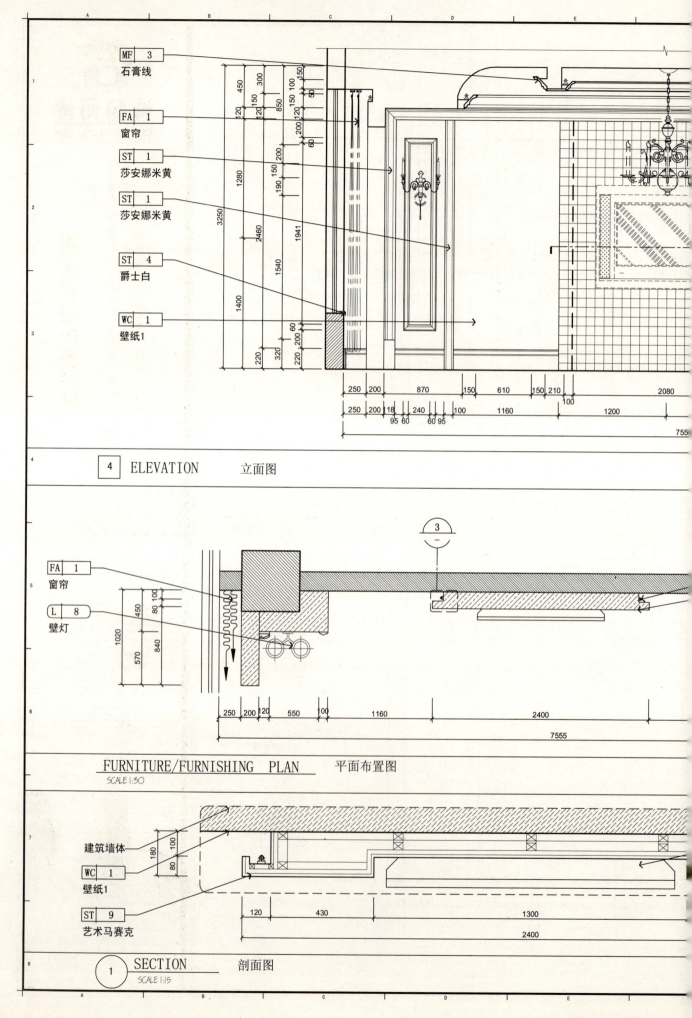

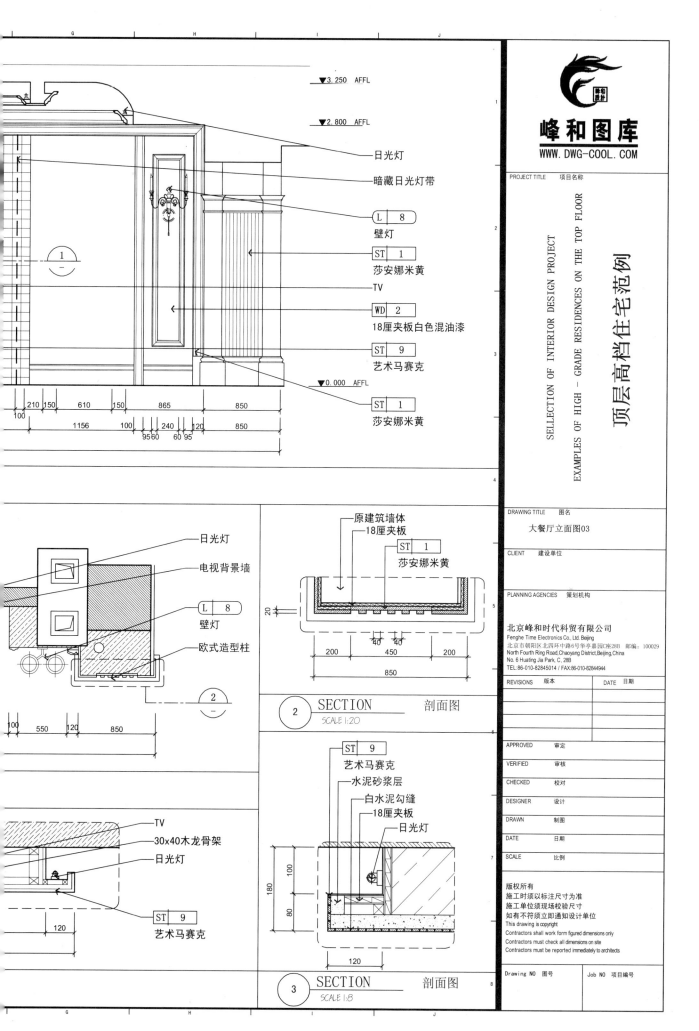

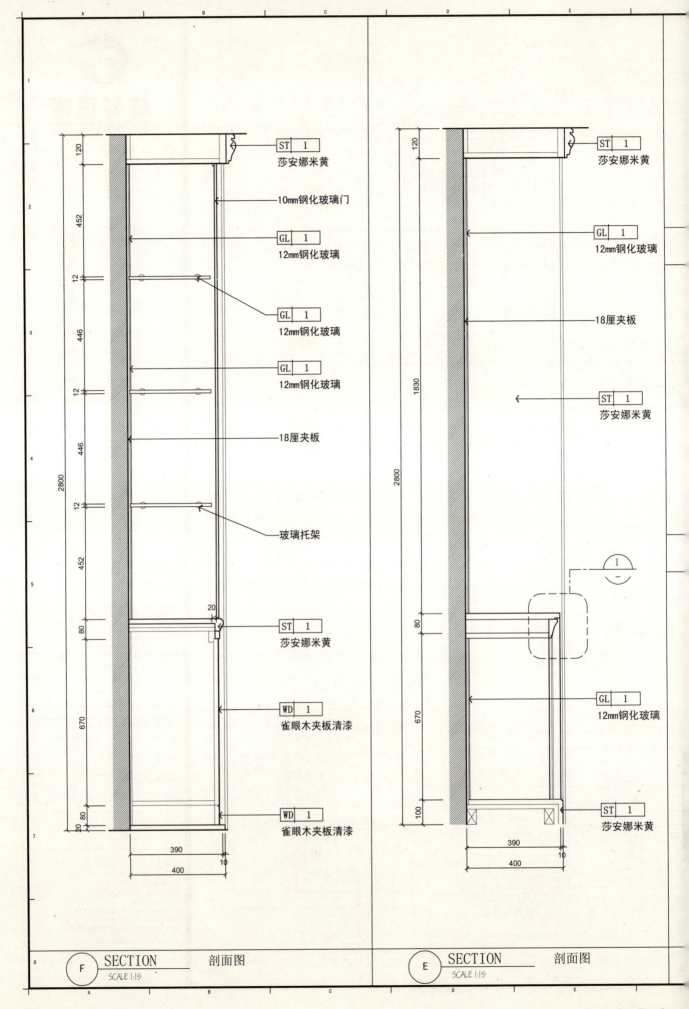

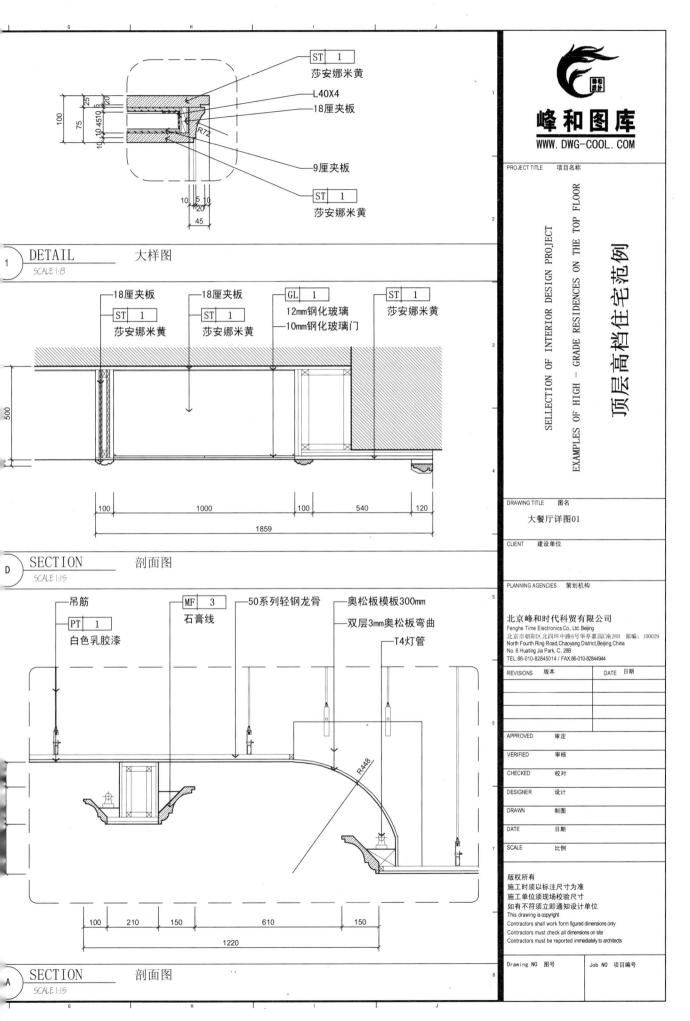

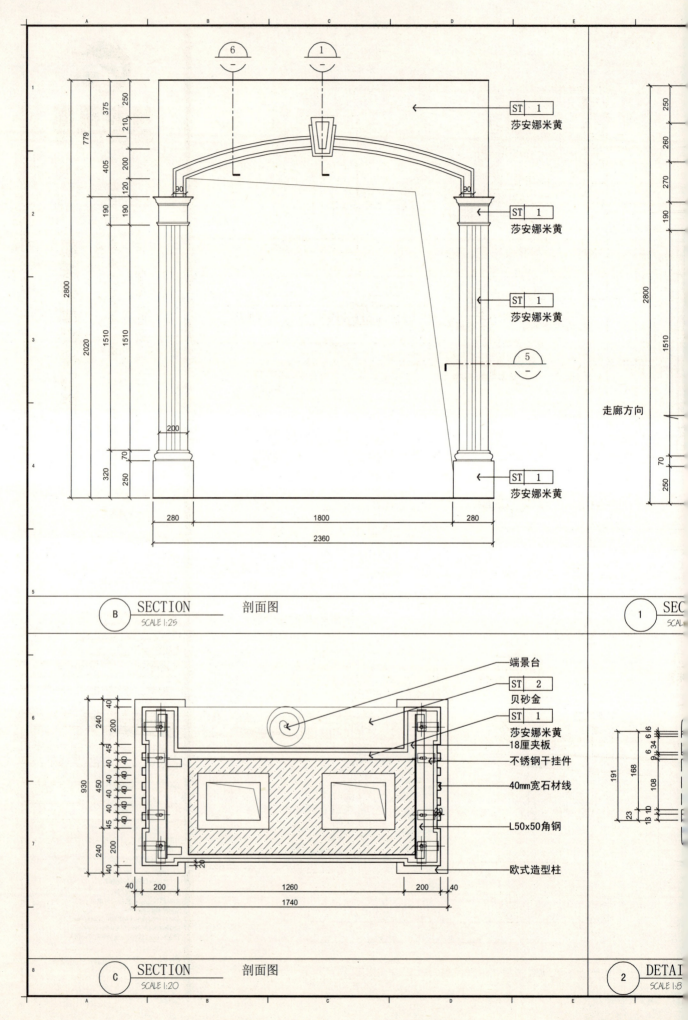

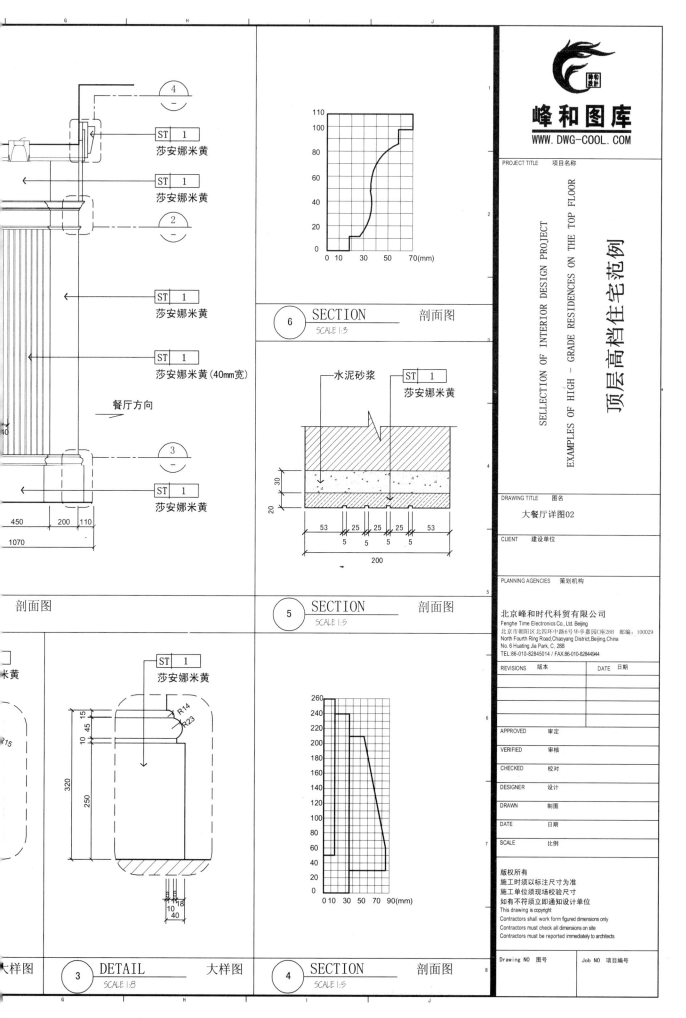

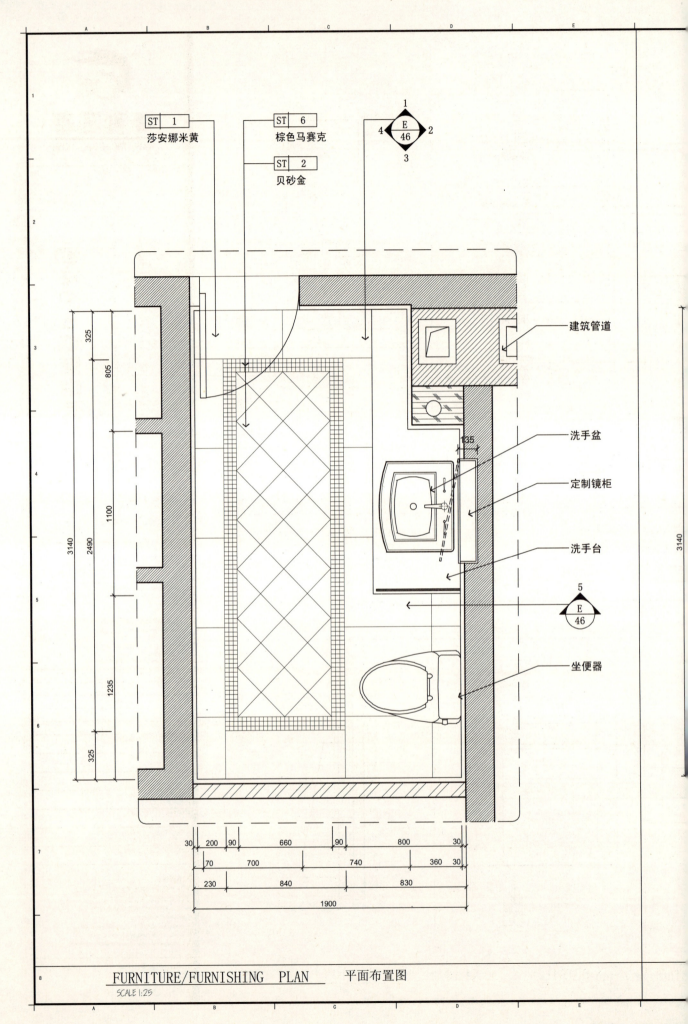

FURNITURE/FURNISHING PLAN　平面布置图
SCALE 1:25

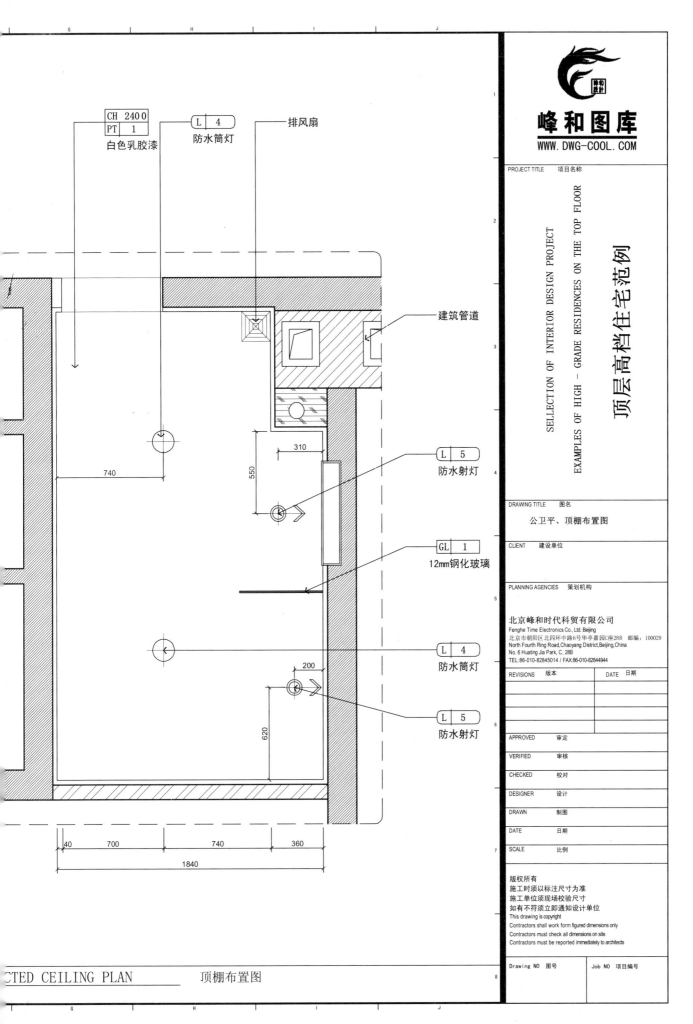

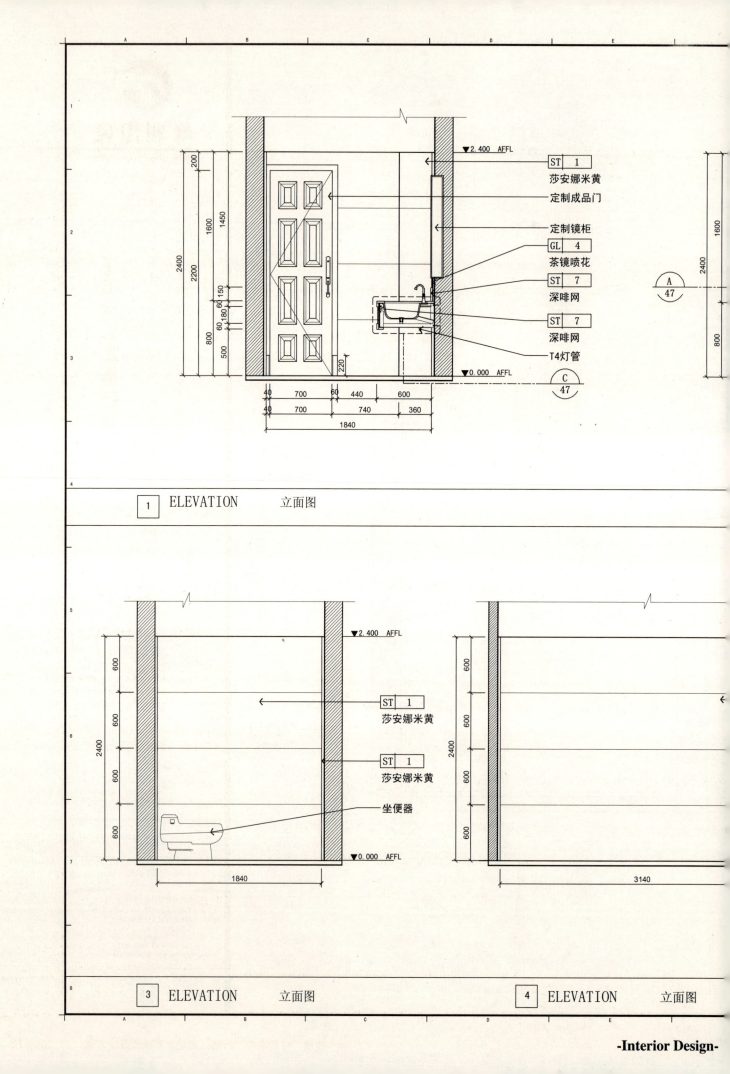

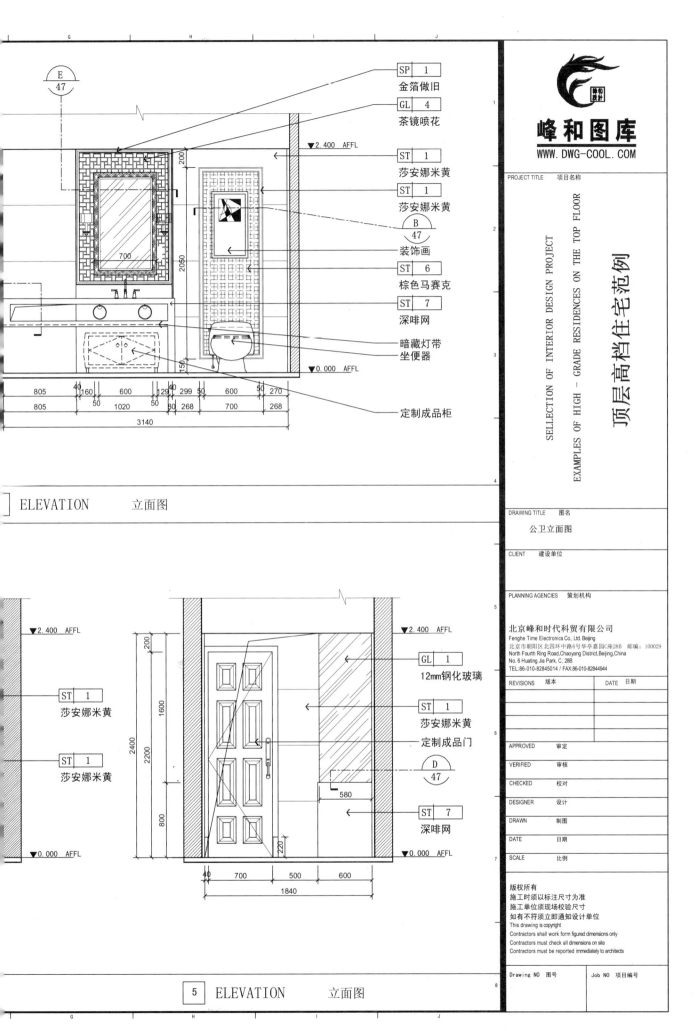

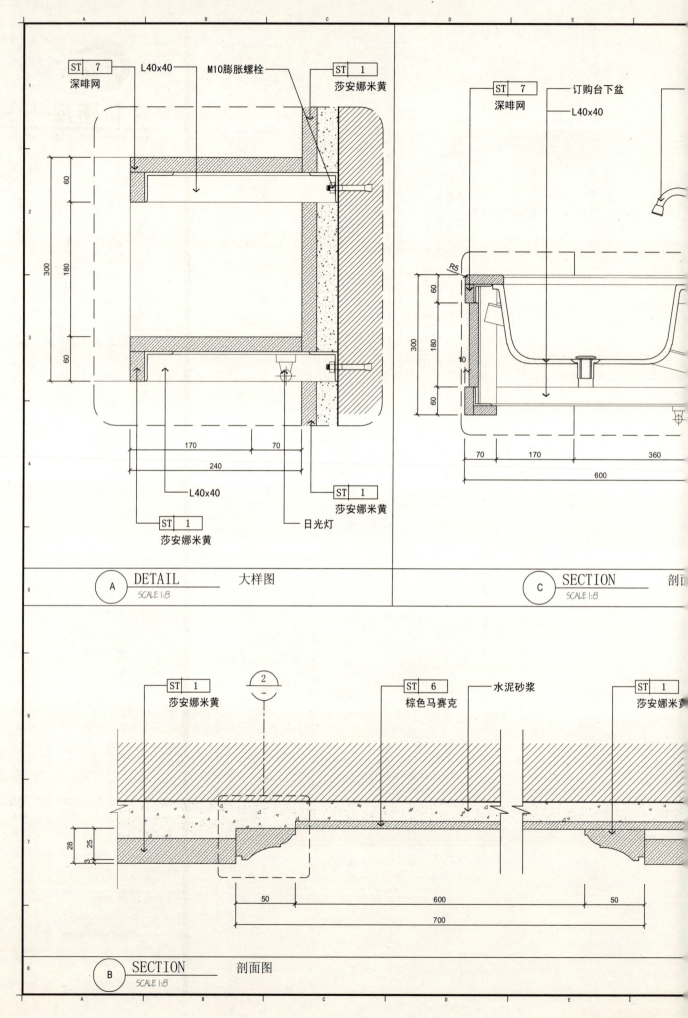

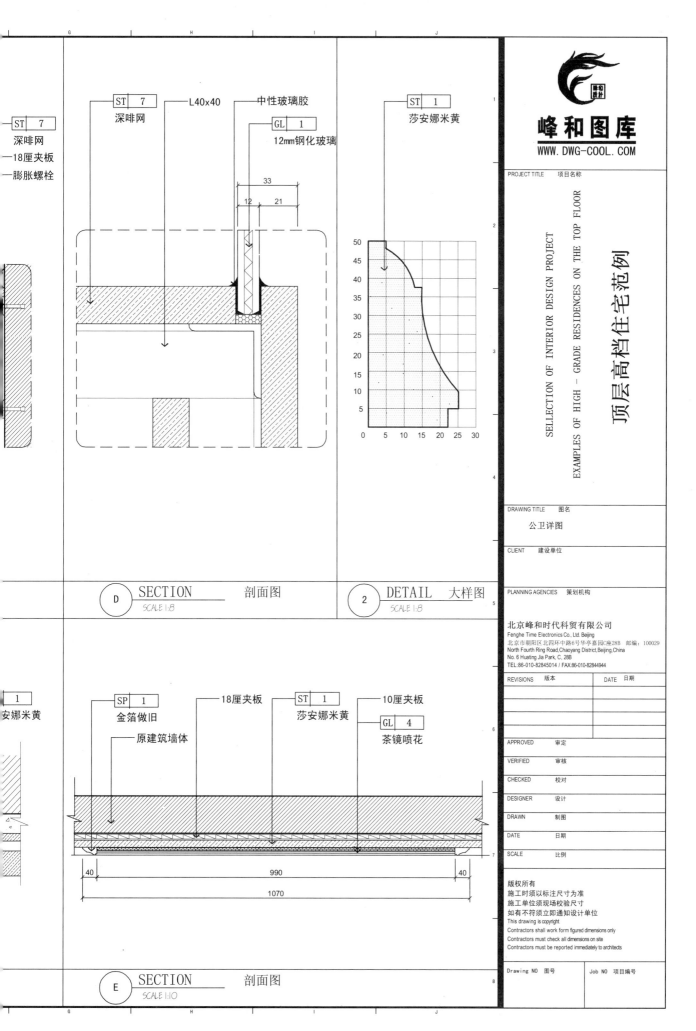

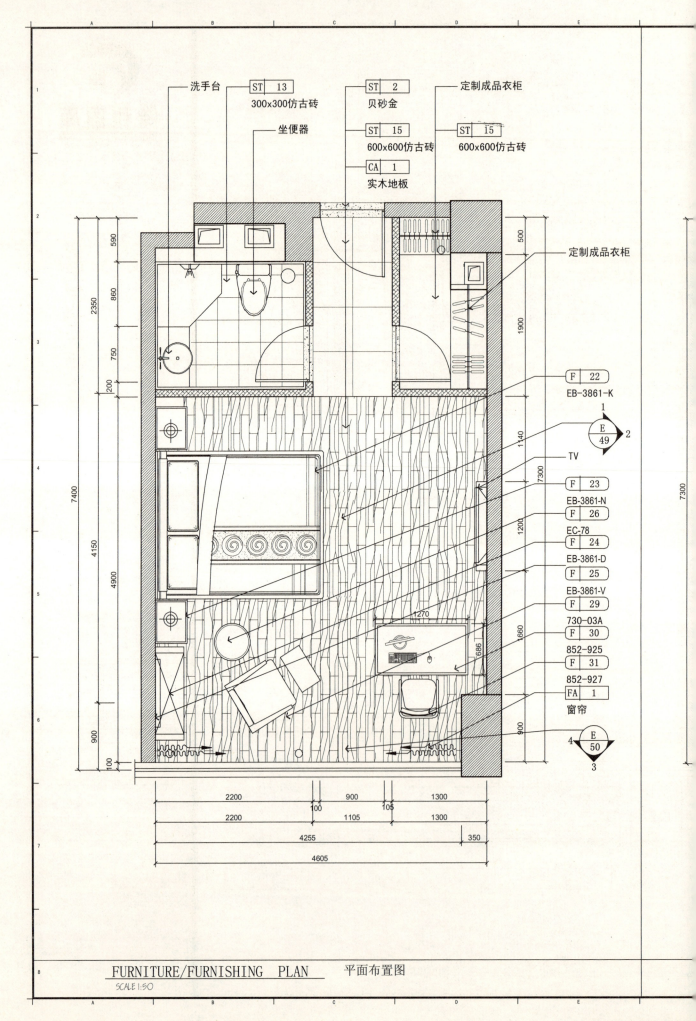

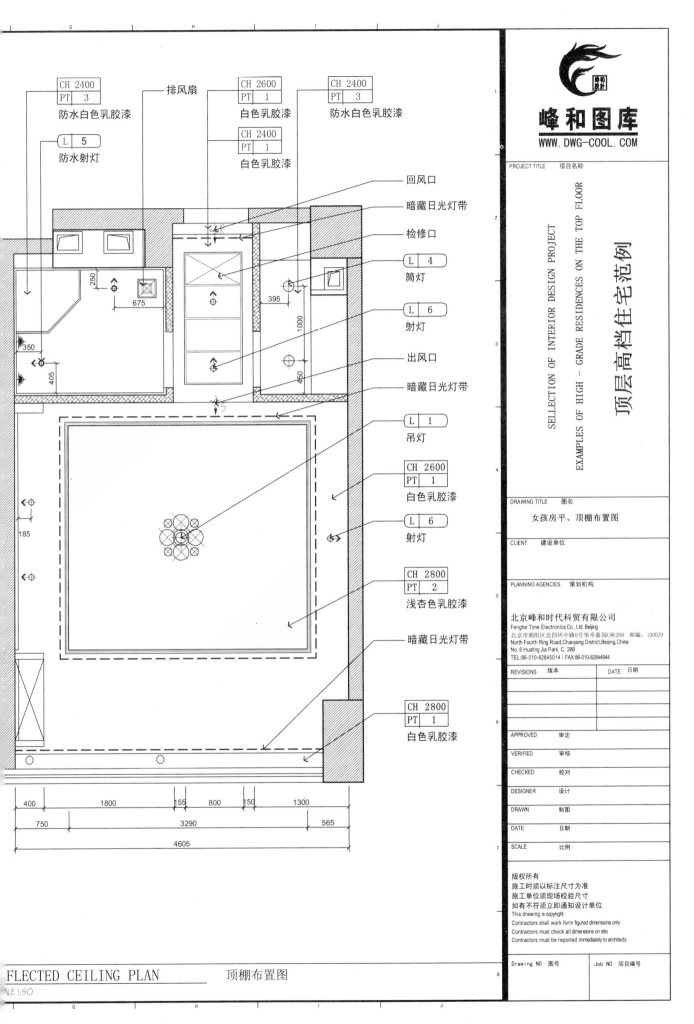

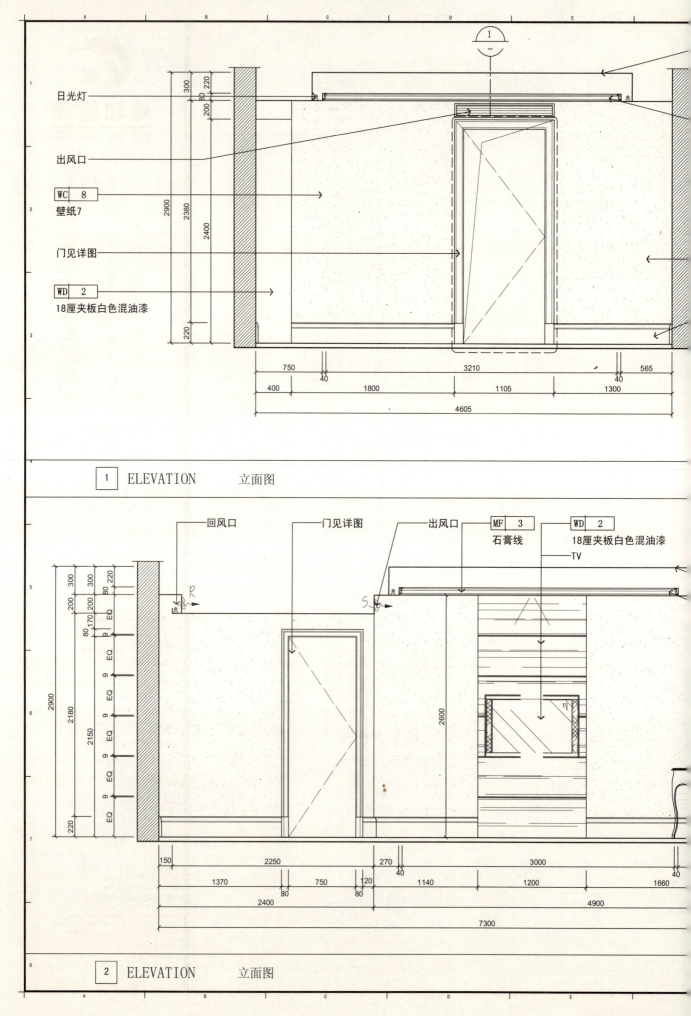

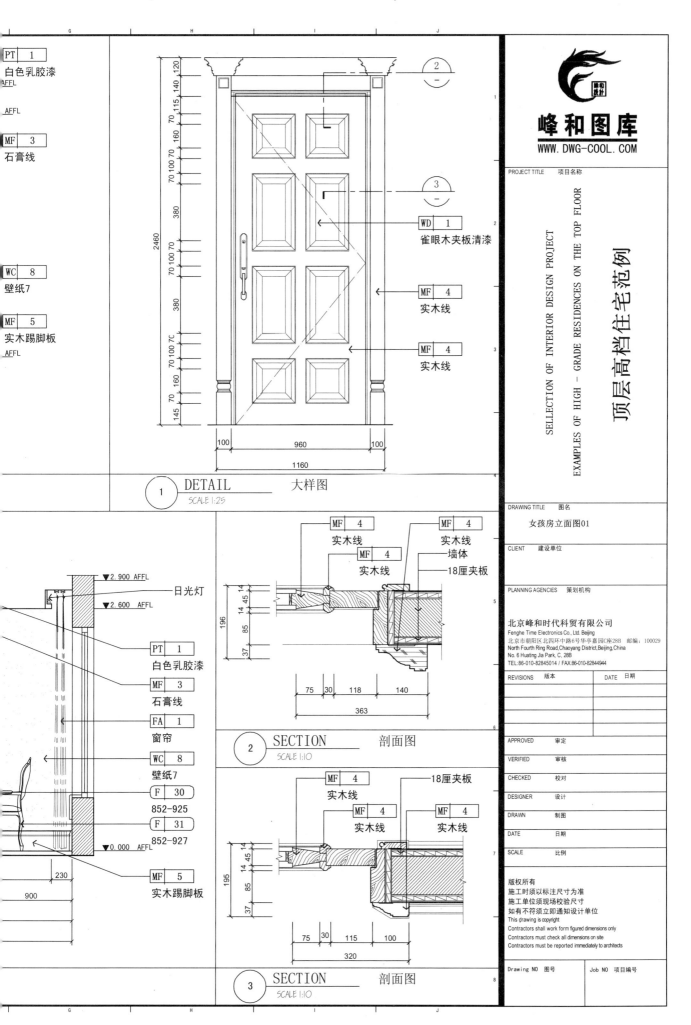

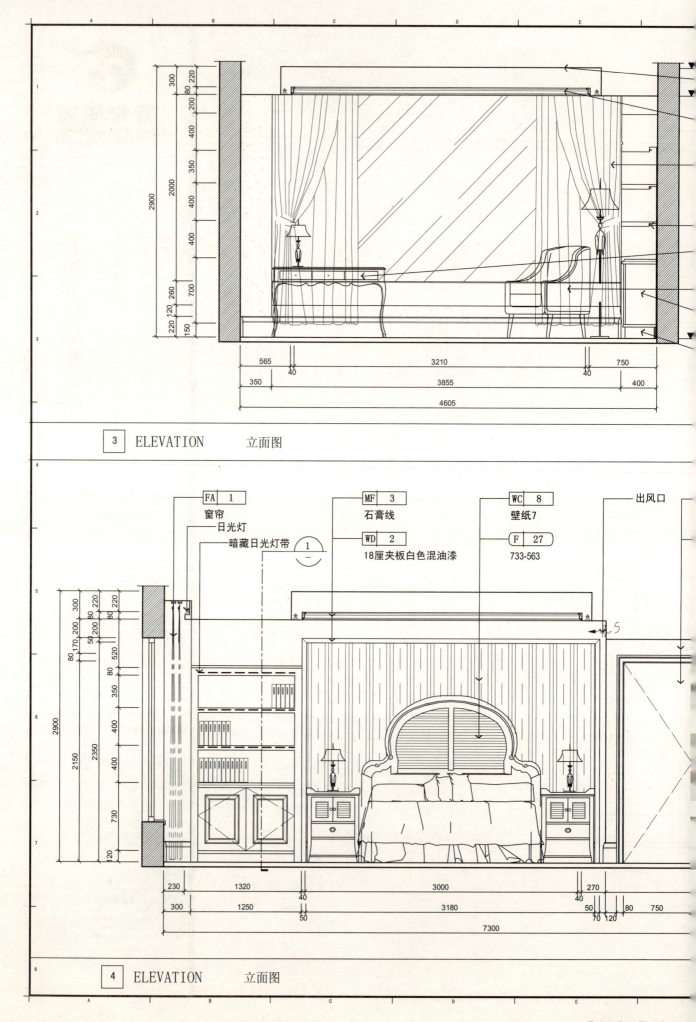

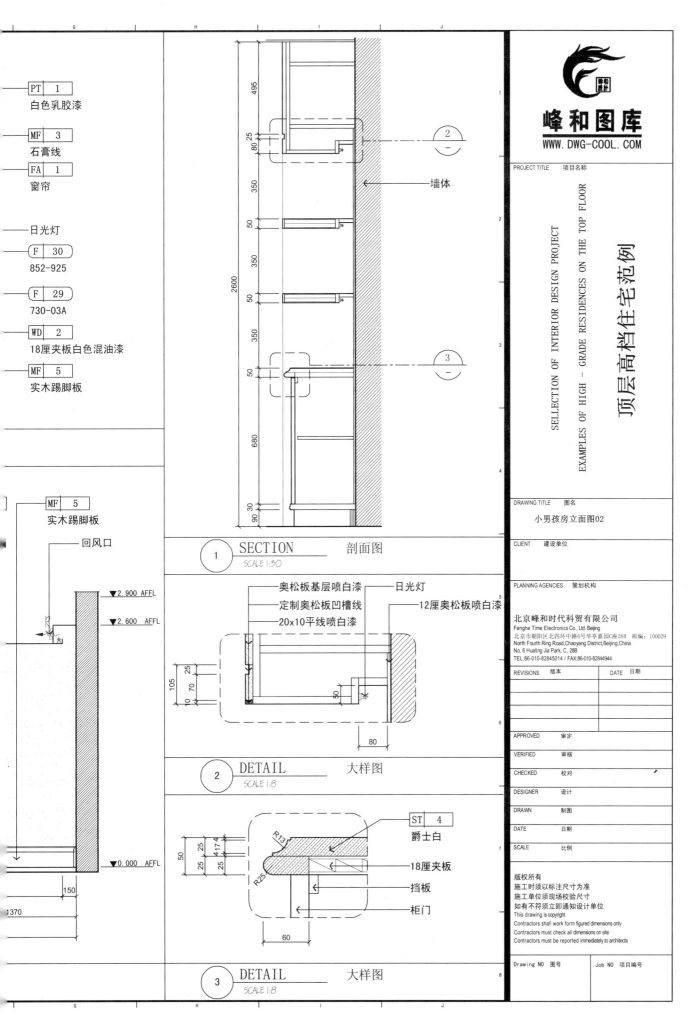

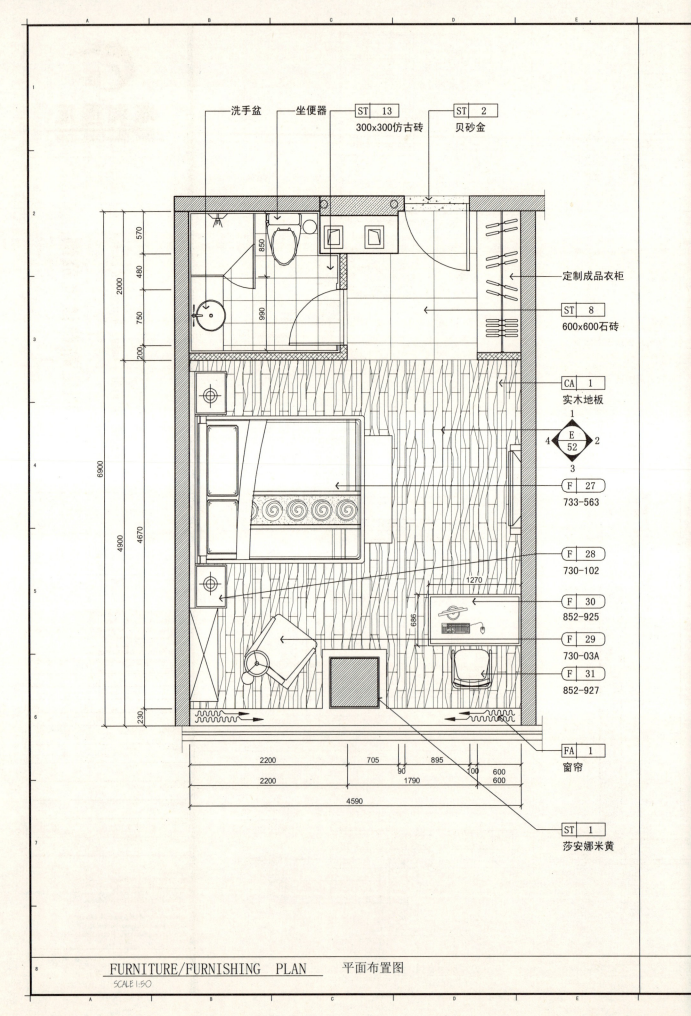

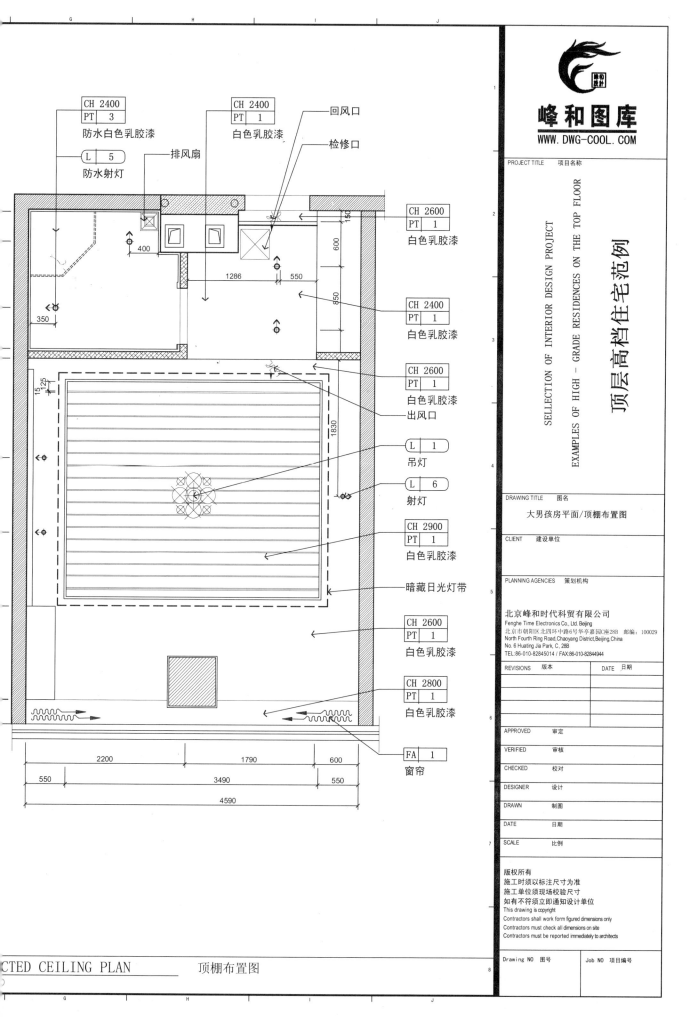

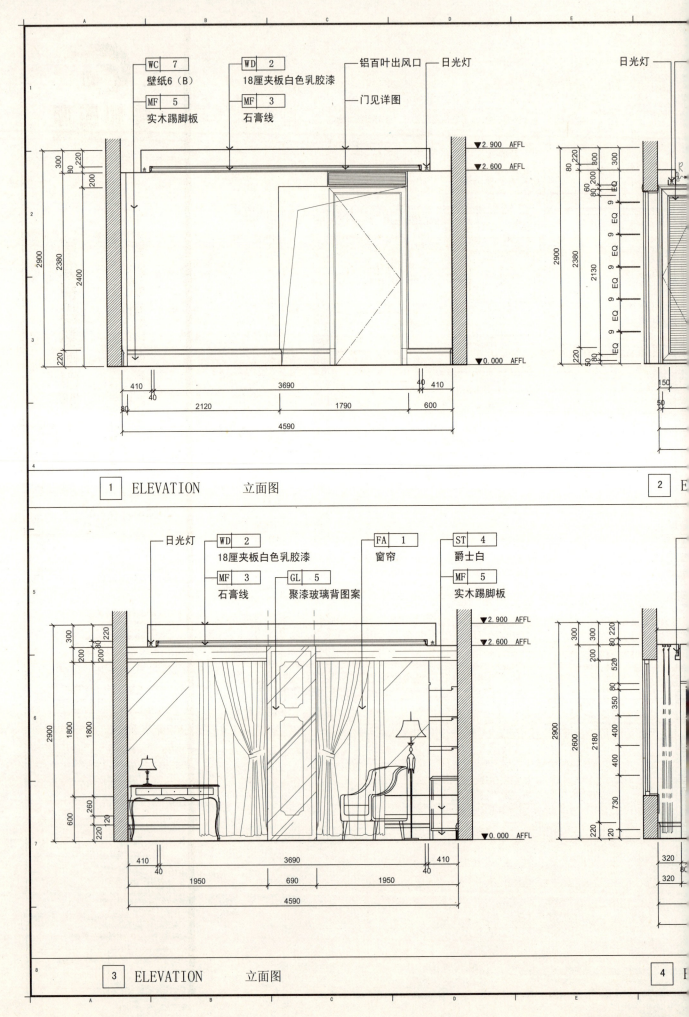

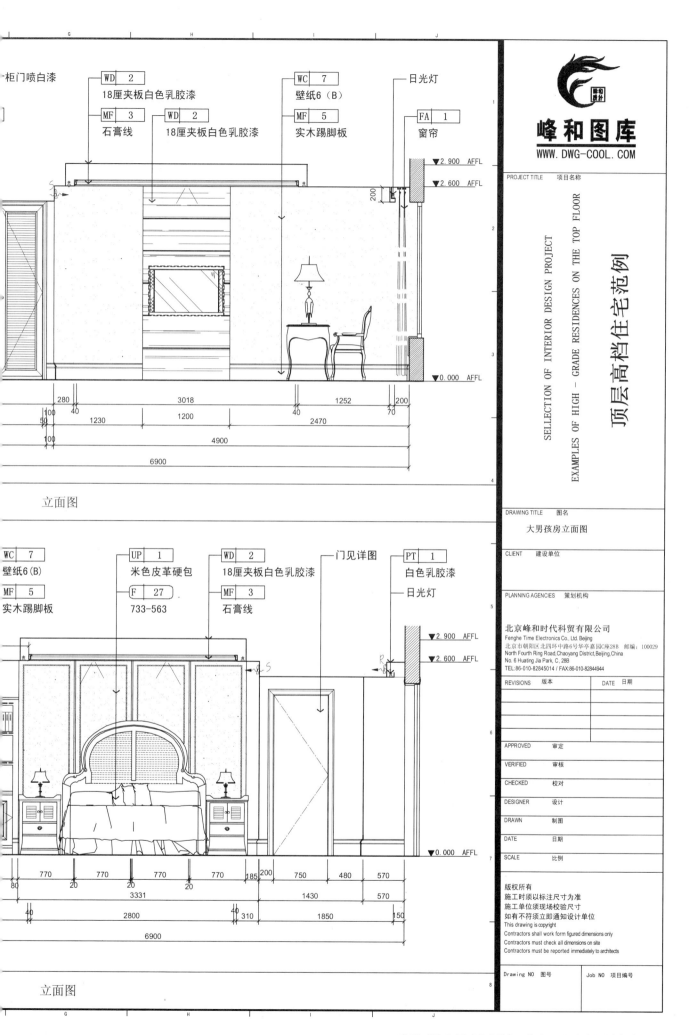

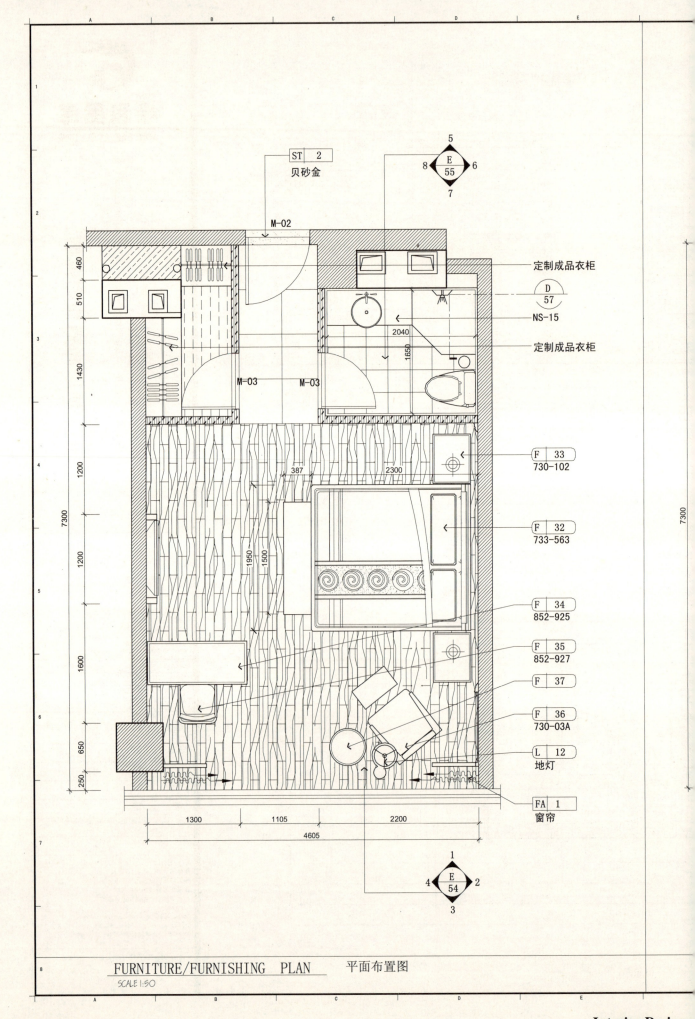

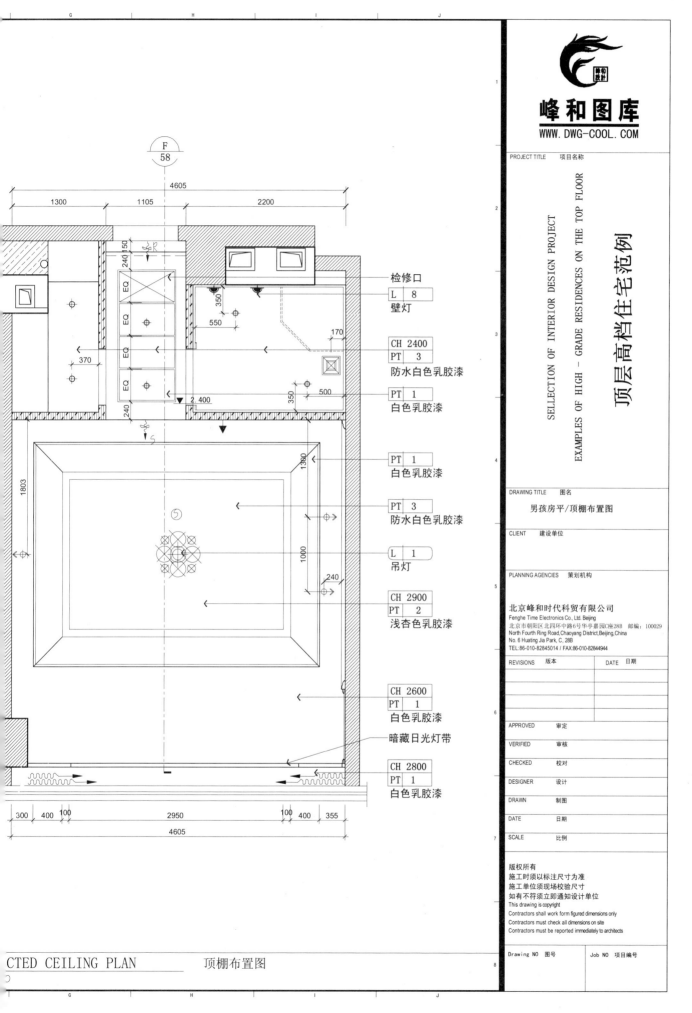

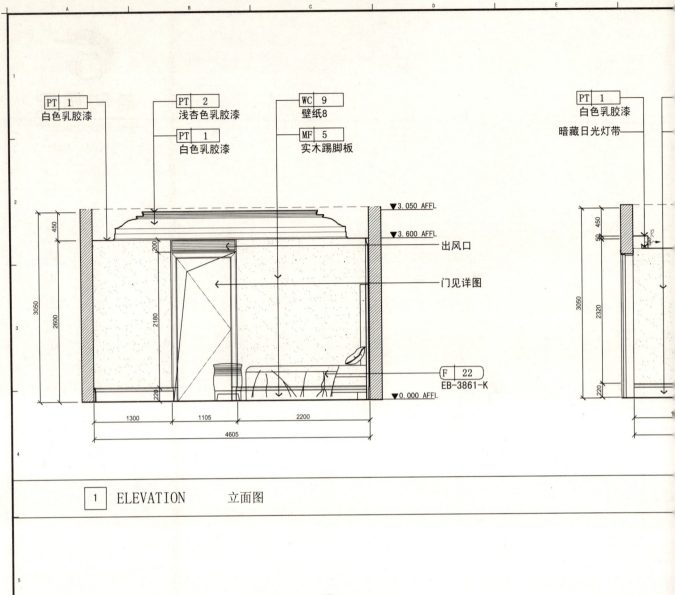

1 ELEVATION 立面图

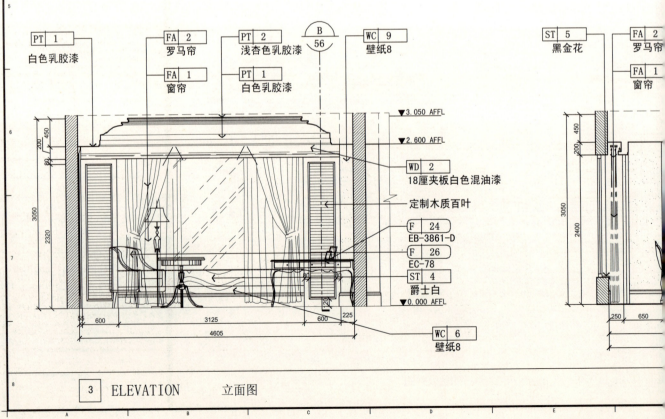

3 ELEVATION 立面图

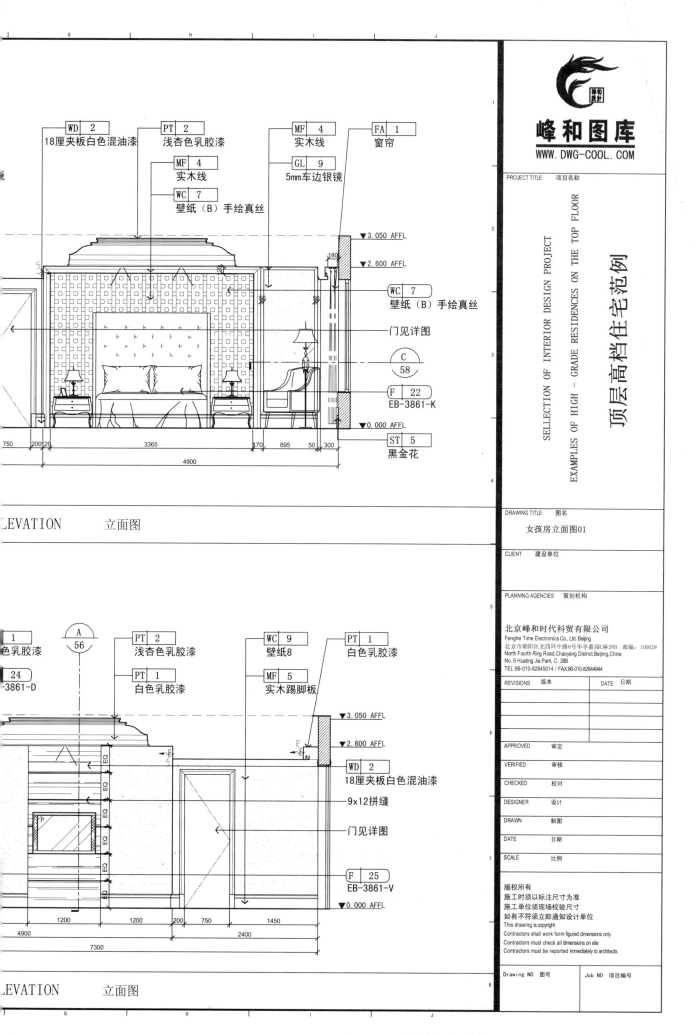

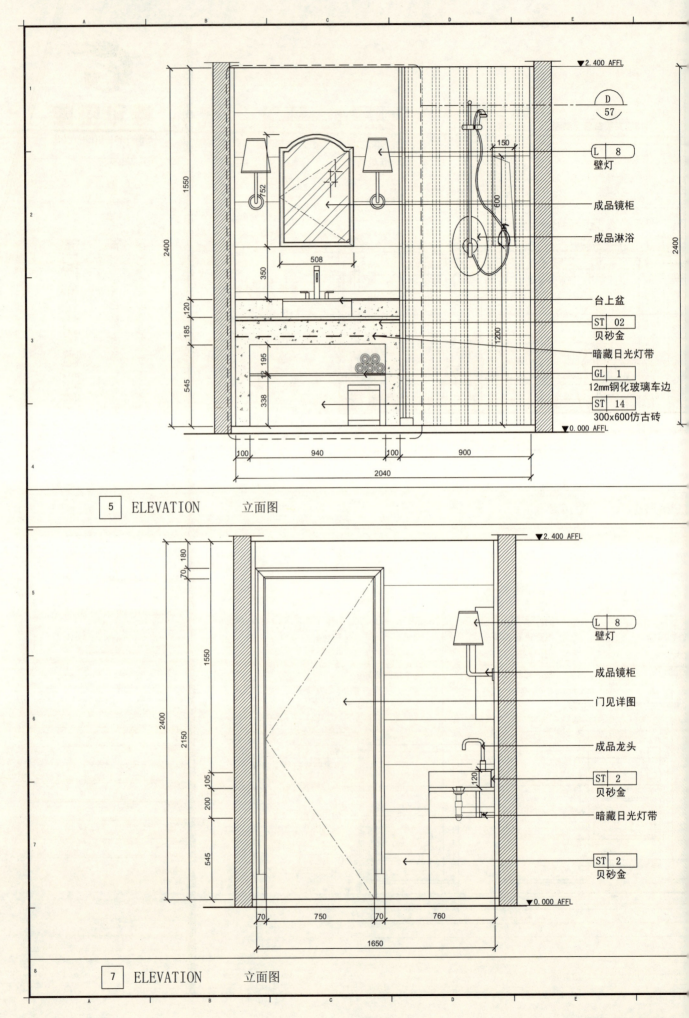

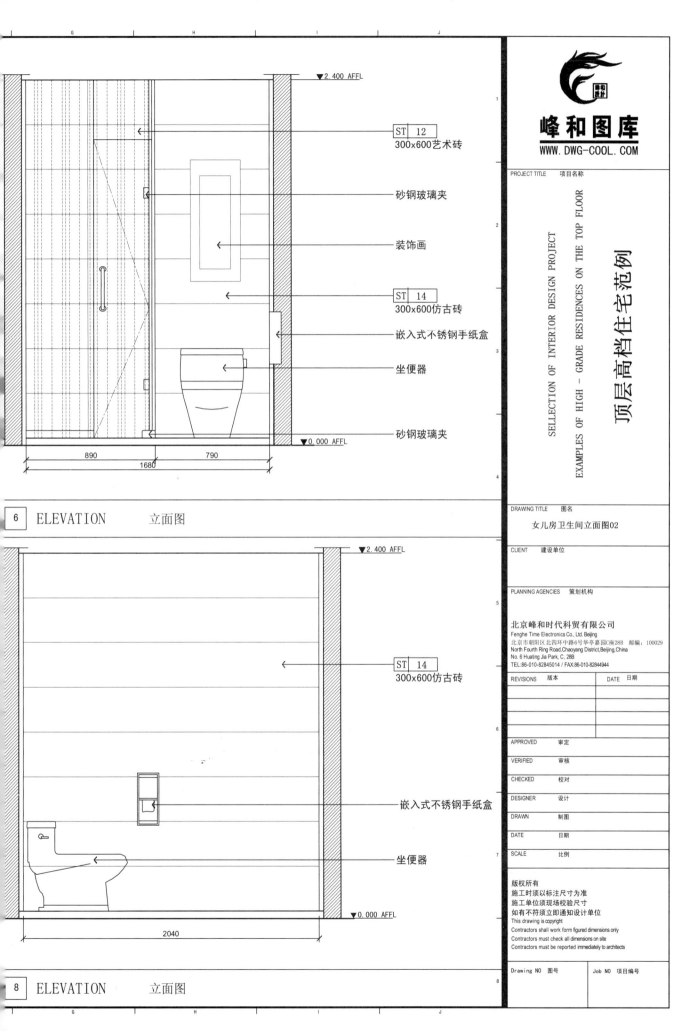

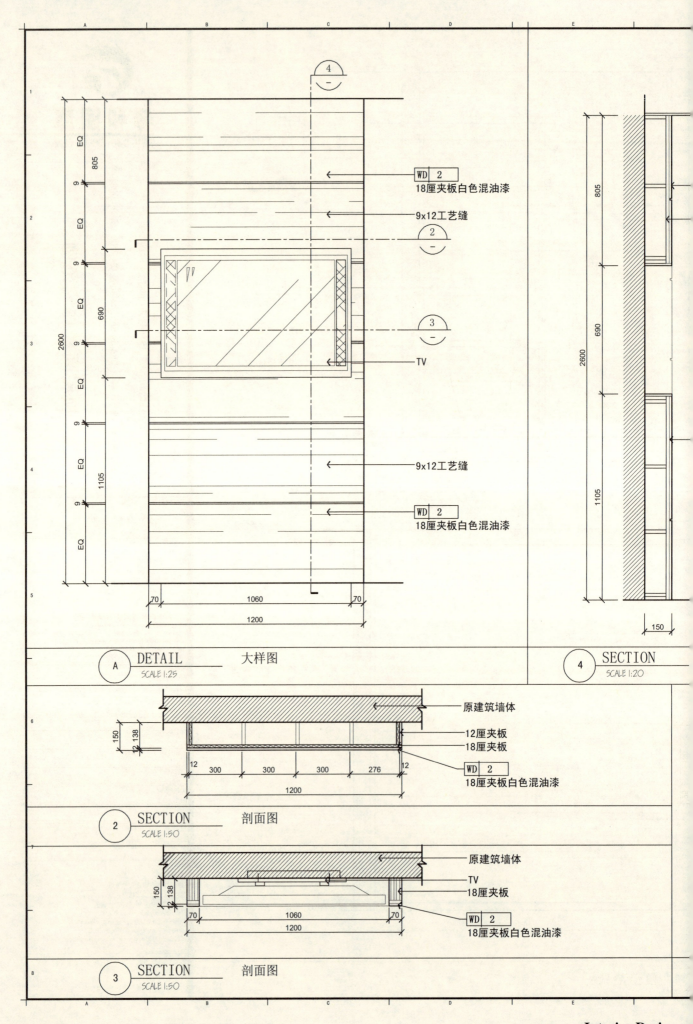

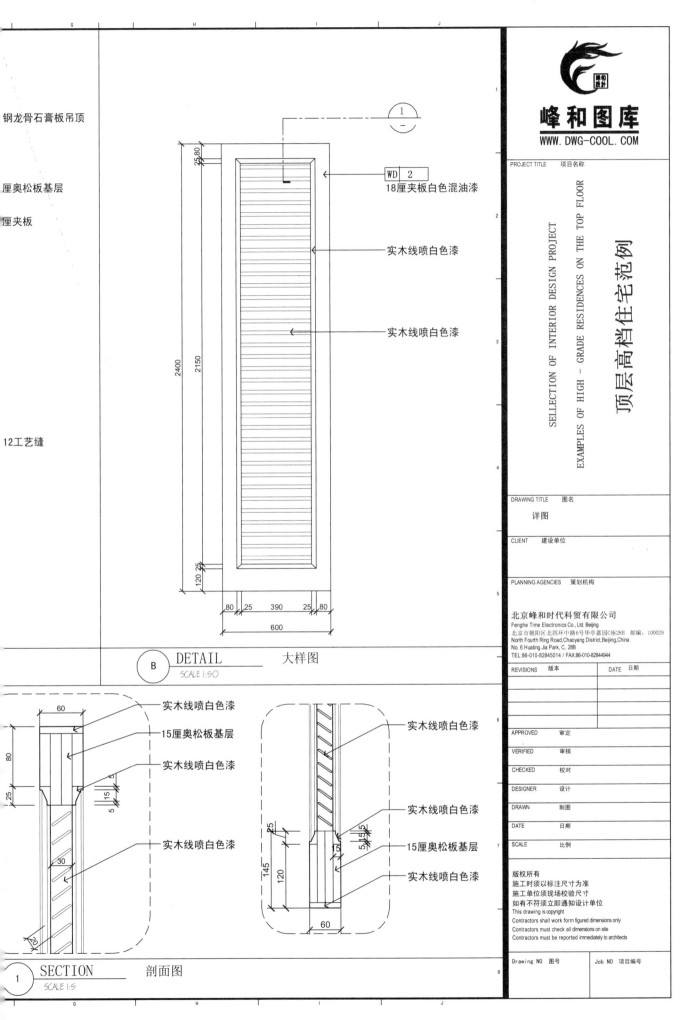

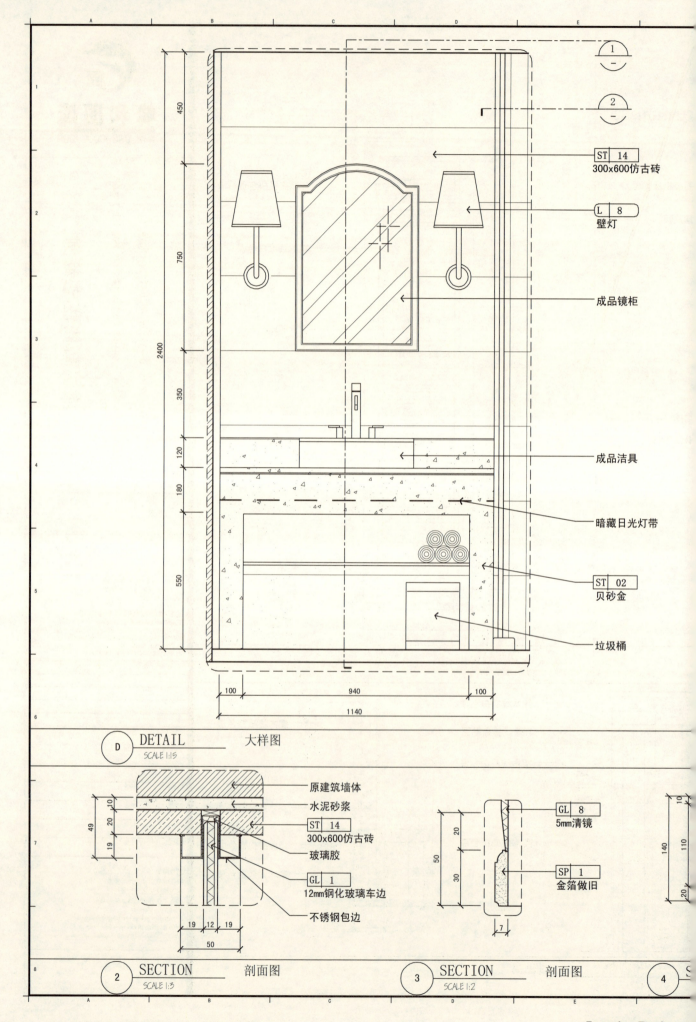

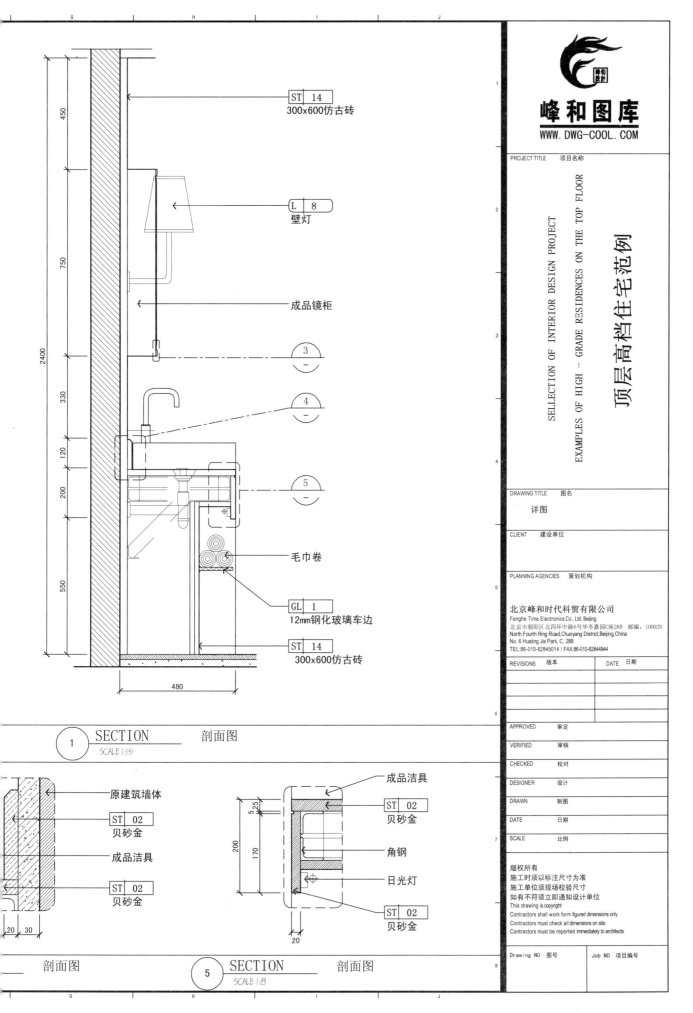

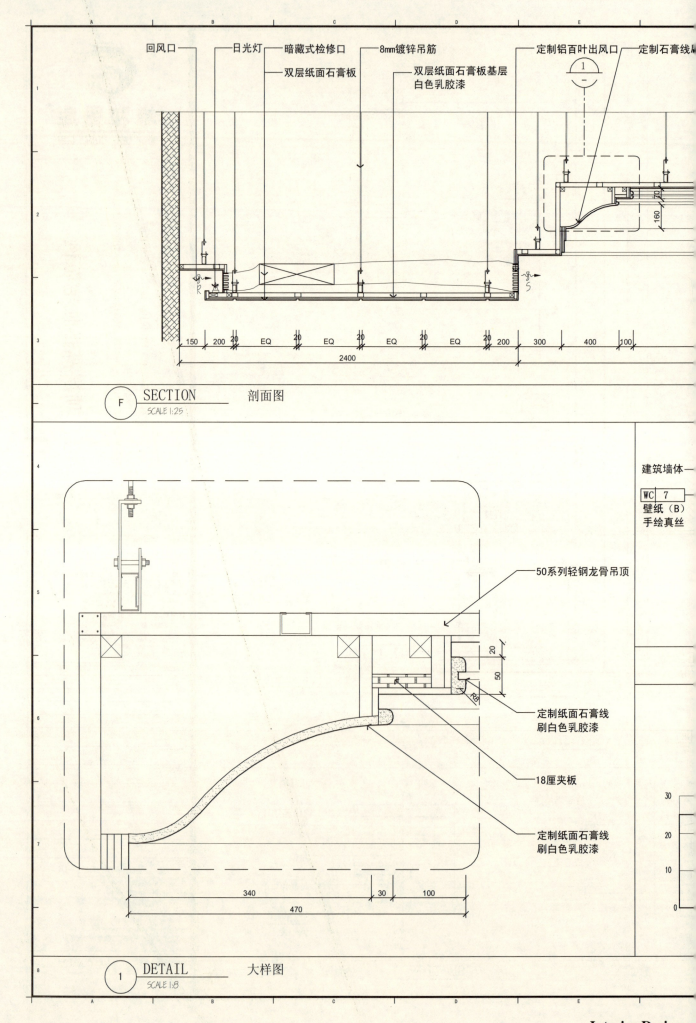

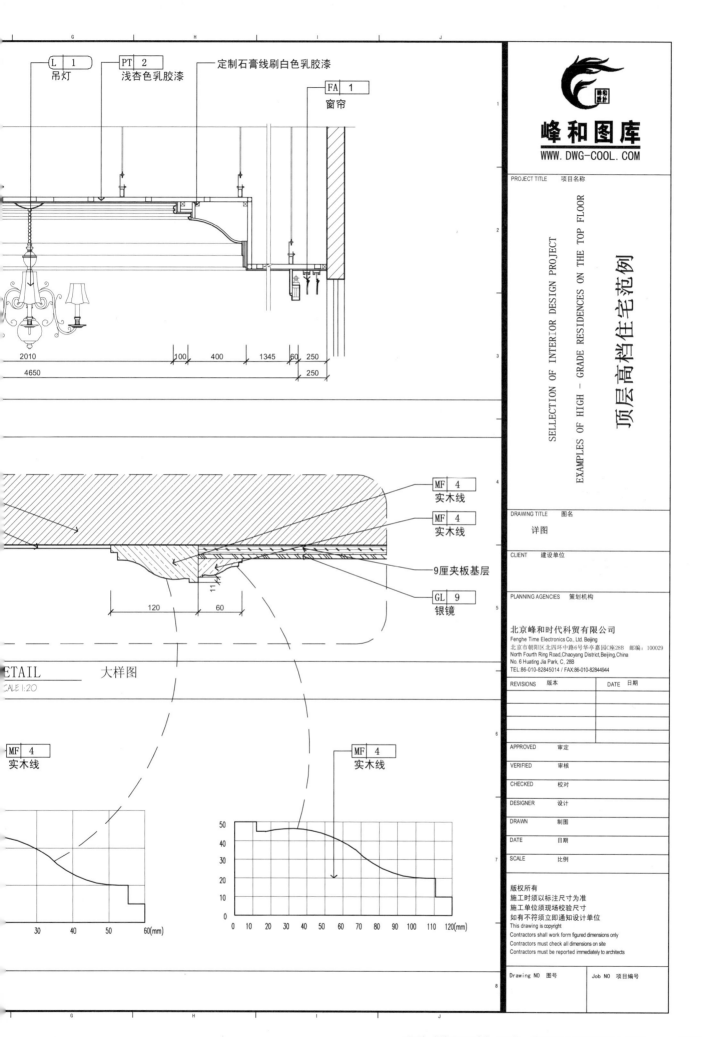

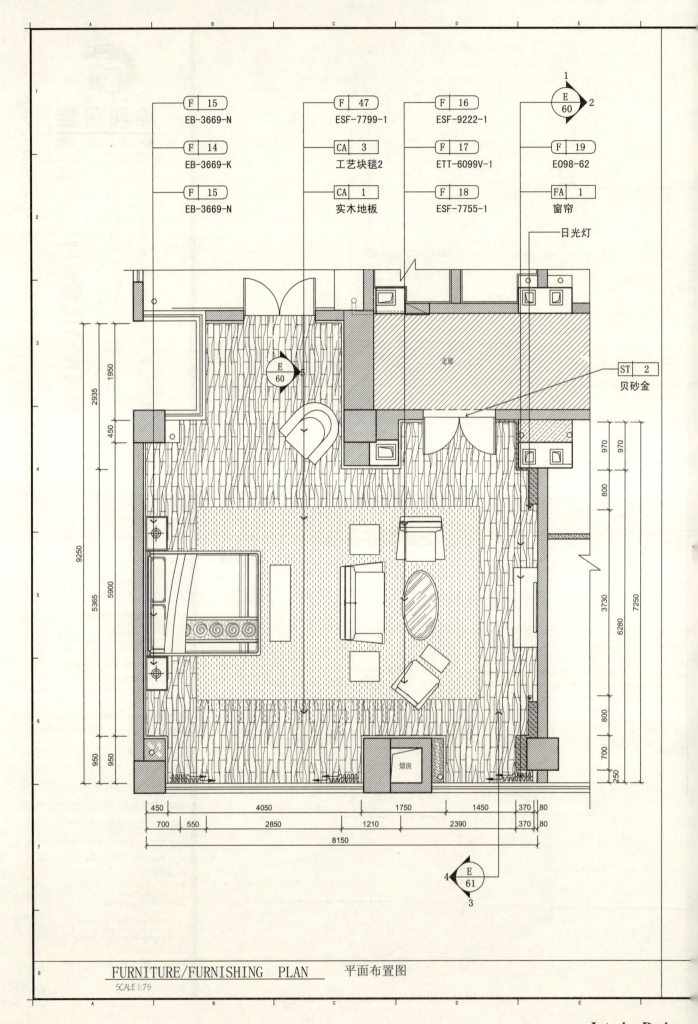

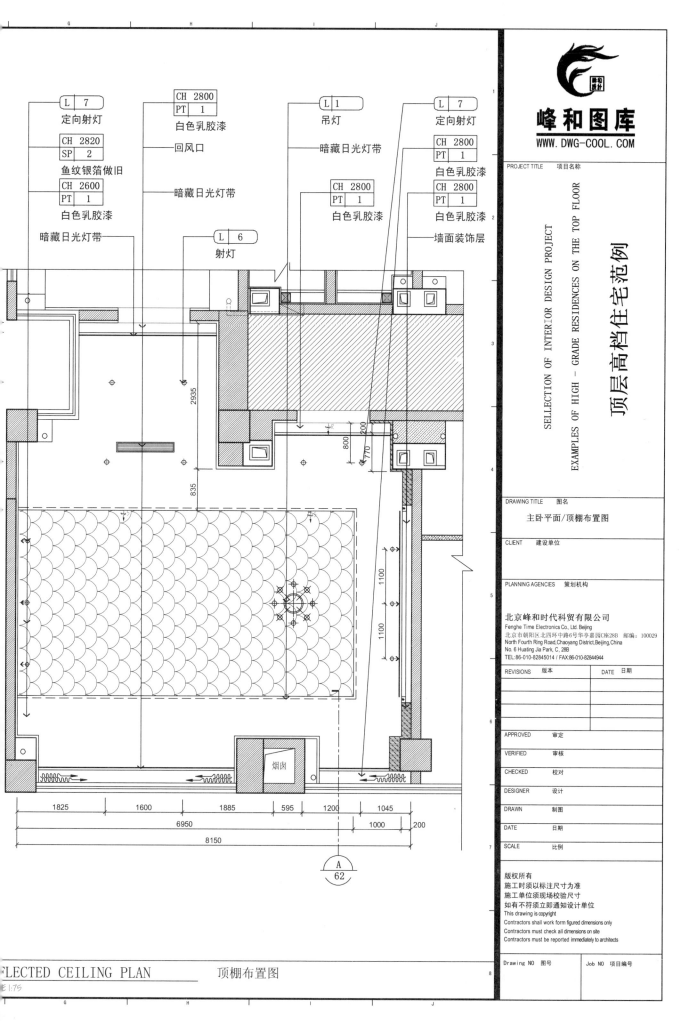

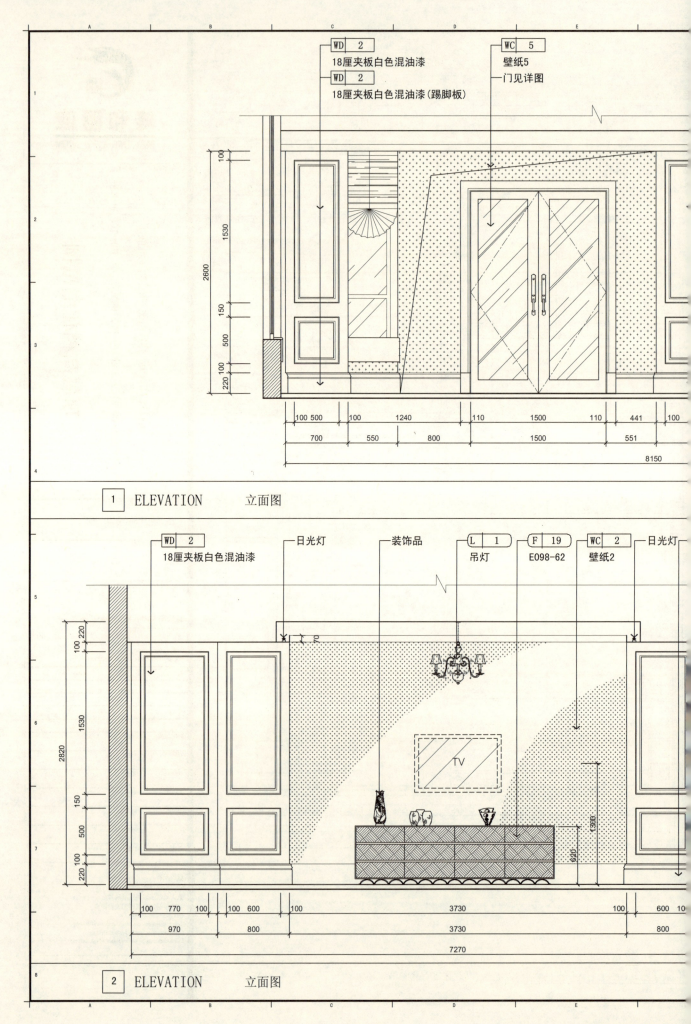

1 ELEVATION 立面图

2 ELEVATION 立面图

-Interior Design-

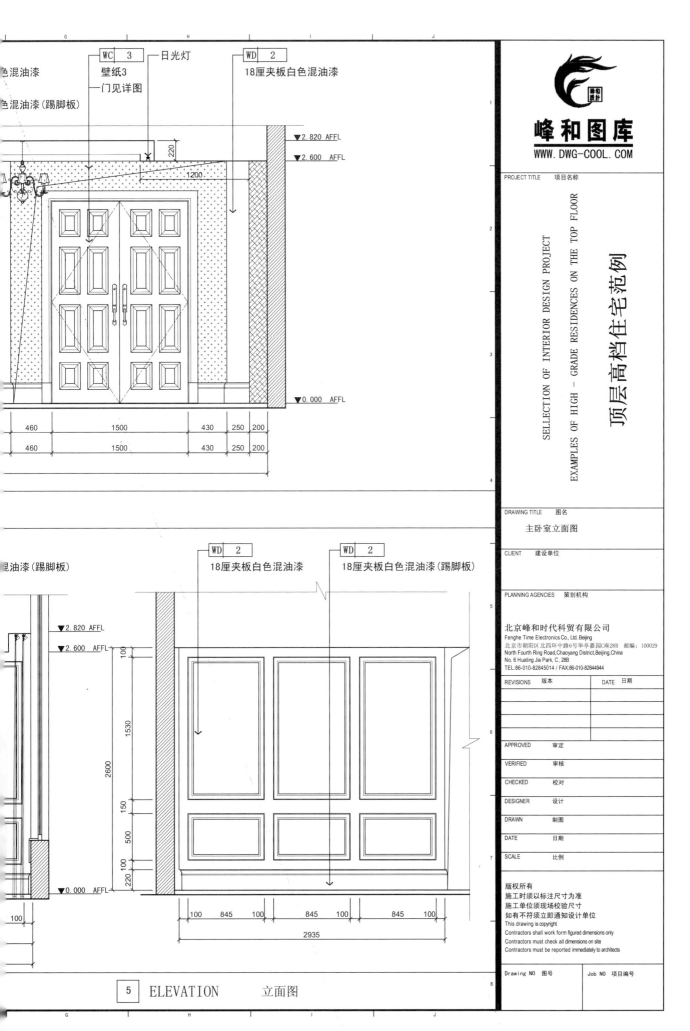

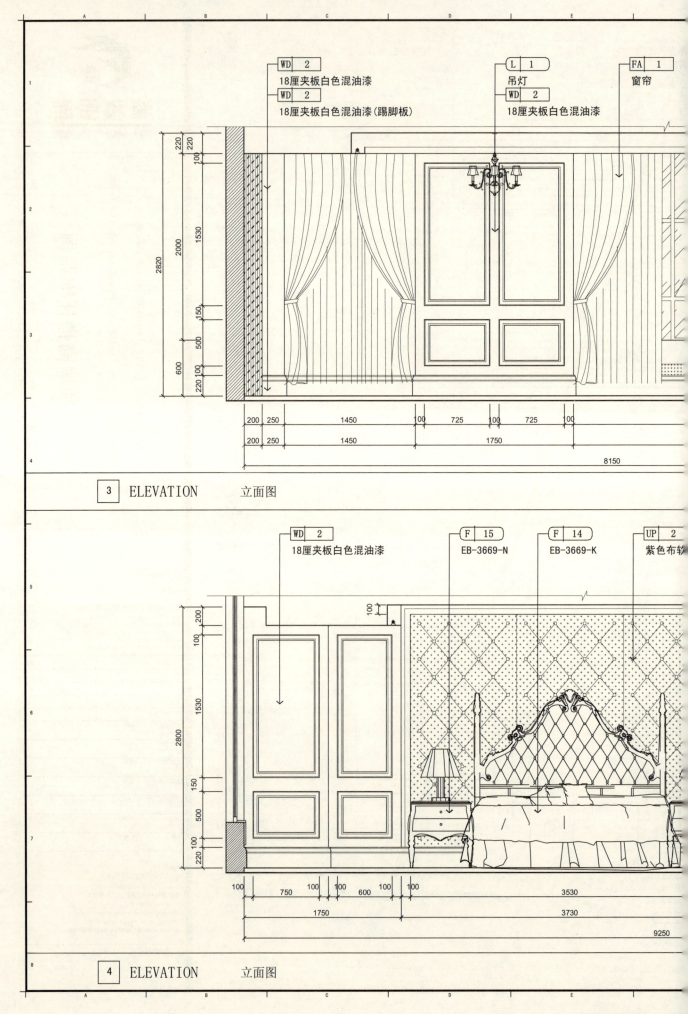

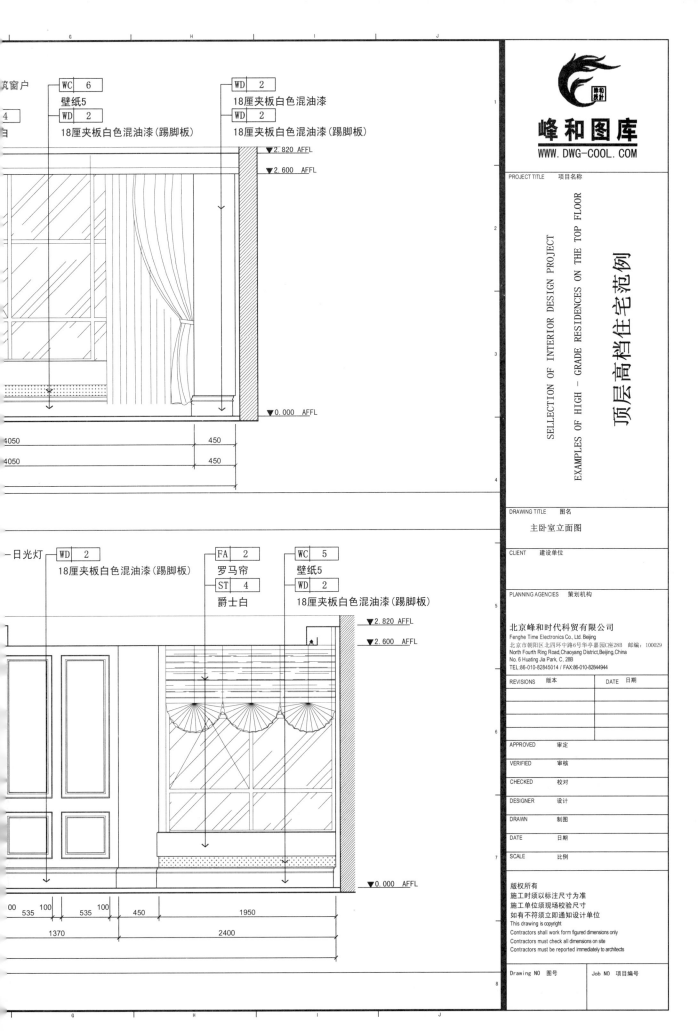

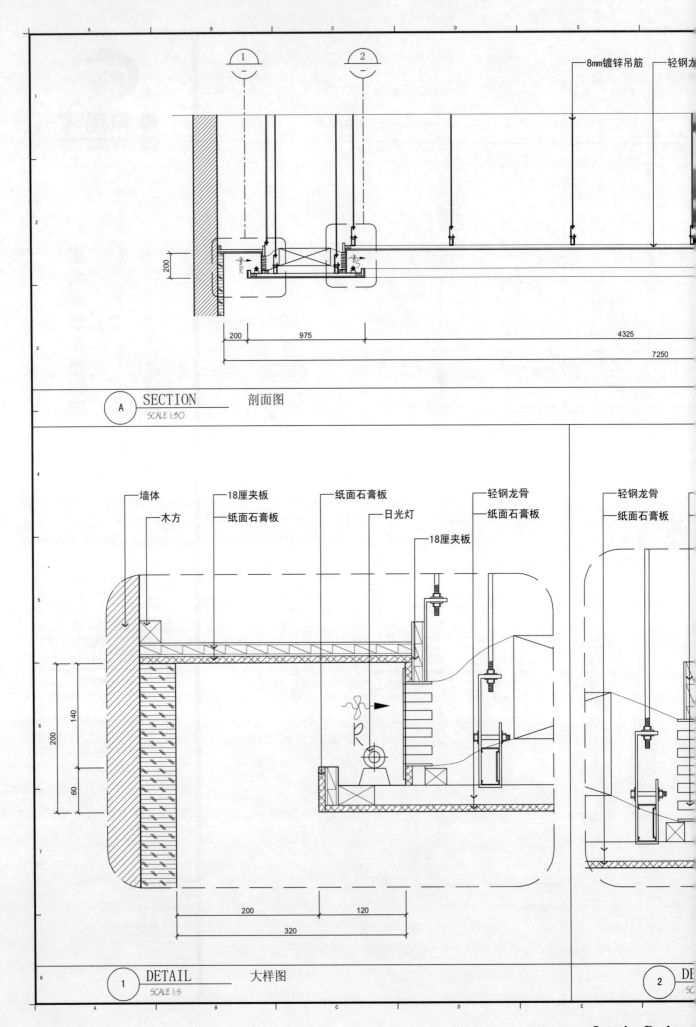

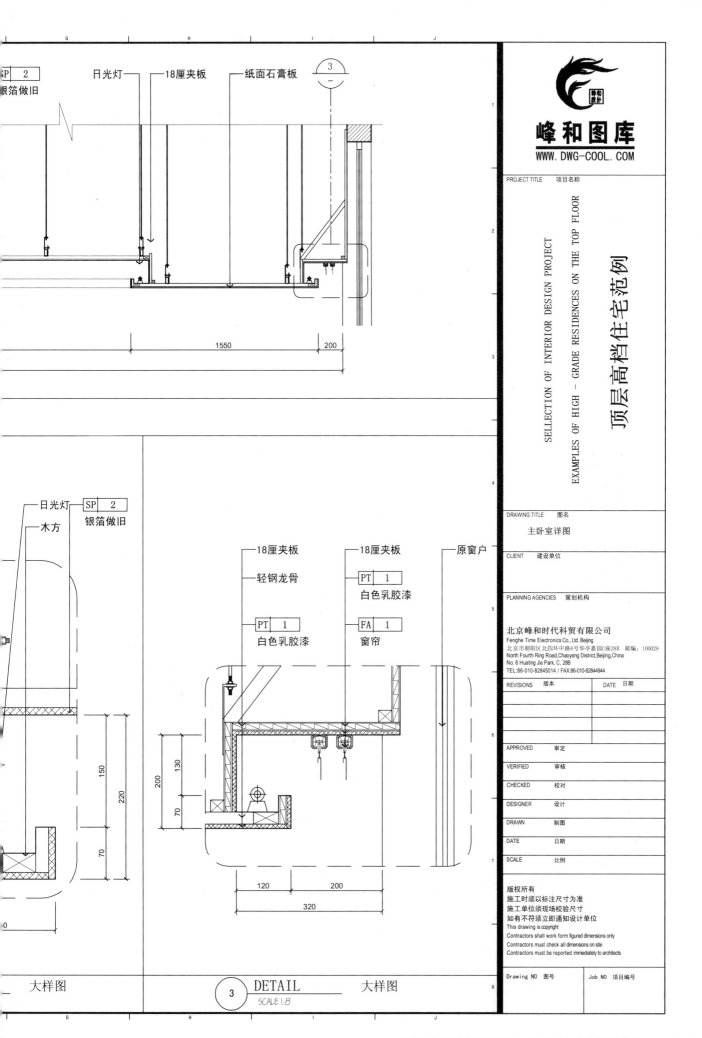

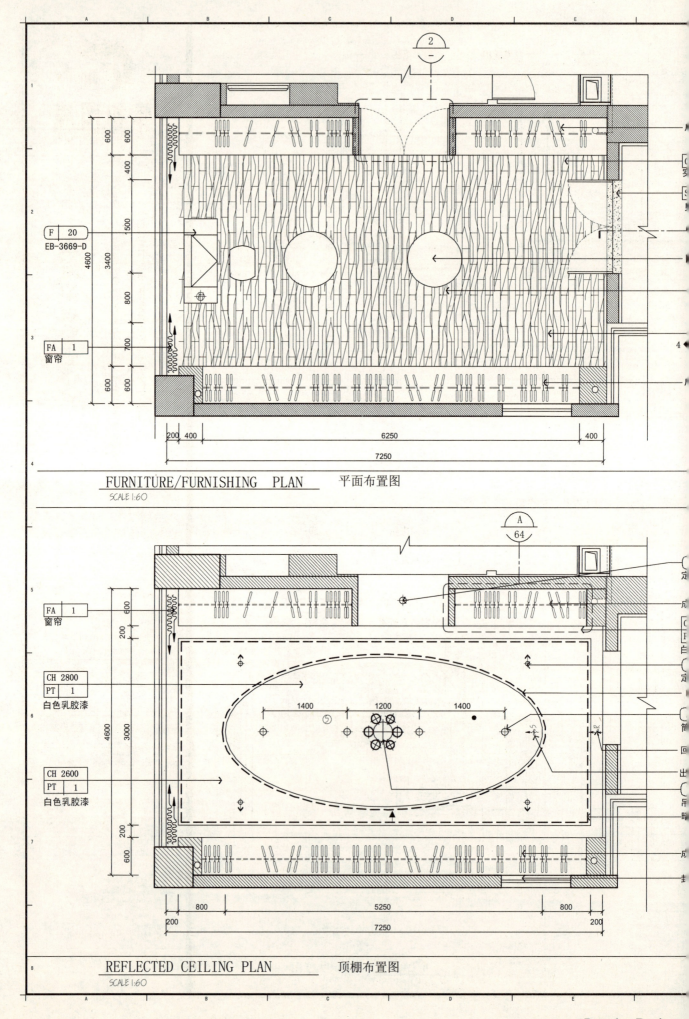

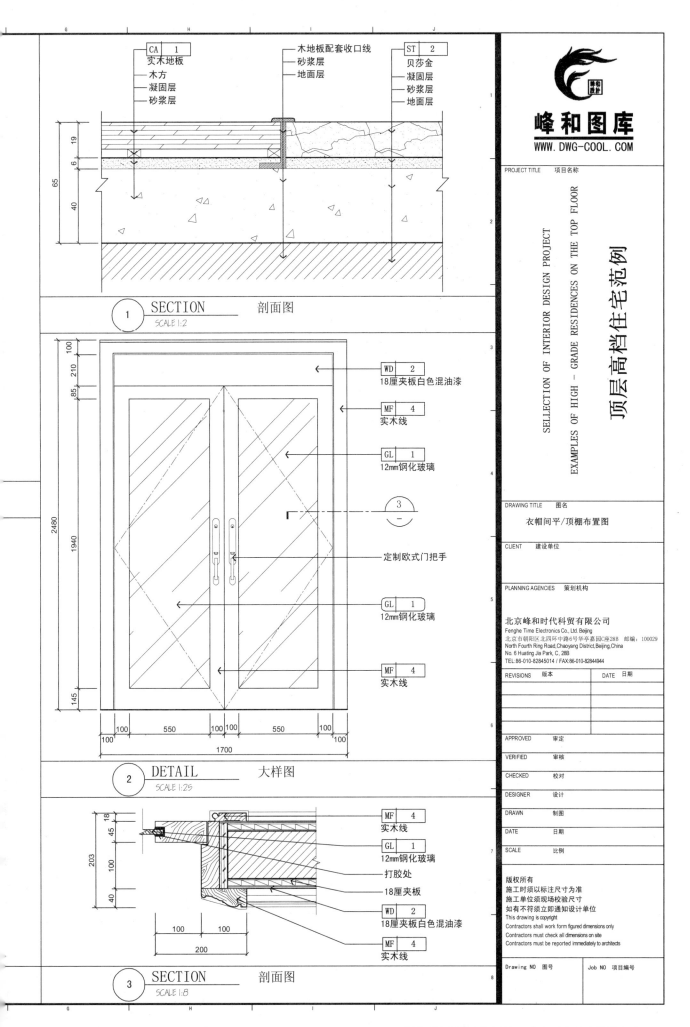

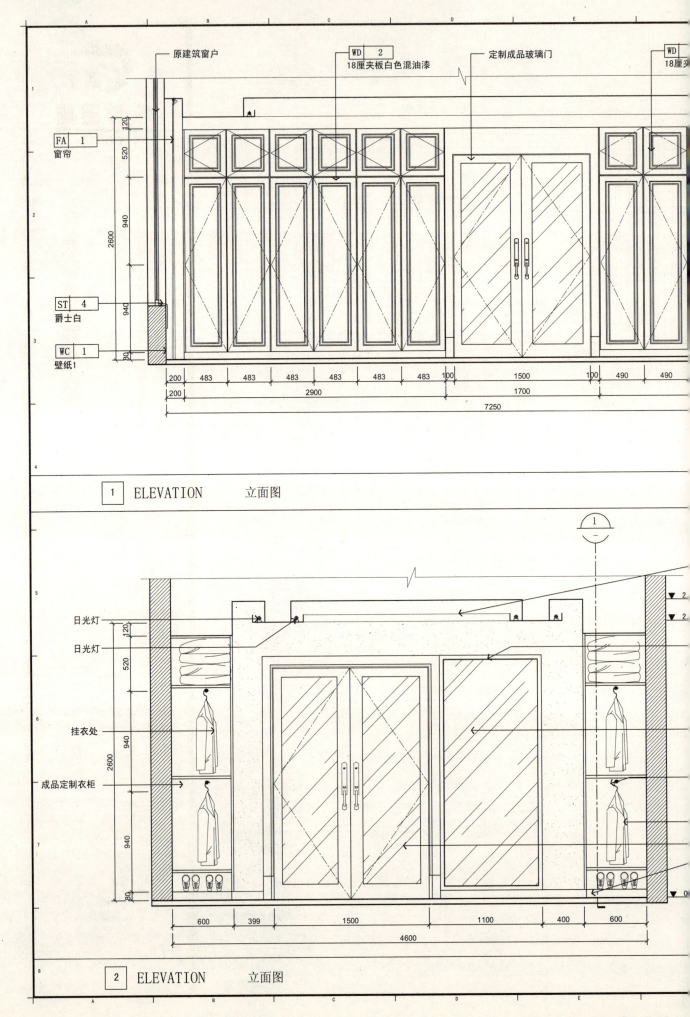

1 ELEVATION 立面图

2 ELEVATION 立面图

-Interior Design-

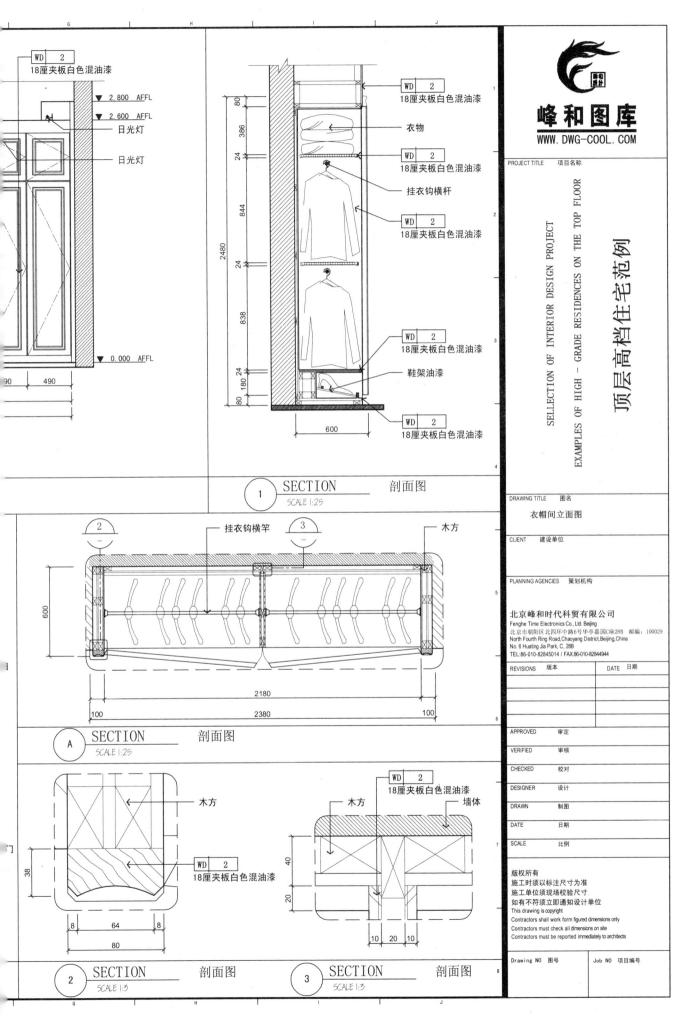

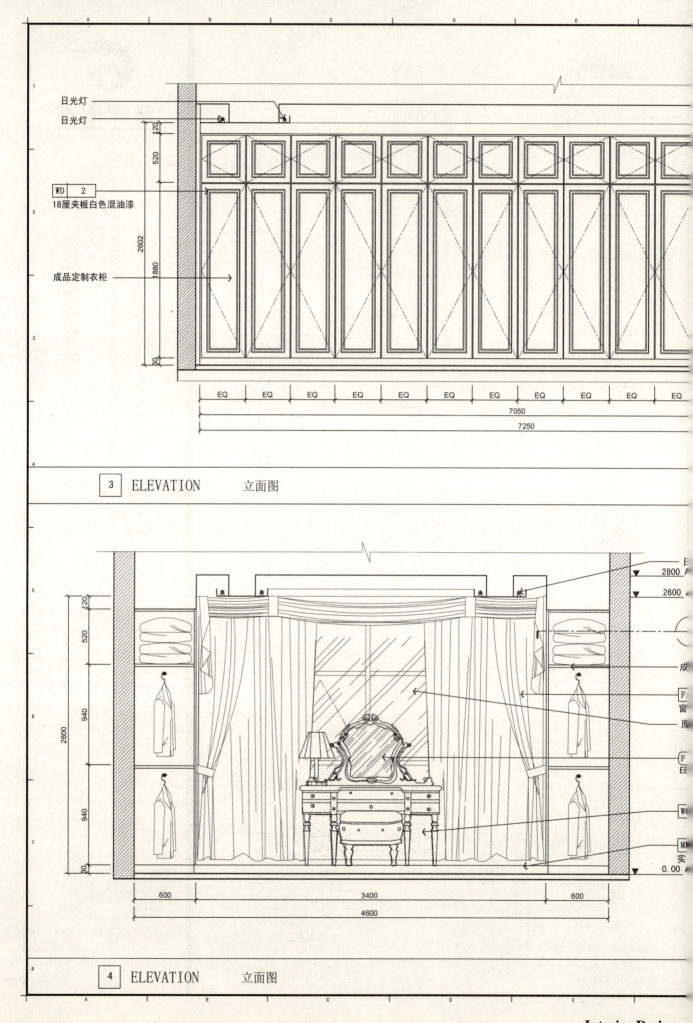

3 ELEVATION 立面图

4 ELEVATION 立面图

-Interior Design-

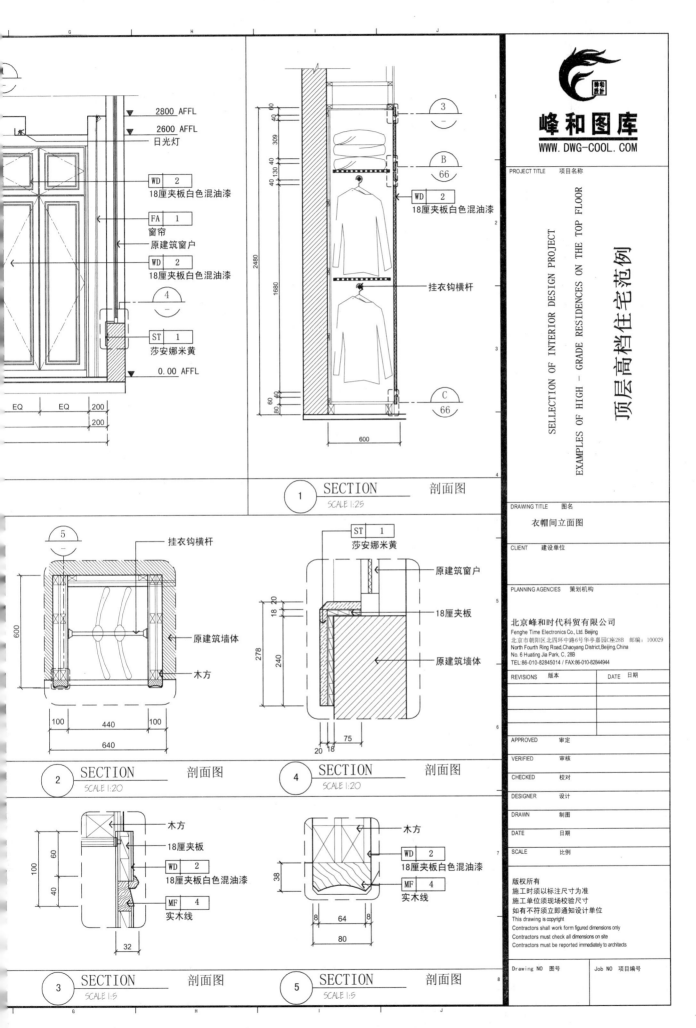

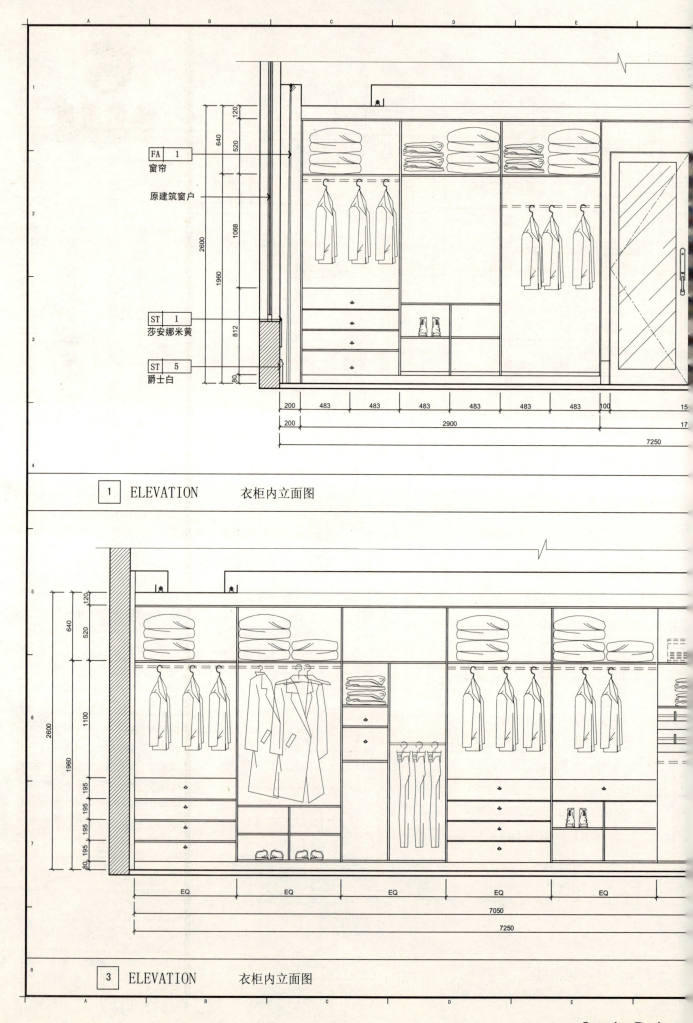

| 1 | ELEVATION | 衣柜内立面图 |

| 3 | ELEVATION | 衣柜内立面图 |

-Interior Design-

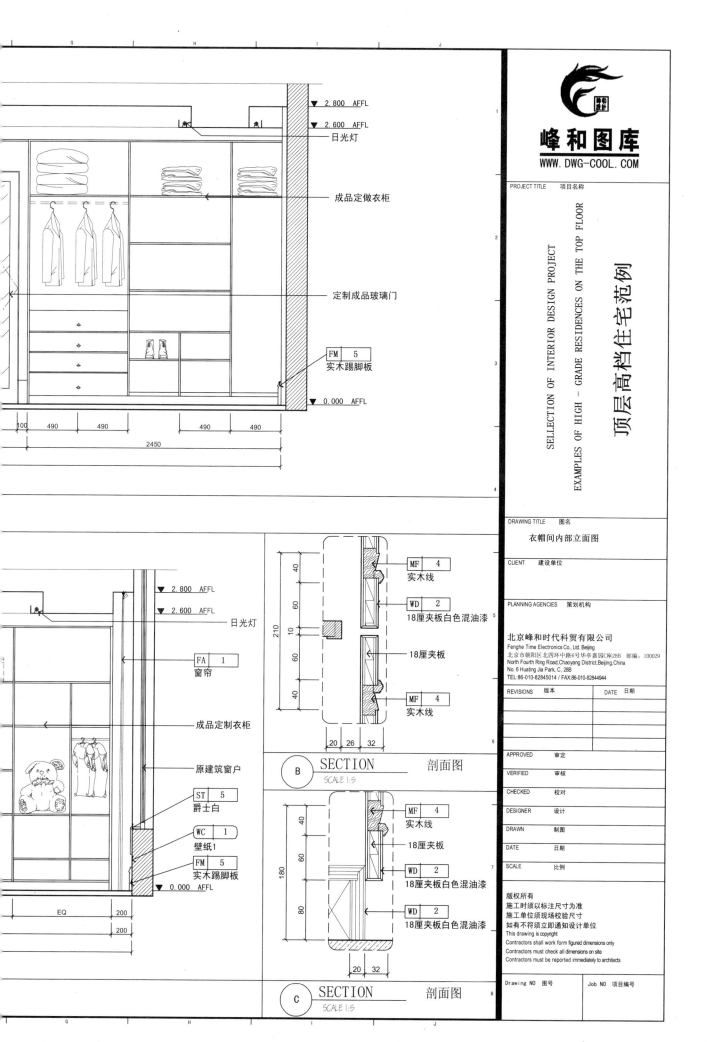

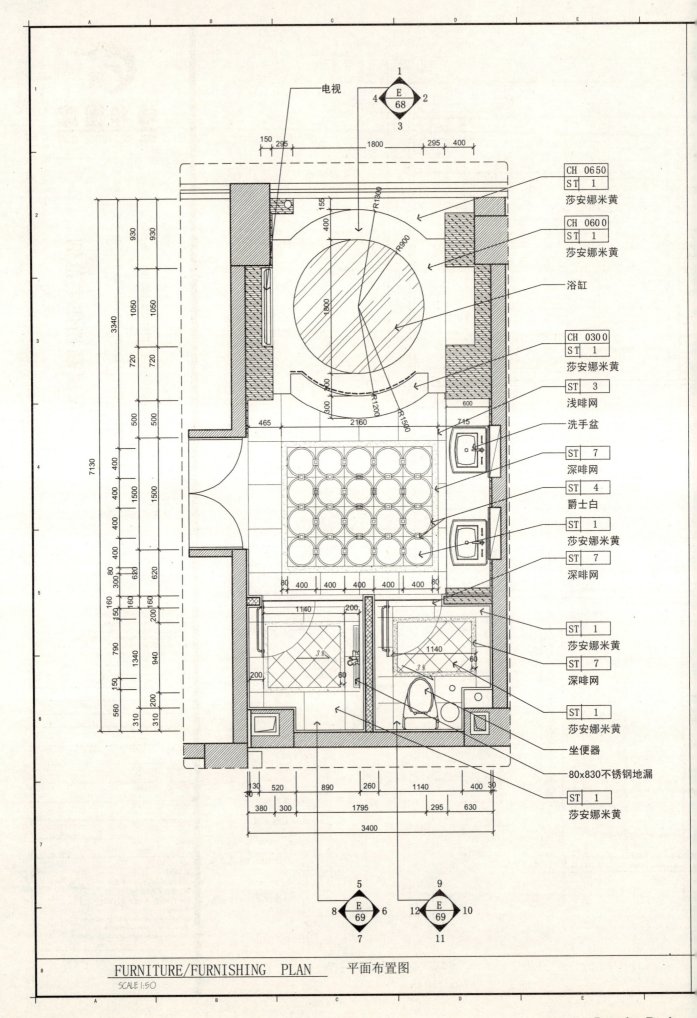

FURNITURE/FURNISHING PLAN　平面布置图
SCALE 1:50

-Interior Design-

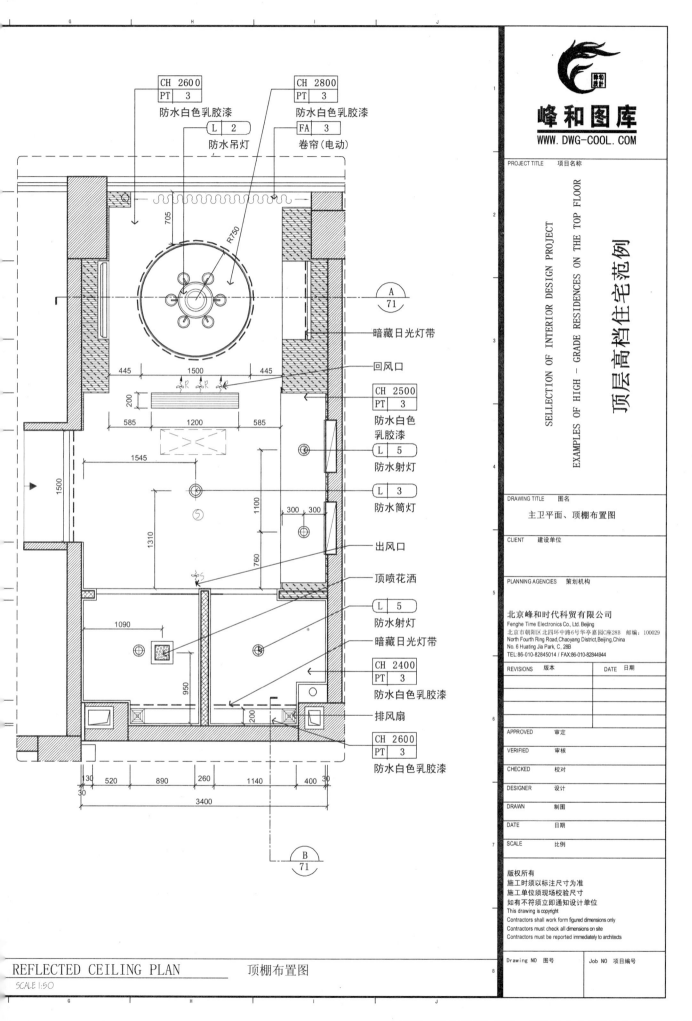

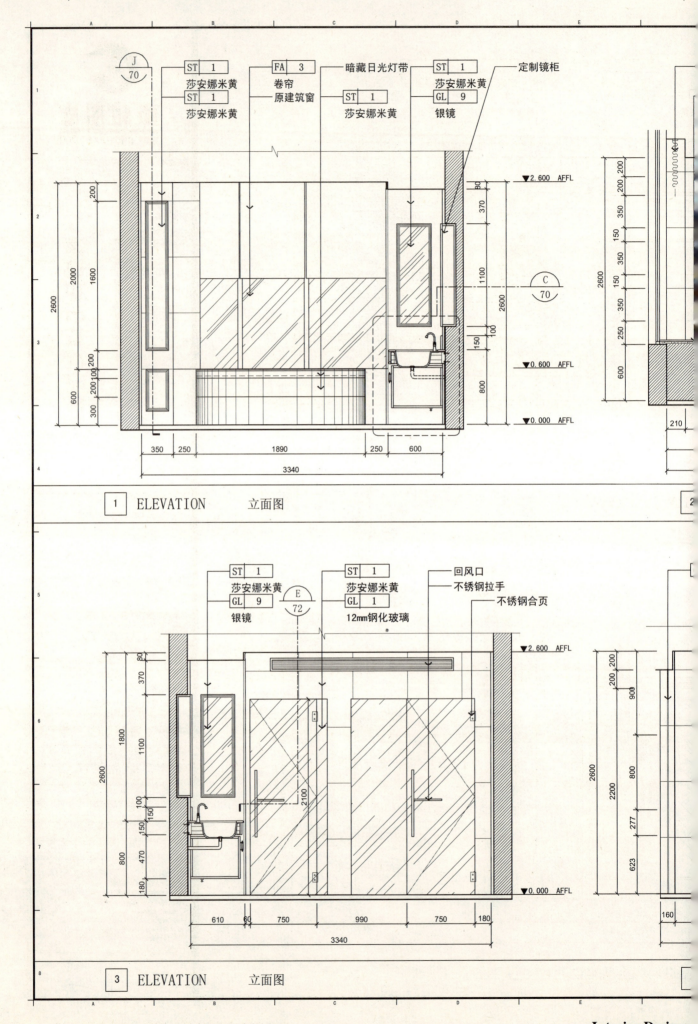

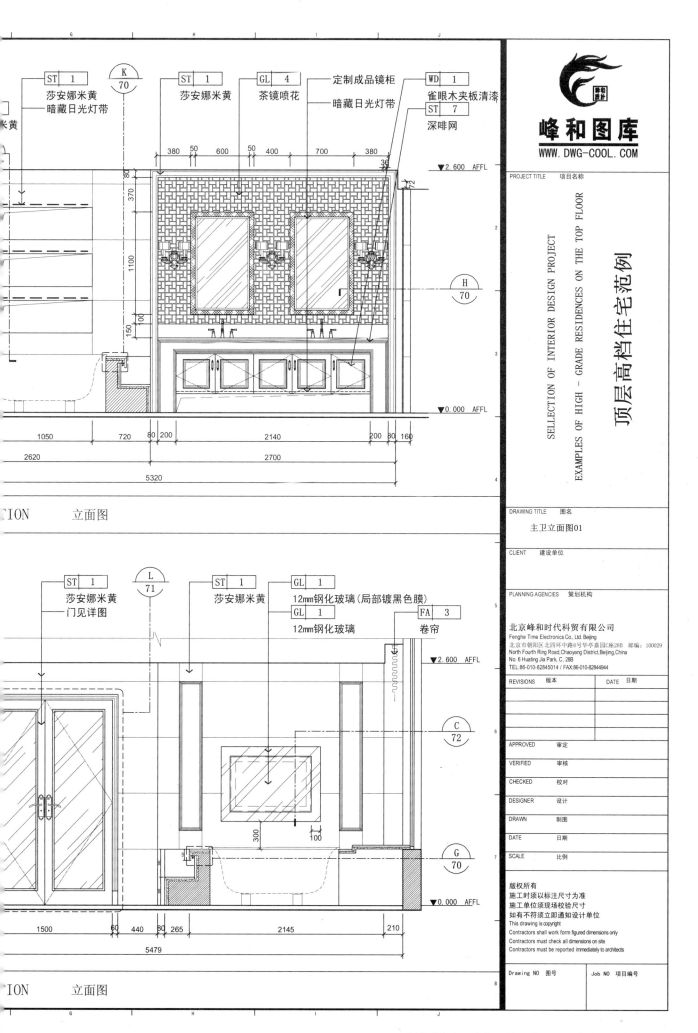

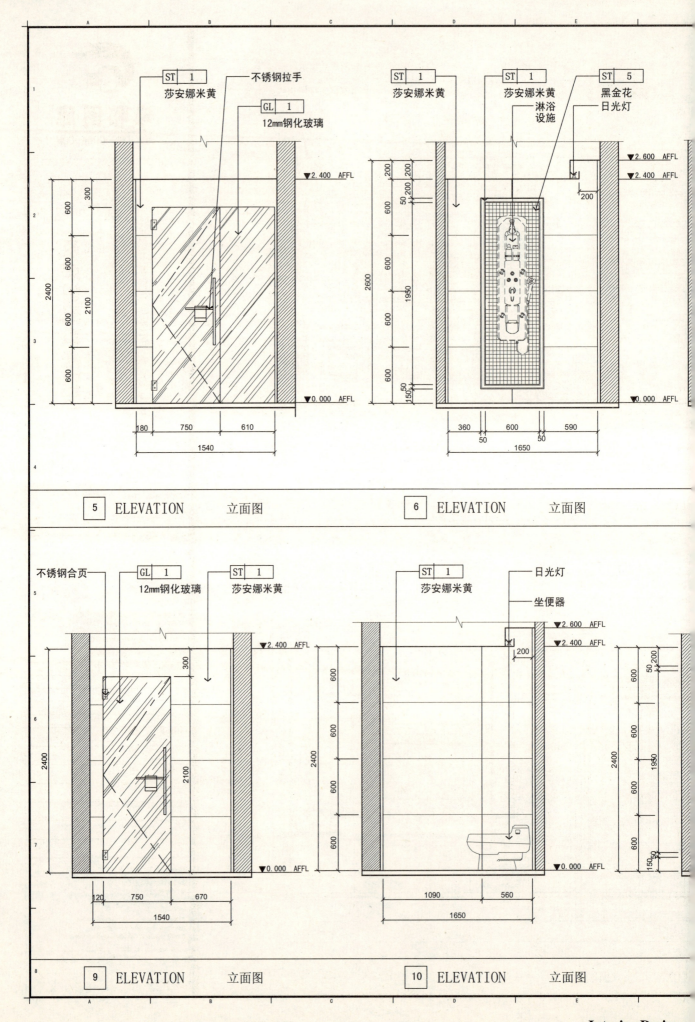

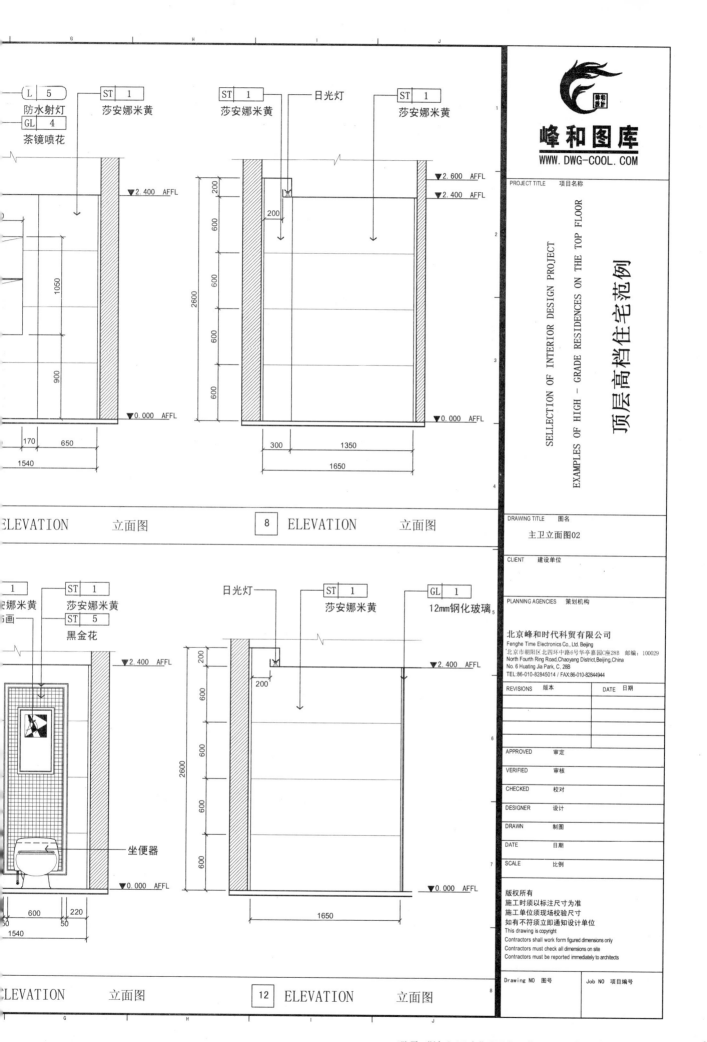

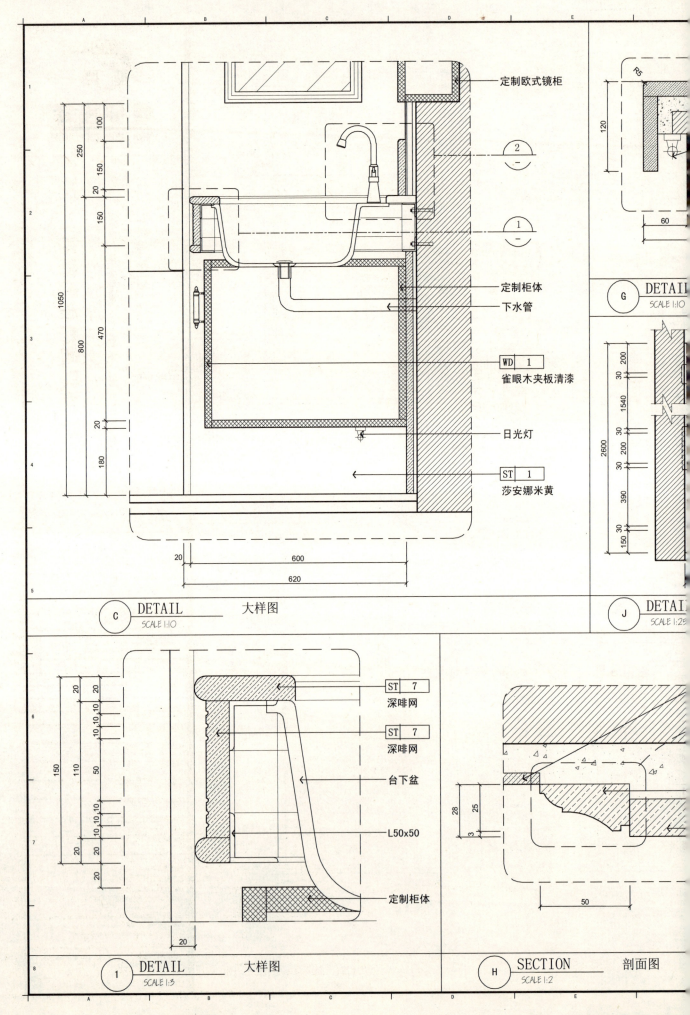

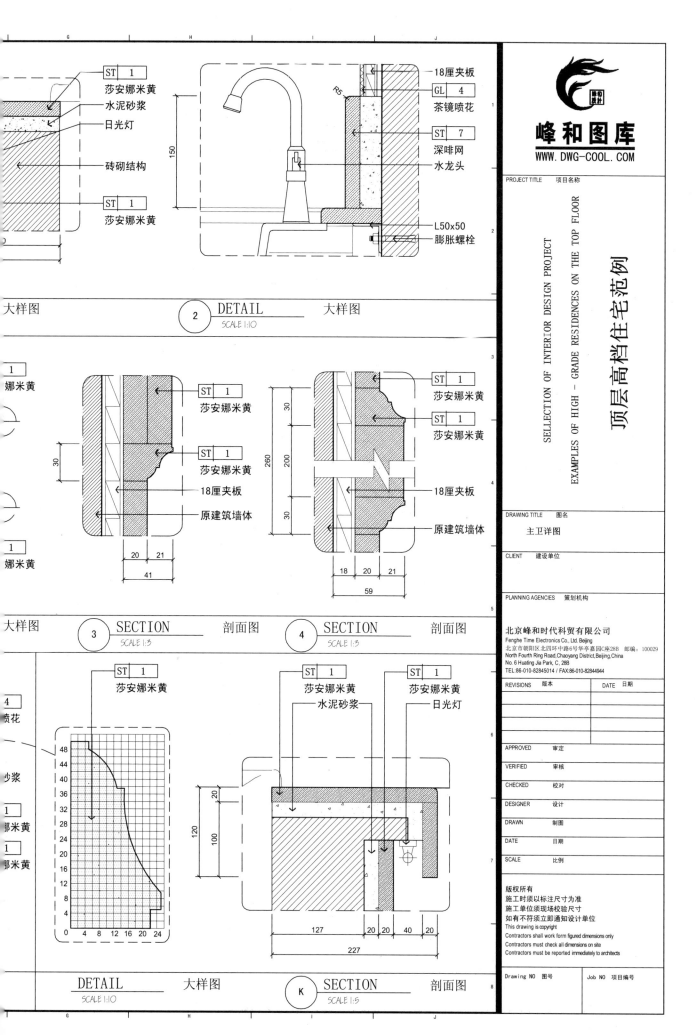

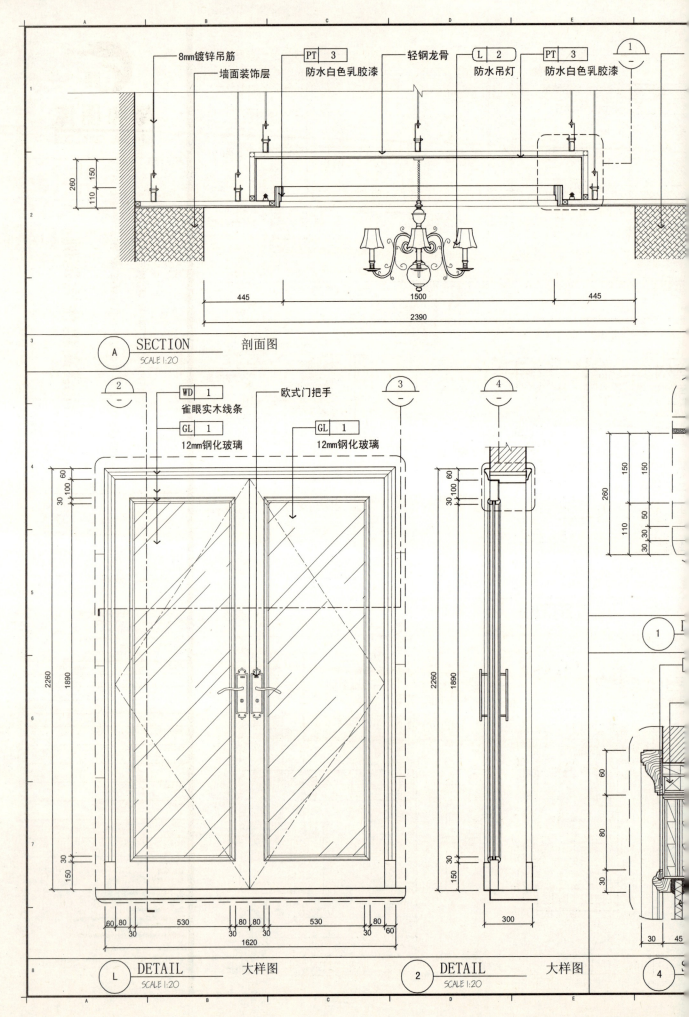

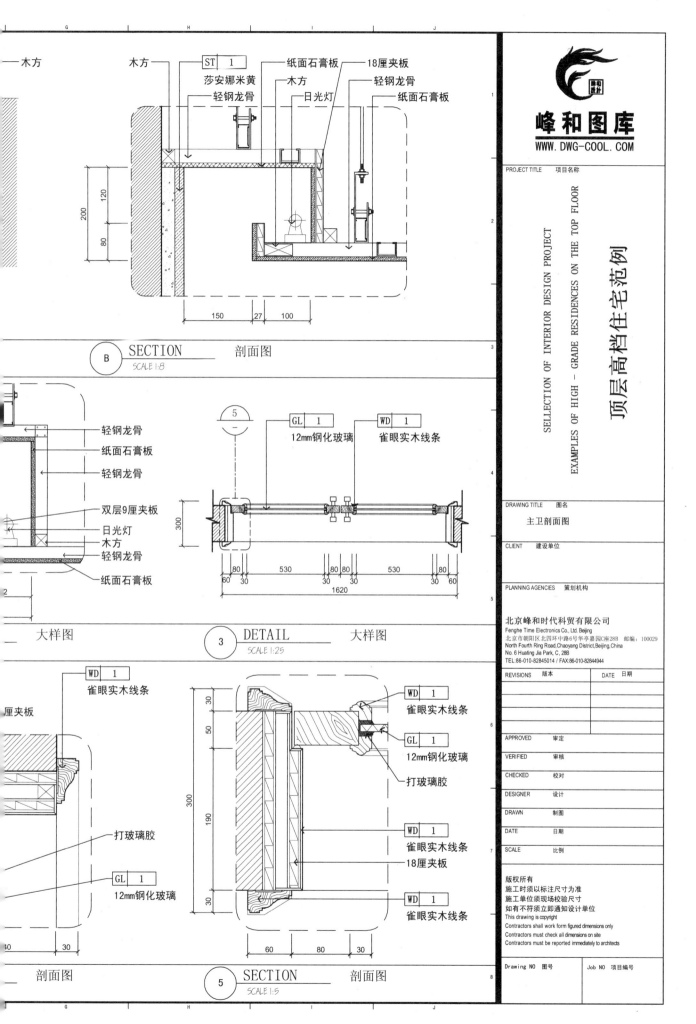

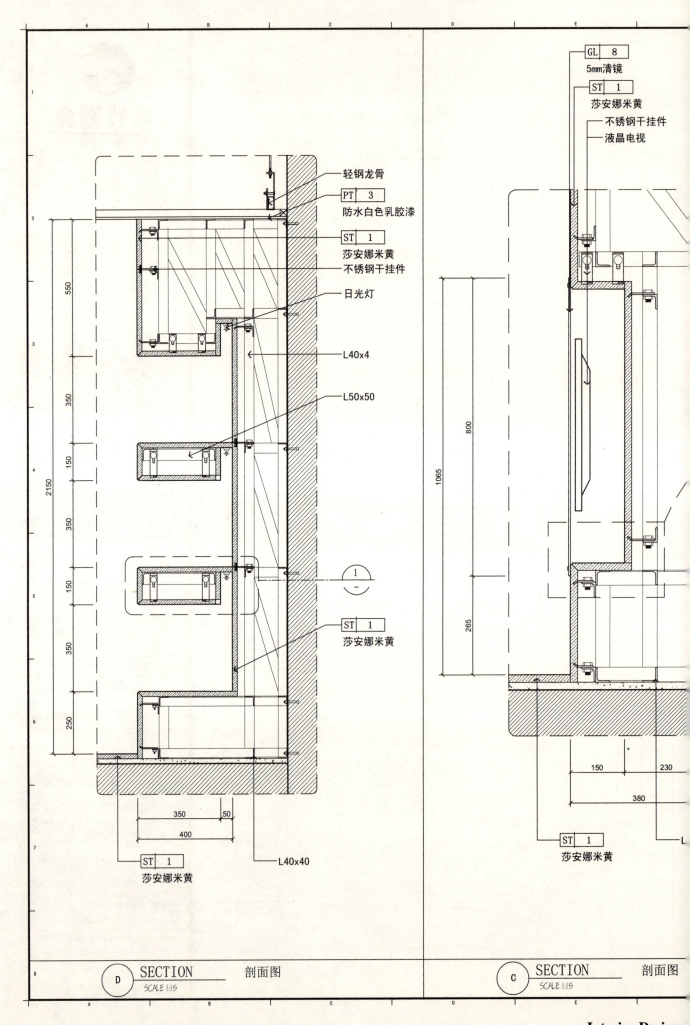

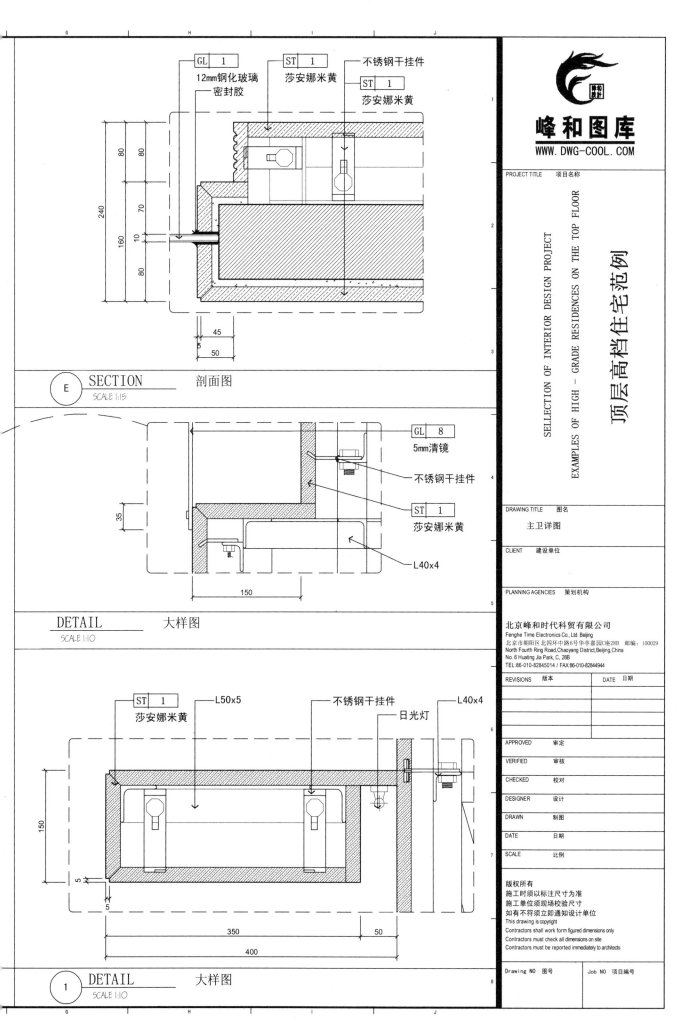

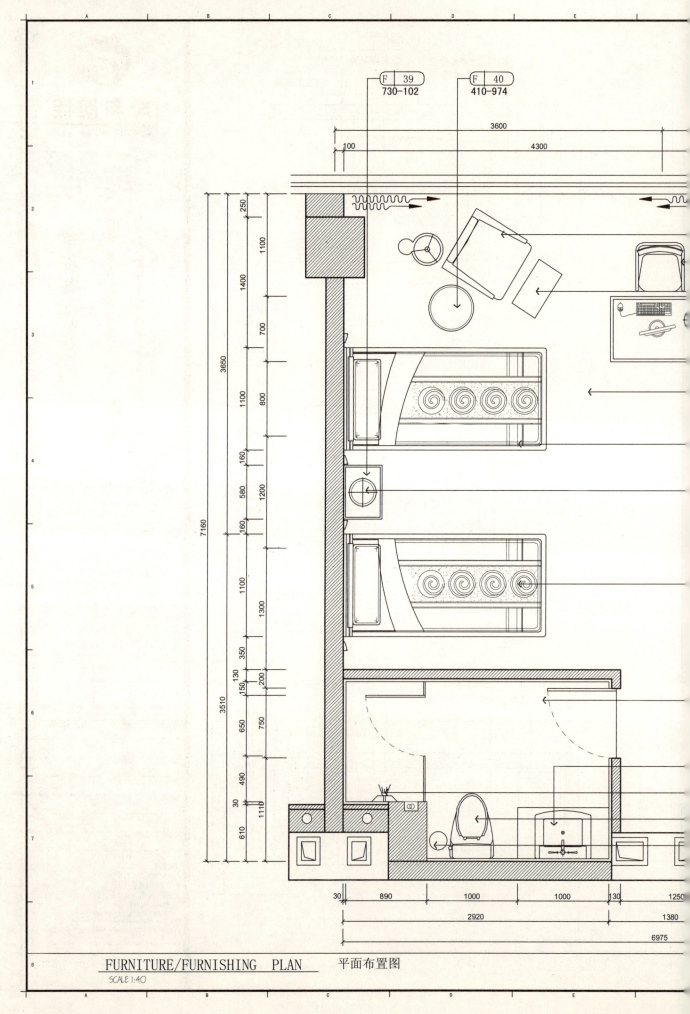

FURNITURE/FURNISHING PLAN　平面布置图
SCALE 1:40

-Interior Design-

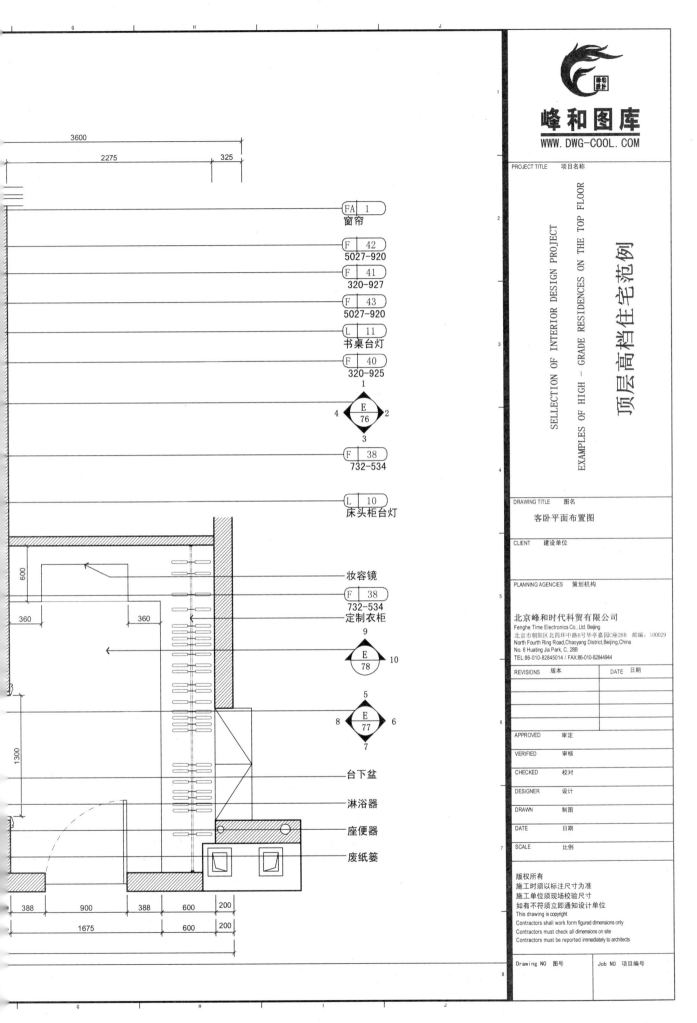

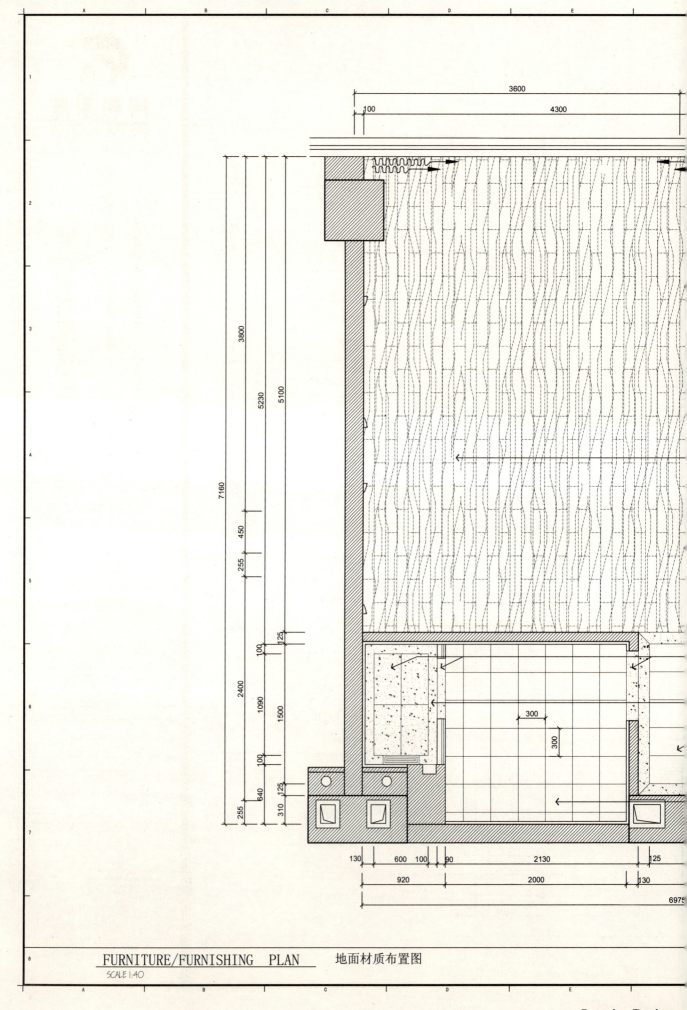

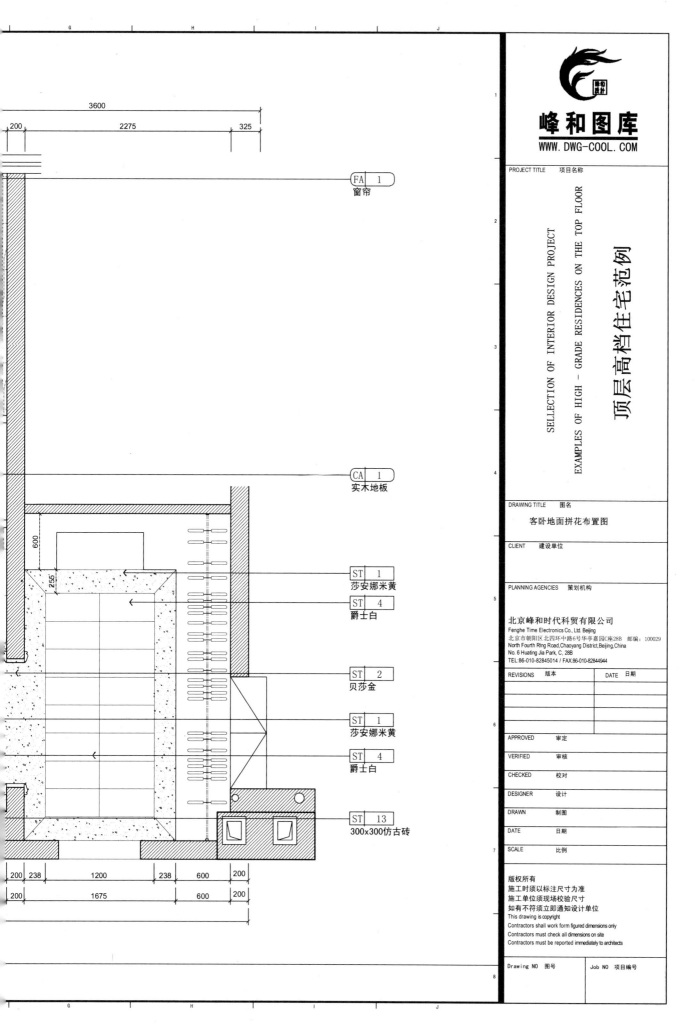

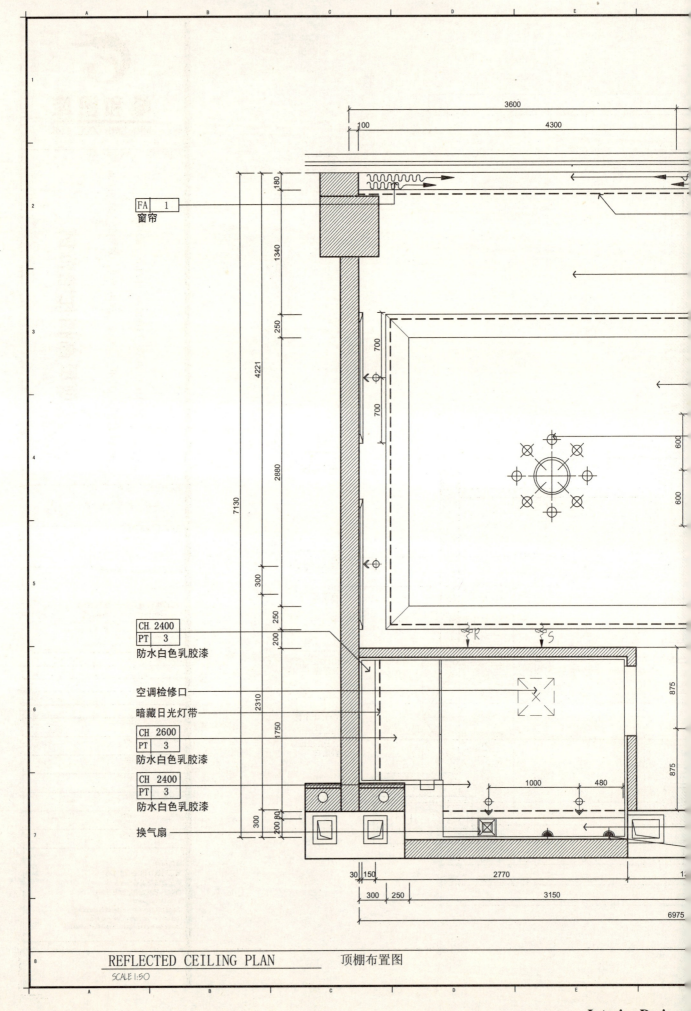

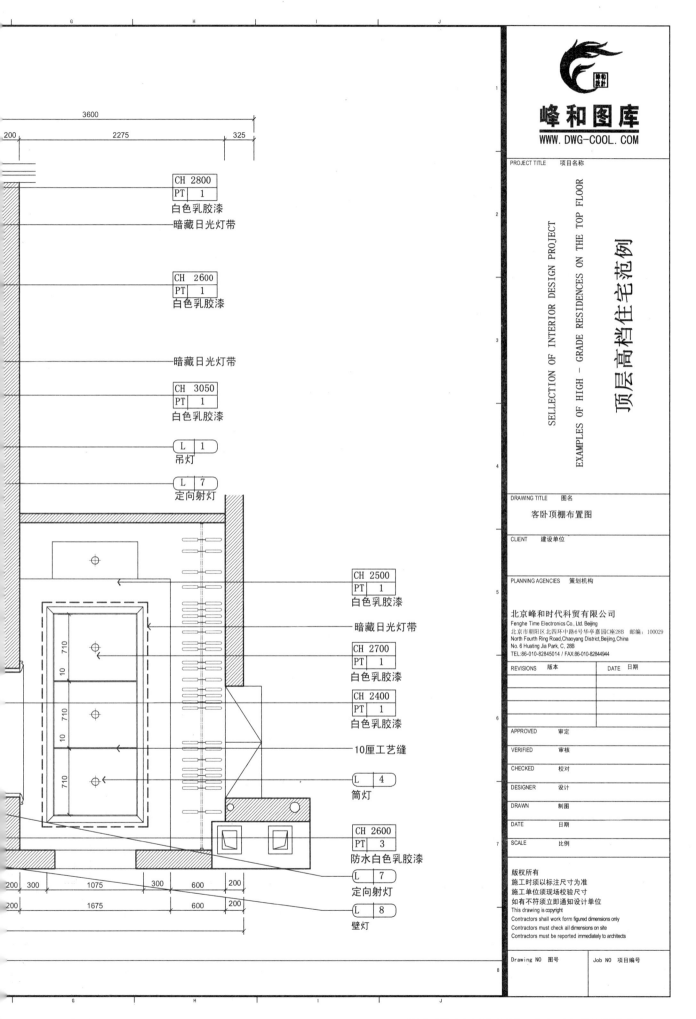

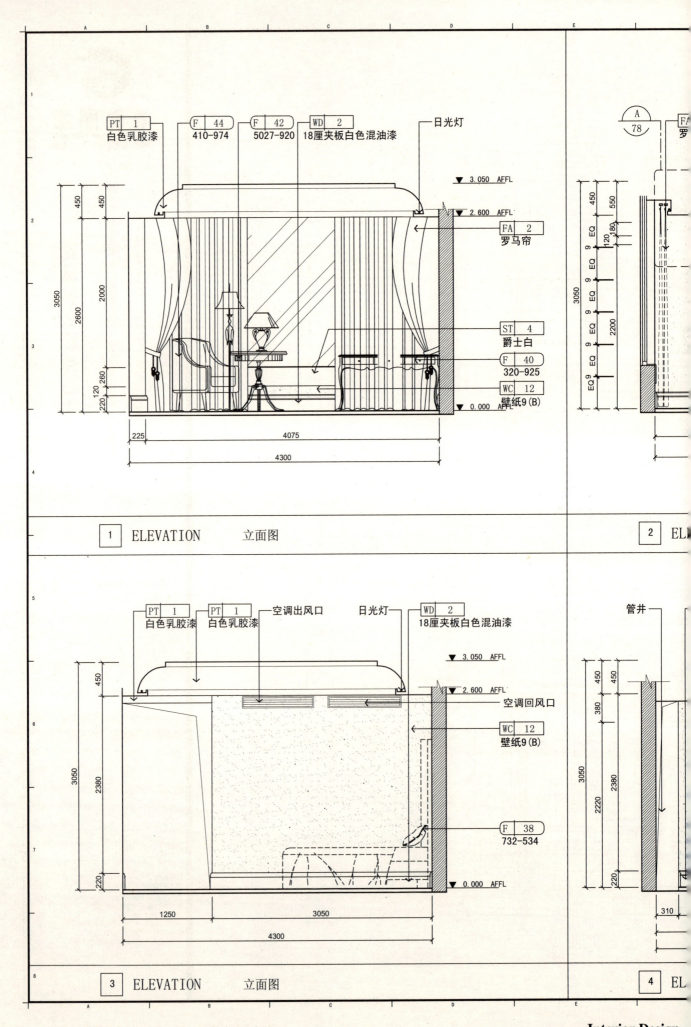

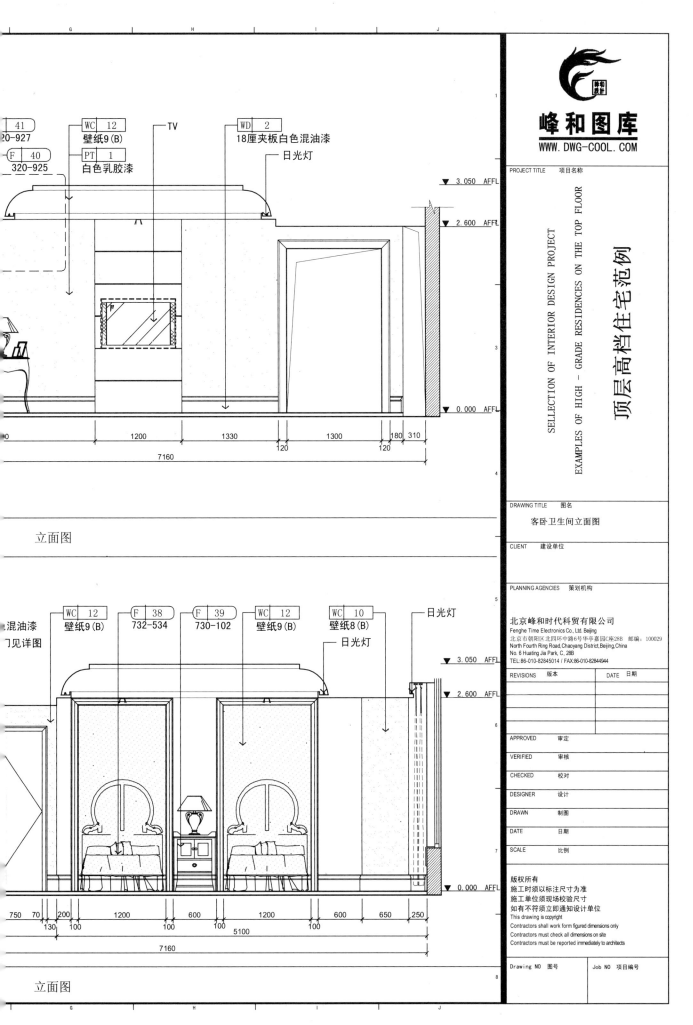

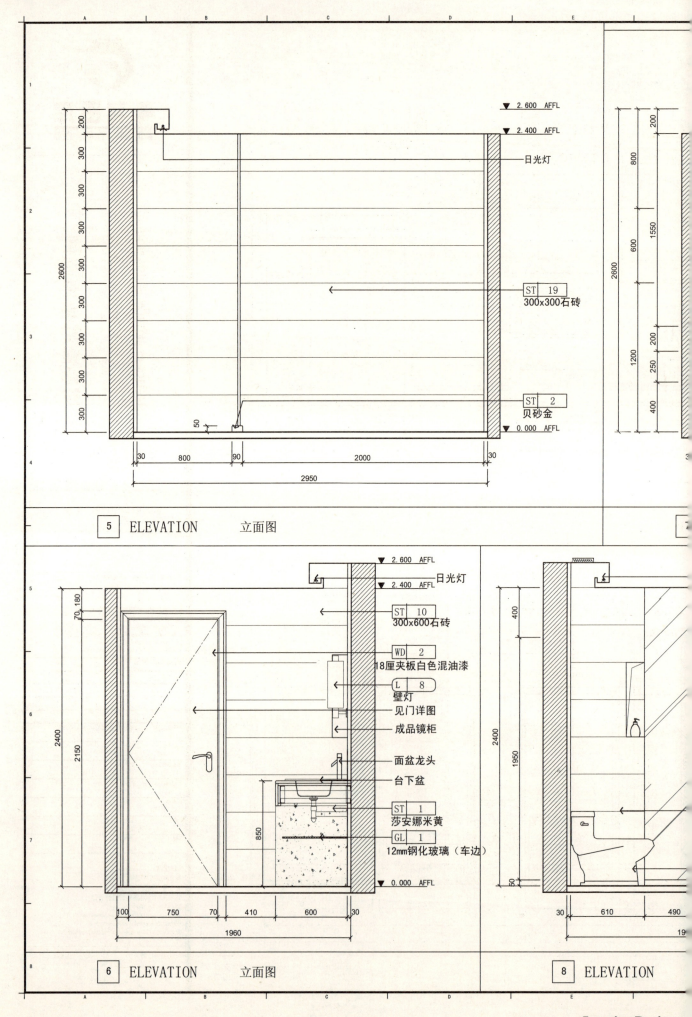

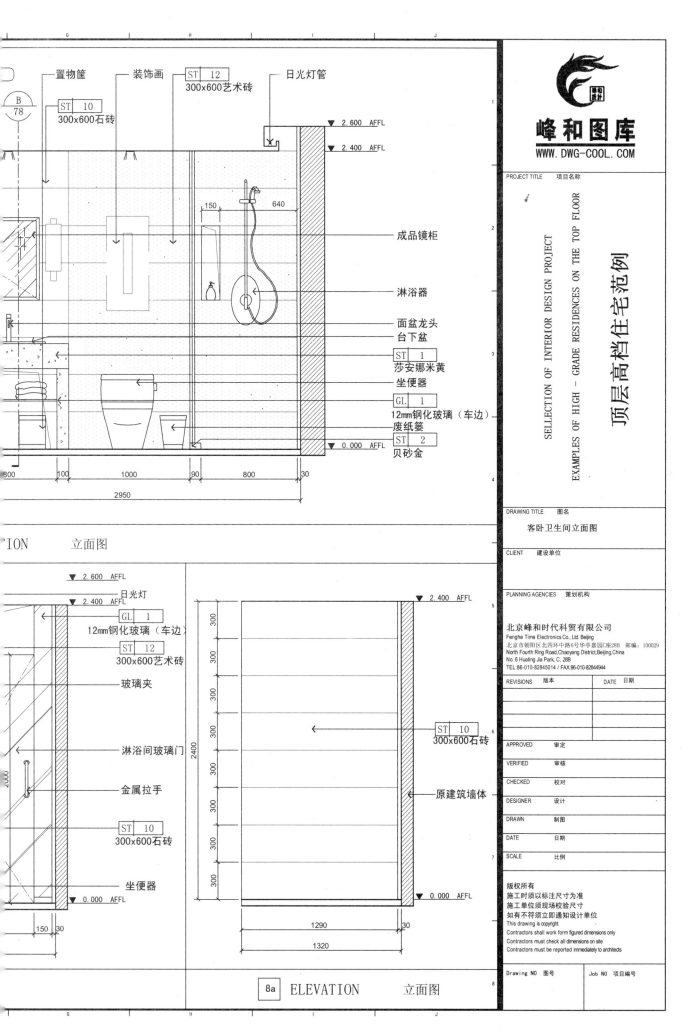

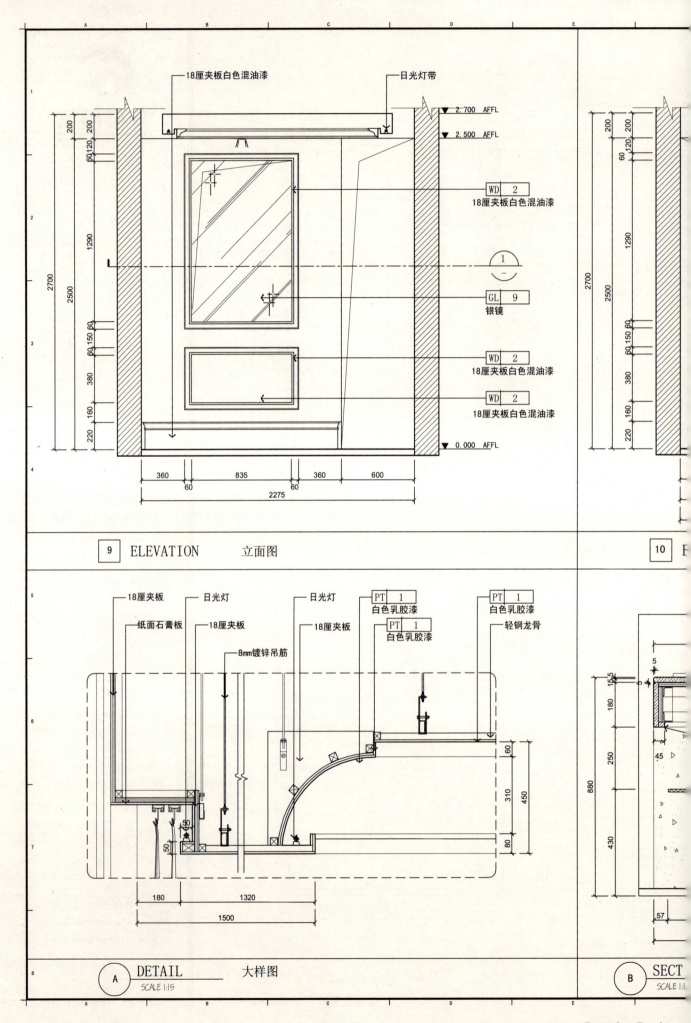

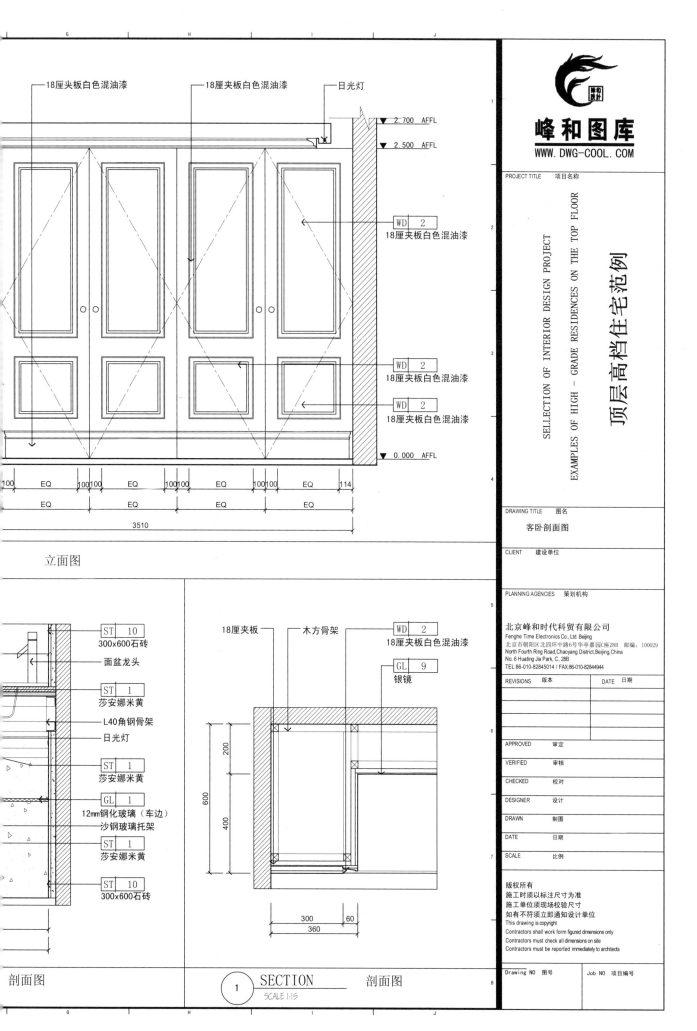

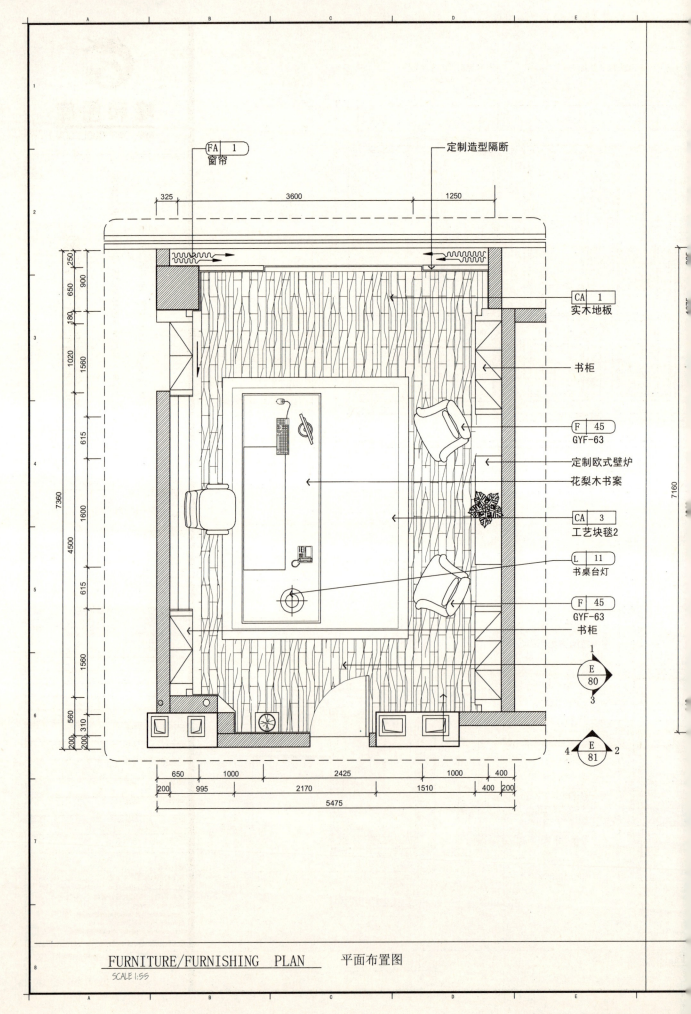

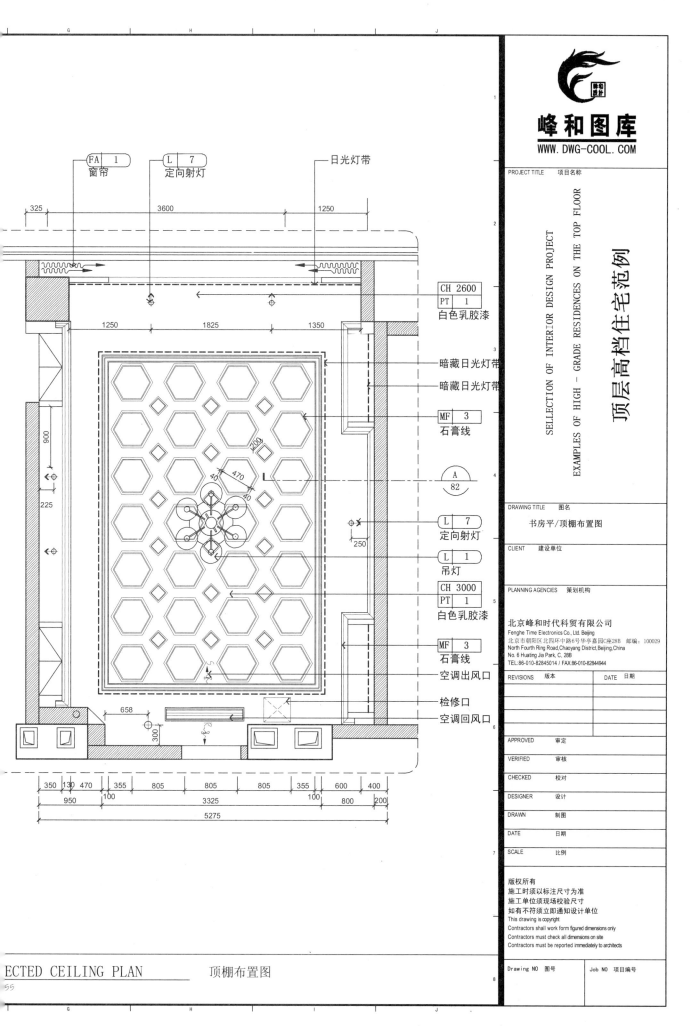

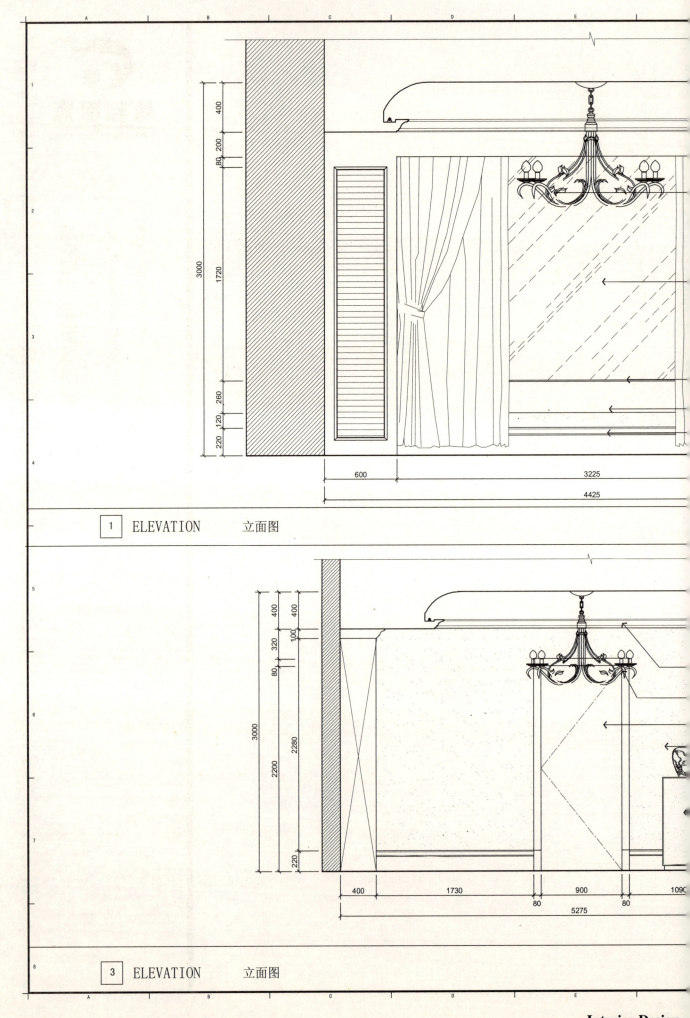

1 ELEVATION 立面图

3 ELEVATION 立面图

-Interior Design-

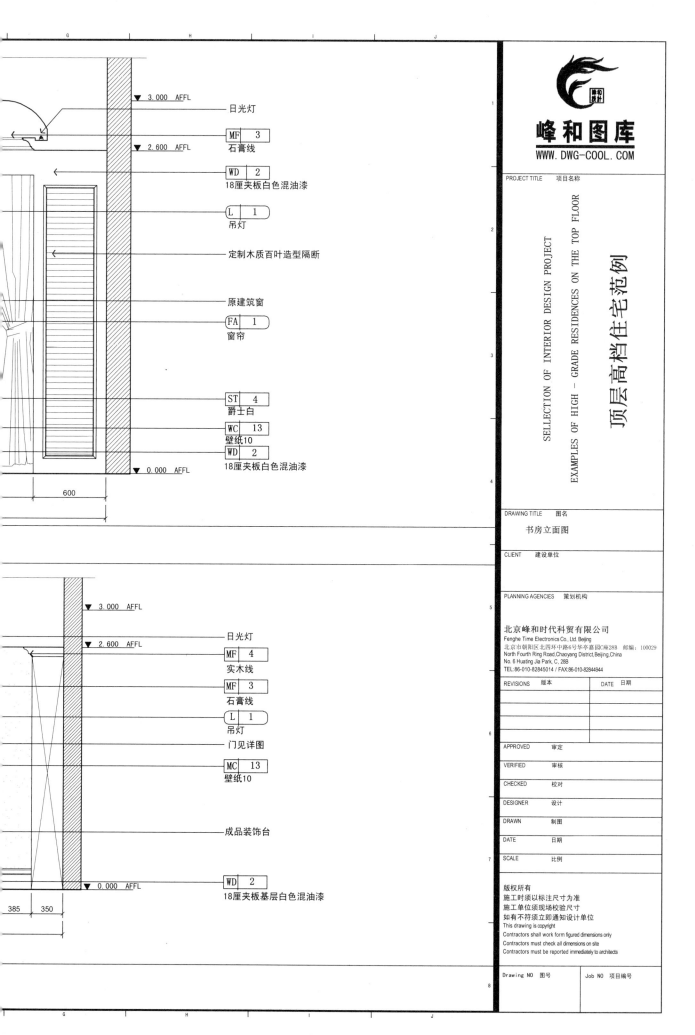

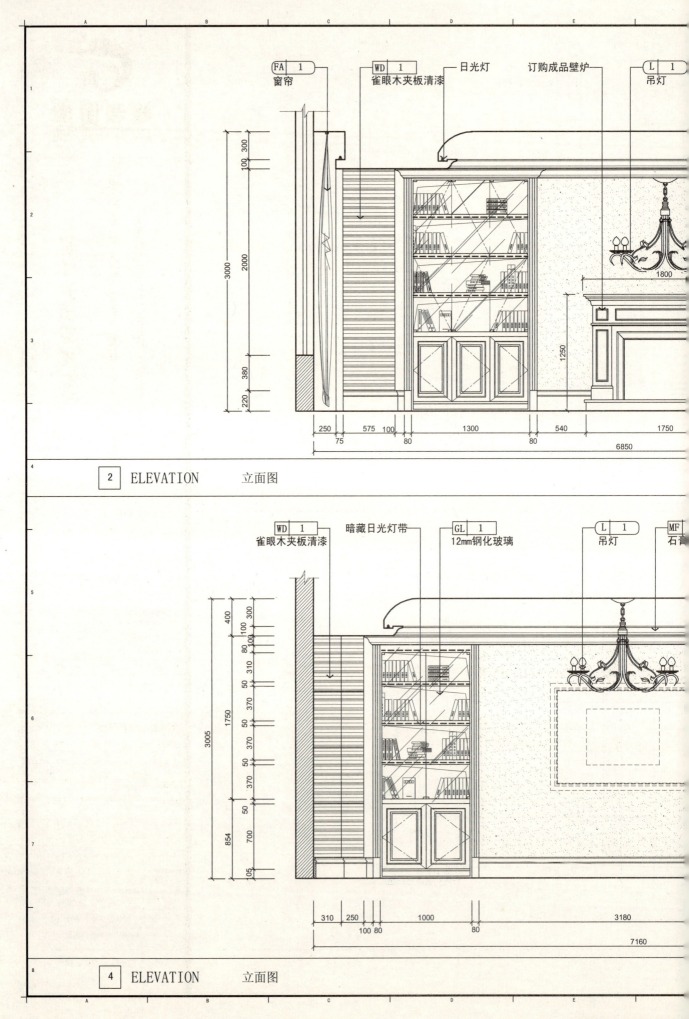

2 ELEVATION 立面图

4 ELEVATION 立面图

-Interior Design-

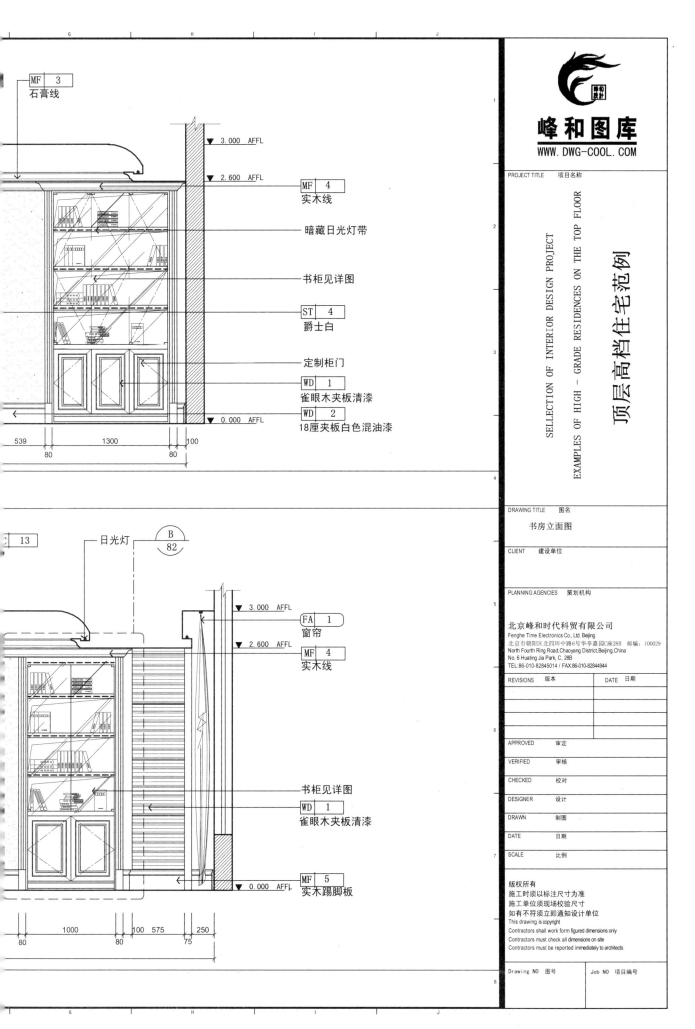

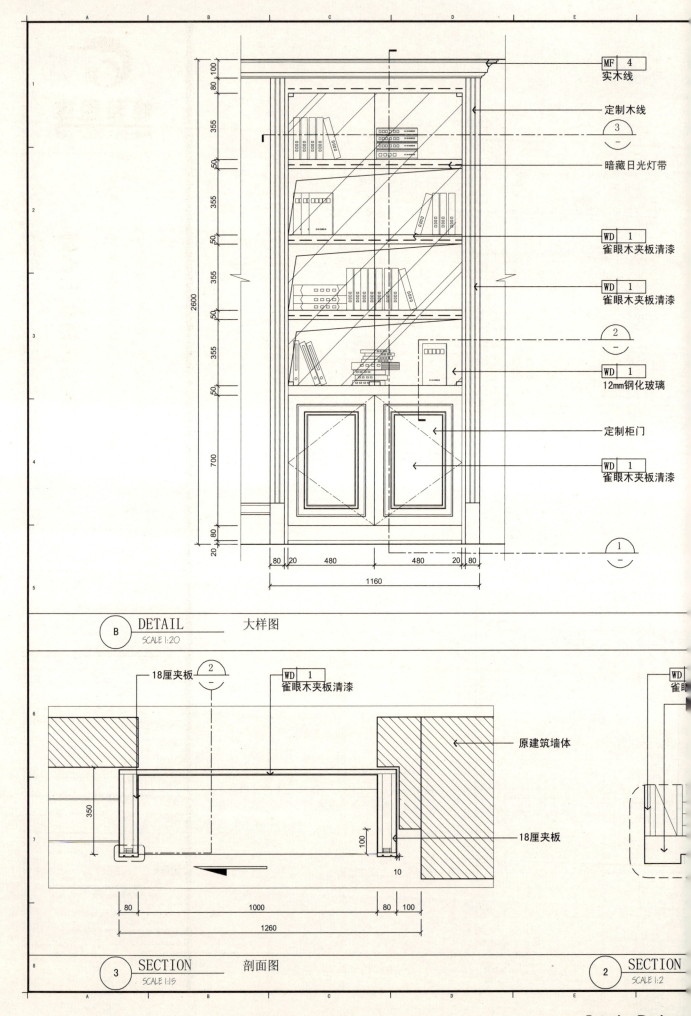

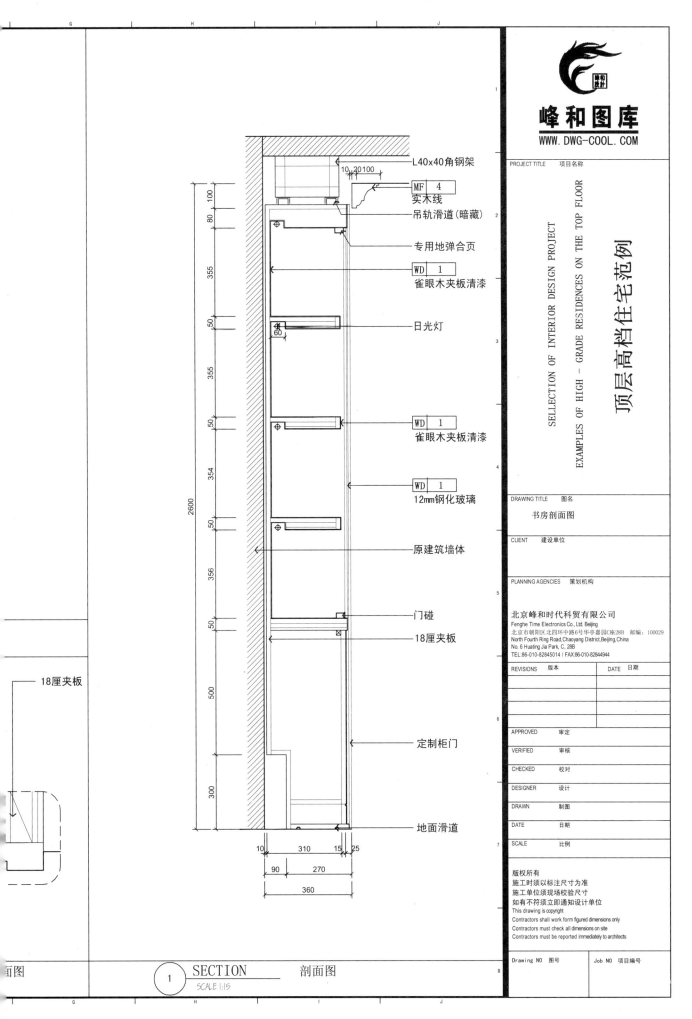

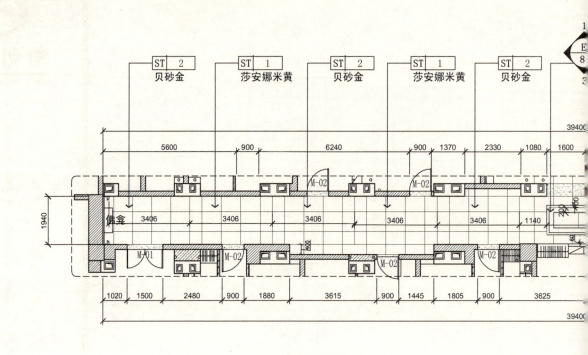

FURNITURE/FURNISHING PLAN 　地面布置图
SCALE 1:150

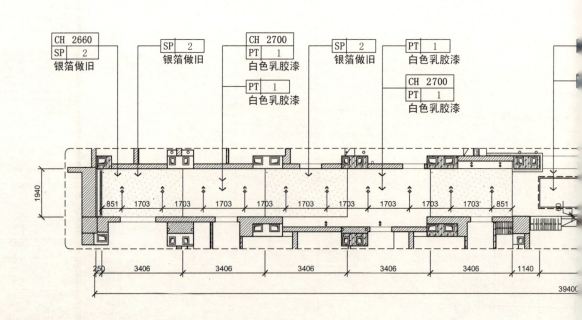

REFLECTED CEILING PLAN 　顶棚布置图
SCALE 1:150

-Interior Design-

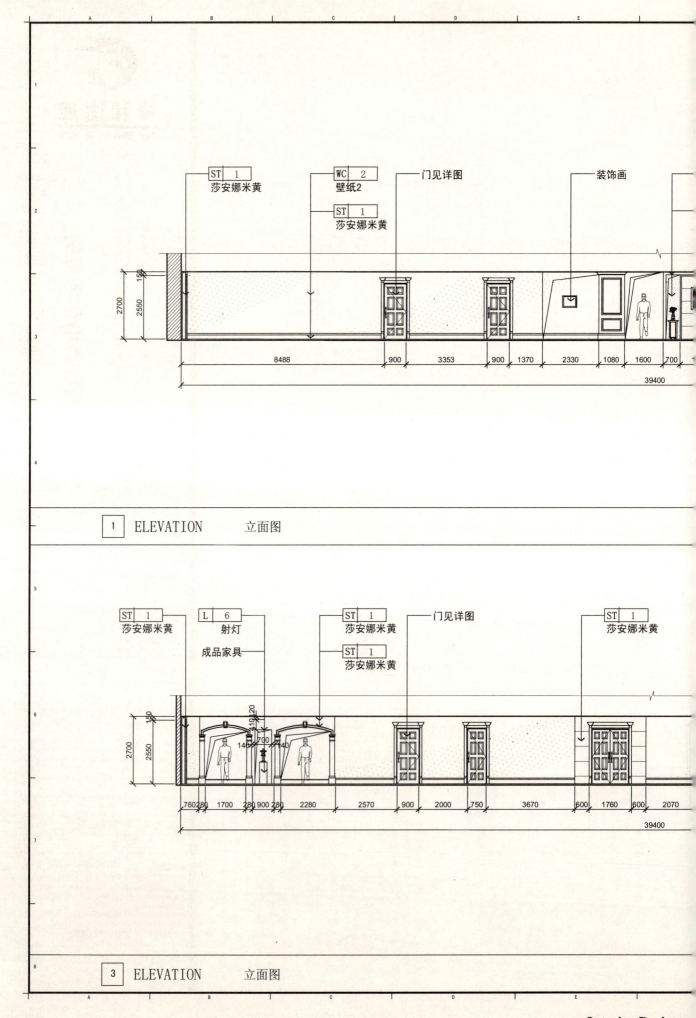

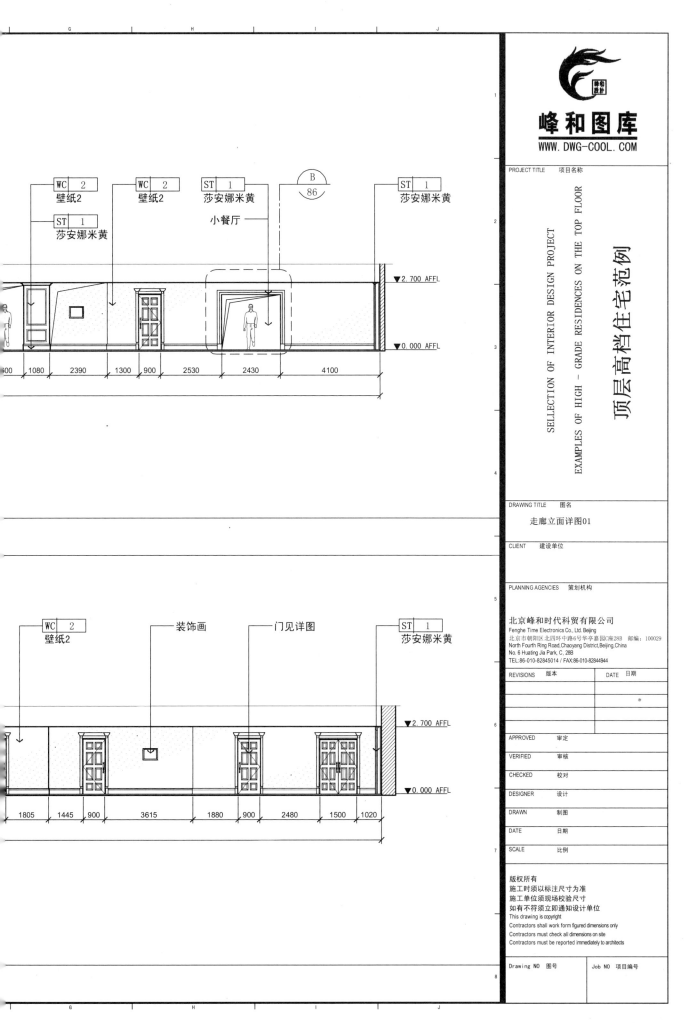

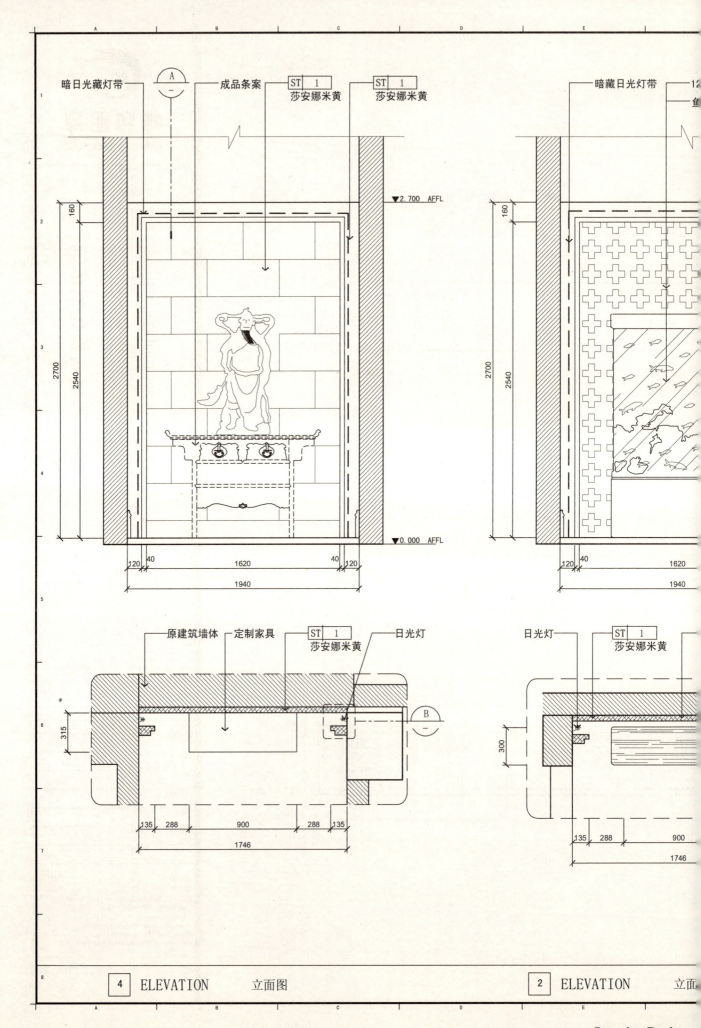

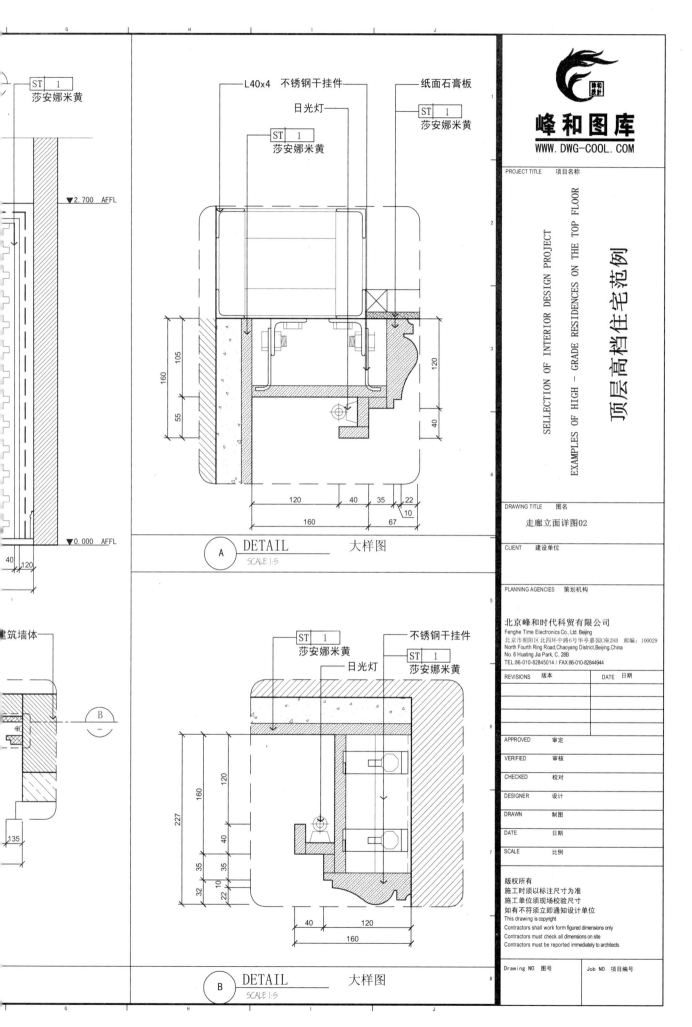

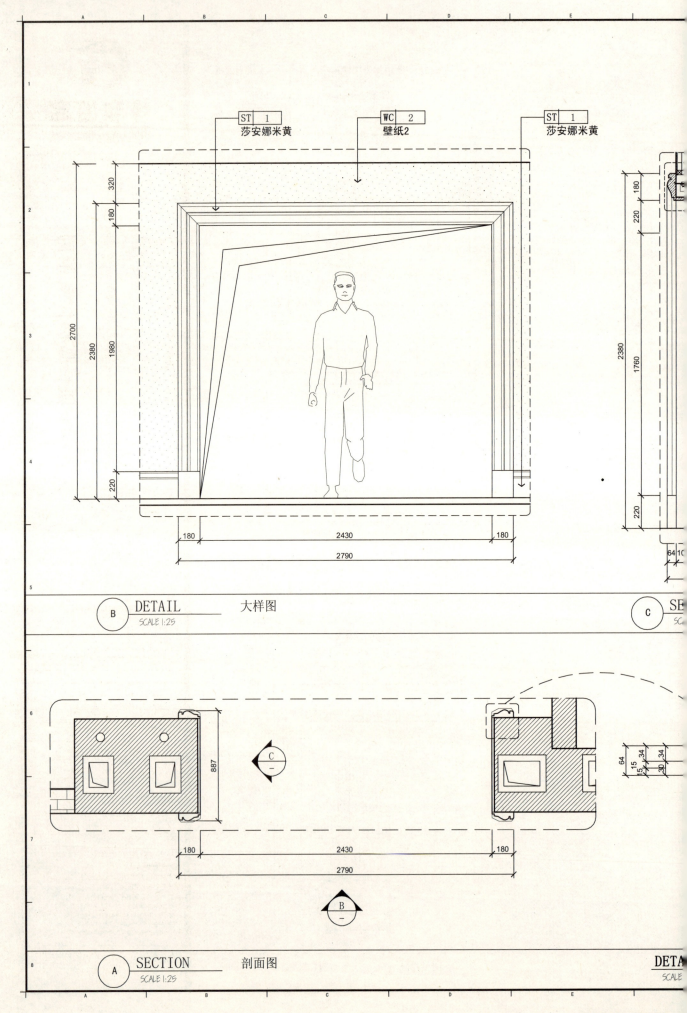

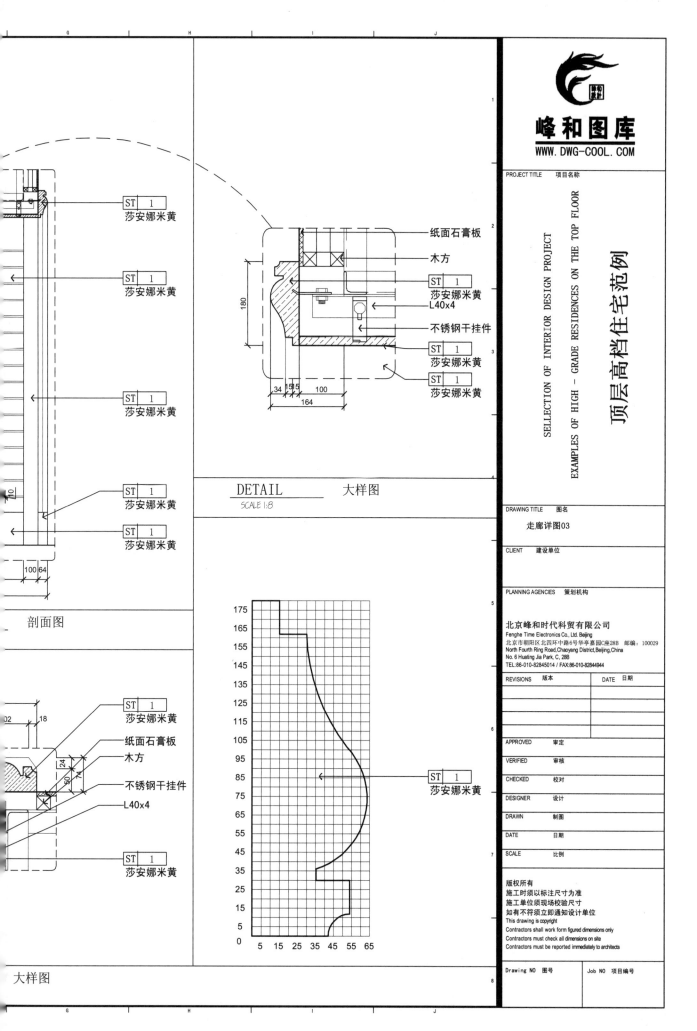

材 料 表

图例	名称	材料编号	品牌	型号\规格\材质	供应商	装饰部位
	单人沙发	F-1	玛润奇	型号:V067B-3 尺寸:850X850X1050	邓先生 18637146999	电梯间
	三人沙发	F-2	玛润奇	型号:V098 尺寸:2240X1110X1300	邓先生 18637146999	客厅
	高背椅	F-3	玛润奇	型号:V098 尺寸:770X770X1150	邓先生 18637146999	客厅
	茶几	F-4	玛润奇	型号:CJ098-4 尺寸:1300X1300X500	邓先生 18637146999	客厅
	高背椅	F-5	玛润奇	型号:GY918A 尺寸:1020X1020X520	邓先生 18637146999	客厅
	电视柜	F-6	玛润奇	型号:E098-63 尺寸:2200X550X600	邓先生 18637146999	客厅
	大地柜	F-7	玛润奇	型号:E098-63 尺寸:2220X580X640	邓先生 18637146999	客厅
	无扶手椅	F-8	玛润奇	型号:D0024-46 尺寸:650X900X1200	邓先生 18637146999	大餐厅
	边柜	F-9	玛润奇	型号:ES-M1104 尺寸:730X430X1803	邓先生 18637146999	小餐厅
	餐台	F-10	玛润奇	型号:D062-42 尺寸:2400X1092X757	邓先生 18637146999	小餐厅
	小边柜	F-11	玛润奇	型号:ES-1107 尺寸:1640X480X1000	邓先生 18637146999	小餐厅
	扶手椅	F-12	玛润奇	型号:D062-47 尺寸:648X717X1092	邓先生 18637146999	小餐厅
	无扶手椅	F-13	玛润奇	型号:D062-46 尺寸:610X705X1092	邓先生 18637146999	小餐厅
	加大床	F-14	沙芬	型号:EB-3669-K 尺寸:2400X2100X1800	周先生 13938528959	主卧室
	床头柜	F-15	沙芬	型号:EB-3669-N 尺寸:680X440X660	周先生 13938528959	主卧室
	单人沙发	F-16	沙芬	型号:ESF-9222-1 尺寸:1070X1000X1050	周先生 13938528959	主卧室
	茶几	F-17	沙芬	型号:ETT-6099V-1 尺寸:1400X750X460	周先生 13938528959	主卧室

-Interior Design-

(注：更多供应商信息，请根据项目情况自选或登陆"峰和图库"网站查询)

名称	材料编号	品牌	型号\规格\材质	供应商	装饰部位
人沙发	F-18	沙芬	型号：ESF-7755-1 尺寸：840X820X1260	周先生 13938528959	主卧室
地柜	F-19	玛润奇	型号：E098-62 尺寸：1820X580X640	邓先生 18637146999	主卧室
台+镜	F-20	沙芬	型号：EB-3669-D 尺寸：1360X560X770/730	周先生 13938528959	衣帽间
台+镜	F-21	沙芬	型号：EB-3669-V 尺寸：530X420X470	周先生 13938528959	女孩房
大床	F-22	沙芬	型号：EB-3861-K 尺寸：1978X2330X1791	周先生 13938528959	女孩房
头柜	F-23	沙芬	型号：EB-3861-N 尺寸：660X520X670	周先生 13938528959	女孩房
台	F-24	沙芬	型号：EB-3861-D 尺寸：1380X580X760	周先生 13938528959	女孩房
镜	F-25	沙芬	型号：EB-3861-V 尺寸：1380X800X100	周先生 13938528959	女孩房
椅改脚雕花	F-26	沙芬	型号：EC-78 尺寸：780X780X930	周先生 13938528959	女孩房
州皇帝床	F-27	Fine	型号：703-101 尺寸：1978X2330X1791	杨小姐 15238011955	大男孩房
头柜	F-28	Fine	型号：730-102 尺寸：578X425X800	杨小姐 15238011955	大男孩房
人沙发	F-29	Fine	型号：730-03A 尺寸：870X940X1029	杨小姐 15238011955	大男孩房
字桌	F-30	Fine	型号：852-925 尺寸：1270X686X762	杨小姐 15238011955	大男孩房
椅	F-31	Fine	型号：852-927 尺寸：483X560X914	杨小姐 15238011955	大男孩房
人床	F-32	Fine	型号：733-563 尺寸：1978X2330X1791	杨小姐 15238011955	小男孩房
头柜	F-33	Fine	型号：730-102 尺寸：578X425X800	杨小姐 15238011955	小男孩房
字桌	F-34	Fine	型号：852-925 尺寸：1270X686X762	杨小姐 15238011955	小男孩房

顶层高档住宅范例

SELLECTION OF INTERIOR DESIGN PROJECT
EXAMPLES OF HIGH – GRADE RESIDENCES ON THE TOP FLOOR

DRAWING TITLE	图名
	材料表
CLIENT	建设单位
PLANNING AGENCIES	策划机构

北京峰和时代科贸有限公司
Fenghe Time Electronics Co., Ltd. Beijing
北京市朝阳区北四环中路6号华亭嘉园C座28B 邮编：100029
North Fourth Ring Road, Chaoyang District, Beijing, China
No. 6 Huating Jia Park, C, 28B
TEL:86-010-82845014 / FAX:86-010-82844944

REVISIONS	版本	DATE	日期
APPROVED	审定		
VERIFIED	审核		
CHECKED	校对		
DESIGNER	设计		
DRAWN	制图		
DATE	日期		
SCALE	比例		

版权所有
施工时须以标注尺寸为准
施工单位须现场校验尺寸
如有不符立即通知设计单位
This drawing is copyright
Contractors shall work form figured dimensions only
Contractors must check all dimensions on site
Contractors must be reported immediately to architects

Drawing NO	图号	Job NO	项目编号

材 料 表

(注：更多供应商信息，请根据项目情况自选或登陆"峰和图库"网站查询)

图例	名称	材料编号	品牌	型号\规格\材质	供应商	装饰部位
	书椅	F-35	Fine	型号：852-927 尺寸：550X550X850	杨小姐 15238011955	小男孩房
	单人沙发	F-36	Fine	型号：730-970 尺寸：870X940X1029	杨小姐 15238011955	小男孩房
	奇缘茶几	F-37	Fine	型号：730-972 尺寸：660X724	杨小姐 15238011955	小男孩房
	单人床	F-38	Fine	型号：703-102 尺寸：1089X2229X1508	杨小姐 15238011955	客卧
	床头柜	F-39	Fine	型号：730-102 尺寸：578X425X800	杨小姐 15238011955	客卧
	酒商写字台	F-40	Fine	型号：320-925 尺寸：1448X699X914	杨小姐 15238011955	客卧
	酒商写字椅	F-41	Fine	型号：320-927 尺寸：622X670X978	杨小姐 15238011955	客卧
	单人沙发	F-42	Fine	型号：5027-920 尺寸：851X965X914	杨小姐 15238011955	客卧
	脚凳	F-43	Fine	型号：5027-920 尺寸：660X508X445	杨小姐 15238011955	客卧
	圆几	F-44	Fine	型号：410-974 尺寸：φ711	杨小姐 15238011955	客卧
	高背椅	F-45	沙芬	型号：GYF-63 尺寸：900X900X1220	周先生 13938528959	书房
	大餐桌	F-46	玛润奇	型号：D0024-447 尺寸：φ3250X700	邓先生 18637146999	大餐厅
	单人沙发	F-47	沙芬	型号：ESF-7799-1 尺寸：850X750X980	周先生 13938528959	主卧
	吊灯	L-1	奥特斯汀	型号：ATSD-808 尺寸：φ1000	陈先生 13903849359	
	防水吊灯	L-2	奥特斯汀	型号：ATSD-901 尺寸：φ800	陈先生 13903849359	卫生间
	防水筒灯	L-3	SK	型号：SK-TD-2 尺寸：φ68（开孔尺寸）	陈先生 13903849359	见图纸
	筒灯	L-4	SK	型号：SK-TD-1 尺寸：φ68（开孔尺寸）	陈先生 13903849359	见图纸
	防水射灯	L-5	SK	型号：SK-SD-1 尺寸：φ60（开孔尺寸）	陈先生 13903849359	见图纸

-Interior Design-

名称	材料编号	品牌	型号\规格\材质	供应商	装饰部位
灯	L-6	SK	型号:SK-SD-2 尺寸:φ60(开孔尺寸)	陈先生 13903849359	见图纸
向射灯	L-7	SK	型号:SK-SD-3 尺寸:φ60(开孔尺寸)	陈先生 13903849359	见图纸
灯	L-8	奥特斯汀	型号:ATSD-BD-3 尺寸:375X500	陈先生 13903849359	客厅
顶灯	L-9	SK	型号:SK-X-701 尺寸:φ350	陈先生 13903849359	见图纸
头柜台灯	L-10	奥特斯汀	型号:ATSD-TD-601 尺寸:	陈先生 13903849359	主卧室
息区台灯	L-11	奥特斯汀	型号:ATSD-TD-602 尺寸:	陈先生 13903849359	主卧室
灯	L-12	奥特斯汀	型号:ATSD-D-602 尺寸:	陈先生 13903849359	主卧室
房专用灯	L-13	SK	型号:SK-CF-87 尺寸:640x440	陈先生 13903849359	厨房
头斗胆灯	L-14	SK	型号:SK-2893 尺寸:79x79(开孔)	陈先生 13903849359	见图纸
安娜米黄	ST-1	成功	型号:选样 尺寸:见图纸	郑先生 13503837068	见图纸
砂金	ST-2	成功	型号:选样 尺寸:见图纸	郑先生 13503837068	见图纸
啡网	ST-3	成功	型号:选样 尺寸:见图纸	郑先生 13503837068	见图纸
士白	ST-4	成功	型号:选样 尺寸:见图纸	郑先生 13503837068	见图纸
金花	ST-5	成功	型号:选样 尺寸:见图纸	郑先生 13503837068	见图纸
色马赛克	ST-6	JNJ	型号:选样 尺寸:见图纸	孙小姐 13598862662	见图纸
啡网	ST-7	成功	型号:选样 尺寸:见图纸	郑先生 13503837068	见图纸
砖	ST-8	米洛西石砖	型号: 尺寸:600x600	严小姐 13693711762	见图纸
术马赛克	ST-9	JNJ	型号:定制 尺寸:见图纸	孙小姐 13598862662	大餐厅
砖	ST-10	米洛西石砖	型号:MC002 尺寸:300x600	陈先生 13938409999	次卧室 卫生间
砖	ST-11	米洛西石砖	型号:PJG-SDPH015 尺寸:600x200	陈先生 13938409999	小餐厅
术砖	ST-12	米洛西石砖	型号:MC012 尺寸:300X600	严小姐 13693711762	男孩房
古砖	ST-13	陶艺轩	型号:TYX-23 尺寸:300X300	陈先生 13938409999	见图纸

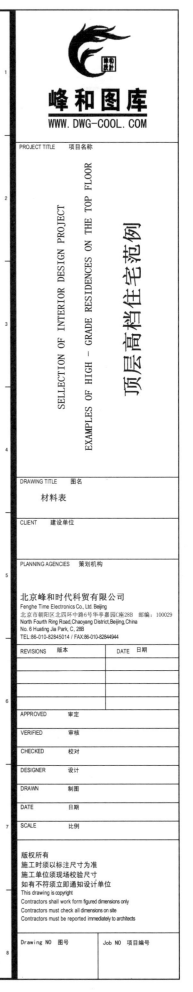

材 料 表

图例	名称	材料编号	品牌	型号\规格\材质	供应商	装饰部位	图例
	仿古砖	ST-14	陶艺轩	型号:36SS40032 尺寸:300X600	陈先生 13938409999		
	仿古砖	ST-15	米洛西石砖	型号:MC002 尺寸:600X600	严小姐 13693711762	大餐厅	
	仿古花砖	ST-16	米洛西石砖	型号:PJG-SWPZ015 尺寸:600X600	严小姐 13693711762	大餐厅	
	石砖	ST-17	米洛西石砖	型号:PJG-SDPH002 尺寸:480X120	严小姐 13693711762		
	仿古砖	ST-18	陶艺轩	型号:TYX-26 尺寸:150X150	陈先生 13938409999		
	石砖	ST-19	米洛西石砖	型号:MC012 尺寸:300X300	严小姐 13693711762		
	雀眼木夹板清漆	WD-1		型号:选样 尺寸:见图纸	市场选购	见图纸	
	18厘夹板白色混油漆	WD-2		型号:常规 尺寸:见图纸	市场选购	见图纸	
	白色混油漆	WD-3		型号:常规 尺寸:见图纸	市场选购	见图纸	
	12mm钢化玻璃	GL-1		型号:常规 尺寸:见图纸	市场选购	见图纸	
	艺术玻璃	GL-2		型号:常规 尺寸:见图纸	市场选购	主卧室卫生间	
	夹丝玻璃	GL-3		型号:常规 尺寸:见图纸	市场选购	主卧室卫生间	
	茶镜喷花	GL-4		型号:定制 尺寸:见图纸	市场定购	主卧室卫生间	
	聚漆玻璃背图案	GL-5		型号:定制 尺寸:见图纸	市场定购	见图纸	
	聚晶夹丝喷砂玻璃	GL-6		型号:定制 尺寸:见图纸	市场定购	主卧室卫生间	
	5mm银镜药水喷砂玻璃	GL-7		型号:定制 尺寸:见图纸	市场定购	见图纸	
	5mm清镜 (8mm清镜)	GL-8		型号:定制 尺寸:见图纸	市场定购	见图纸	
	银镜	GL-9		型号:常规 尺寸:见图纸	市场选购	见图纸	
	镀膜玻璃	GL-10		型号:常规 尺寸:见图纸	市场选购	主卧室卫生间	
	窗帘	FA-1		型号:选样 尺寸:见图纸	市场选购	见图纸	
	罗马帘	FA-2		型号:选样 尺寸:见图纸	市场选购	见图纸	
	卷帘	FA-3		型号:选样 尺寸:见图纸	市场选购	见图纸	

-Interior Design-

(注：更多供应商信息，请根据项目情况自选或登陆"峰和图库"网站查询)

称	材料编号	品牌	型号\规格\材质	供应商	装饰部位
色皮革	UP-1		型号:选样 尺寸:见图纸	市场选购	大男孩房
色布软包	UP-2		型号:选样 尺寸:见图纸	市场选购	主卧室
纸1	WC-1	美高	型号:MG-D-7 尺寸:见图纸	张先生 13838188789	客厅
纸2	WC-2	美高	型号:MG-D-8 尺寸:见图纸	张先生 13838188789	走廊
纸3	WC-3	美高	型号:MG-D-9 尺寸:见图纸	张先生 13838188789	大餐厅
纸4	WC-4	美高	型号:MG-D-10 尺寸:见图纸	张先生 13838188789	小餐厅
纸5	WC-5	美高	型号:MG-D-11 尺寸:见图纸	张先生 13838188789	主卧室
纸6	WC-6	美高	型号:MG-D-12 尺寸:见图纸	张先生 13838188789	女孩房
纸6(B)	WC-7	美高	型号:手绘真丝壁纸 尺寸:见图纸	张先生 13838188789	女孩房 （背景墙）
纸7	WC-8	美高	型号:MG-D-14 尺寸:见图纸	张先生 13838188789	大男孩房
纸8	WC-9	美高	型号:MG-D-15 尺寸:见图纸	张先生 13838188789	小男孩房
纸8(B)	WC-10	美高	型号:MG-D-16 尺寸:见图纸	张先生 13838188789	小男孩 （背景墙）
纸9	WC-11	美高	型号:MG-D-17 尺寸:见图纸	张先生 13838188789	客卧
纸9(B)	WC-12	美高	型号:MG-D-18 尺寸:见图纸	张先生 13838188789	客卧(花色)
纸10	WC-13	美高	型号:MG-D-19 尺寸:见图纸	张先生 13838188789	书房
当做旧	SP-1		型号:常规 尺寸:见图纸	市场选购	天花
当做旧	SP-2		型号:常规 尺寸:见图纸	市场选购	天花
当线做旧	MF-1		型号:常规 尺寸:见图纸	市场选购	天花
当线做旧	MF-2		型号:常规 尺寸:见图纸	市场选购	天花
高线	MF-3		型号:常规 尺寸:见图纸	市场选购	天花
木线	MF-4		型号:常规 尺寸:见图纸	市场选购	见图纸
木踢脚板	MF-5		型号:常规 尺寸:见图纸	市场选购	见图纸

峰和图库
WWW.DWG-COOL.COM

PROJECT TITLE 项目名称

SELLECTION OF INTERIOR DESIGN PROJECT
EXAMPLES OF HIGH – GRADE RESIDENCES ON THE TOP FLOOR

顶层高档住宅范例

DRAWING TITLE 图名

材料表

CLIENT 建设单位

PLANNING AGENCIES 策划机构

北京峰和时代科贸有限公司
Fenghe Time Electronics Co., Ltd. Beijing
北京市朝阳区北四环中路6号华亭嘉园C座28B 邮编：100029
North Fourth Ring Road, Chaoyang District, Beijing, China
No. 6 Huating Jia Park, C, 28B
TEL:86-010-82845014 / FAX:86-010-82844944

REVISIONS	版本	DATE	日期
APPROVED	审定		
VERIFIED	审核		
CHECKED	校对		
DESIGNER	设计		
DRAWN	制图		
DATE	日期		
SCALE	比例		

版权所有
施工时须以标注尺寸为准
施工单位须现场校验尺寸
如有不符须立即通知设计单位
This drawing is copyright
Contractors shall work form figured dimensions only
Contractors must check all dimensions on site
Contractors must be reported immediately to architects

Drawing NO 图号   Job NO 项目编号

材 料 表

图例	名称	材料编号	品牌	型号\规格\材质	供应商	装饰部位	图例
	白色乳胶漆	PT-1		型号:选样 尺寸:见图纸	市场选购	石膏板基层	
	浅杏色乳胶漆	PT-2		型号:选样 尺寸:见图纸	市场选购	女孩房	
	防水白色乳胶漆	PT-3		型号:选样 尺寸:见图纸	市场选购	防水石膏板基层	
	实木地板	CA-1		型号:选样 尺寸:见图纸	市场选购	卧室	
	工艺块毯1	CA-2	海马	型号:HM-K-681 尺寸:2200X1300	刘先生 13903856695	大男孩房	
	工艺块毯2	CA-3	海马	型号:定制 尺寸:5900X3880	刘先生 13903856695	主卧室	
	块毯1	CA-4	海马	型号:HM-K-692 尺寸:2800X1800	刘先生 13903856695	书房	
	块毯2	CA-5	海马	型号:HM-K-699 尺寸:2200x1300	刘先生 13903856695	女孩房	
	不锈钢包边	WT-1		型号:常规 尺寸:见图纸	市场选购	电梯间	

-Interior Design-

名称	材料编号	品牌	型号\规格\材质	供应商	装饰部位

峰和图库
WWW.DWG-COOL.COM

PROJECT TITLE 项目名称

SELLECTION OF INTERIOR DESIGN PROJECT
EXAMPLES OF HIGH – GRADE RESIDENCES ON THE TOP FLOOR

顶层高档住宅范例

DRAWING TITLE 图名

材料表

CLIENT 建设单位

PLANNING AGENCIES 策划机构

北京峰和时代科贸有限公司
Fenghe Time Electronics Co., Ltd. Beijing
北京市朝阳区北四环中路6号华亭嘉园C座28B 邮编：100029
North Fourth Ring Road, Chaoyang District, Beijing, China
No. 6 Huating Jia Park, C, 28B
TEL:86-010-82845014 / FAX:86-010-82844944

REVISIONS	版本	DATE	日期

APPROVED	审定
VERIFIED	审核
CHECKED	校对
DESIGNER	设计
DRAWN	制图
DATE	日期
SCALE	比例

版权所有
施工时须以标注尺寸为准
施工单位须现场校验尺寸
如有不符须立即通知设计单位
This drawing is copyright
Contractors shall work form figured dimensions only
Contractors must check all dimensions on site
Contractors must be reported immediately to architects

| Drawing NO 图号 | Job NO 项目编号 |

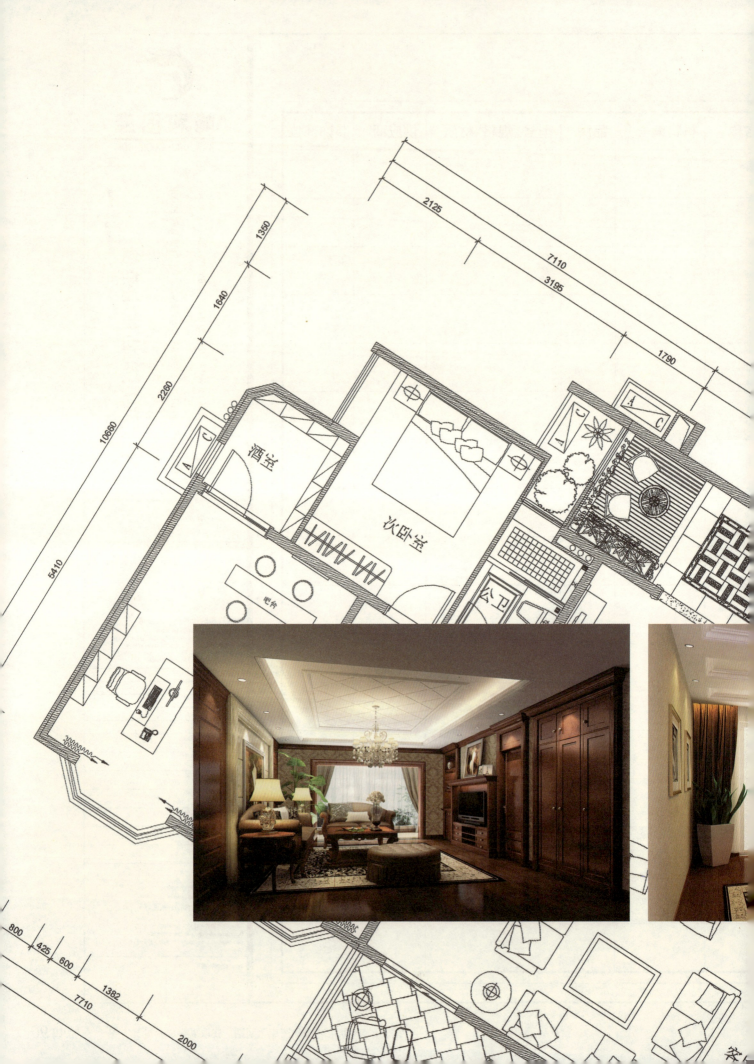

SELLECTION OF INTERIOR DESIGN PROJECT

新古典主义住宅
NEO-CLASSICISM RESIDENCE

美式古典大家范例
EXAMPLES OF AMERICAN CLASSICAL BIG HOUSE MODELS

美式古典大家项目说明
EXAMPLES OF AMERICAN CLASSICAL BIG HOUSE MODELS

室内面积／150m²

空间性质／住宅

坐落位置／北京

主要建材／石材、皮革、仿古砖、壁纸、桃花芯木饰面、实木地板

　　美式风格，是美国西部乡村的生活方式演变到今日的一种形式，它在古典中带有一点随意，摒弃了过多的繁琐与奢华，兼具古典主义的优美造型与新古典主义的功能配备，既简洁又有文化内涵。本案以美式风格家居理念为设计依托，选用石材、皮革为装饰材料，结合美式家具的大气、厚重的特点，诠释了一个具有人文精神的美式大家。

-Interior Design-

美式古典大家范例
EXAMPLES OF AMERICAN CLASSICAL BIG HOUSE MODELS

峰和图库
WWW.DWG-COOL.COM

登录"峰和图库"网站，获取更多成套设计方案

-Interior Design-

美式古典大家范例
EXAMPLES OF AMERICAN CLASSICAL BIG HOUSE MODELS

登录"峰和图库"网站，获取更多成套设计方案

-Interior Design-

美式古典大家范例
EXAMPLES OF AMERICAN CLASSICAL BIG HOUSE MODELS

登录"峰和图库"网站，获取更多成套设计方案

-Interior Design-

美式古典大家范例
EXAMPLES OF AMERICAN CLASSICAL BIG HOUSE MODELS

登录"峰和图库"网站，获取更多成套设计方案

-Interior Design-

美式古典大家范例
EXAMPLES OF AMERICAN CLASSICAL BIG HOUSE MODELS

-Interior Design-

美式古典大家范例
EXAMPLES OF AMERICAN CLASSICAL BIG HOUSE MODELS

登录"峰和图库"网站，获取更多成套设计方案

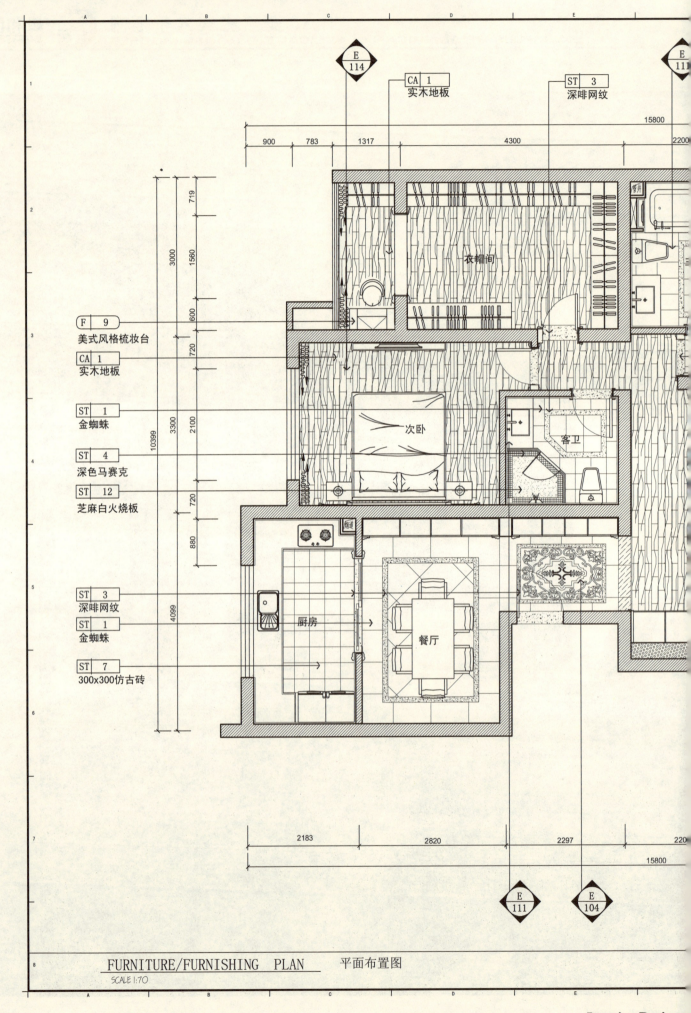

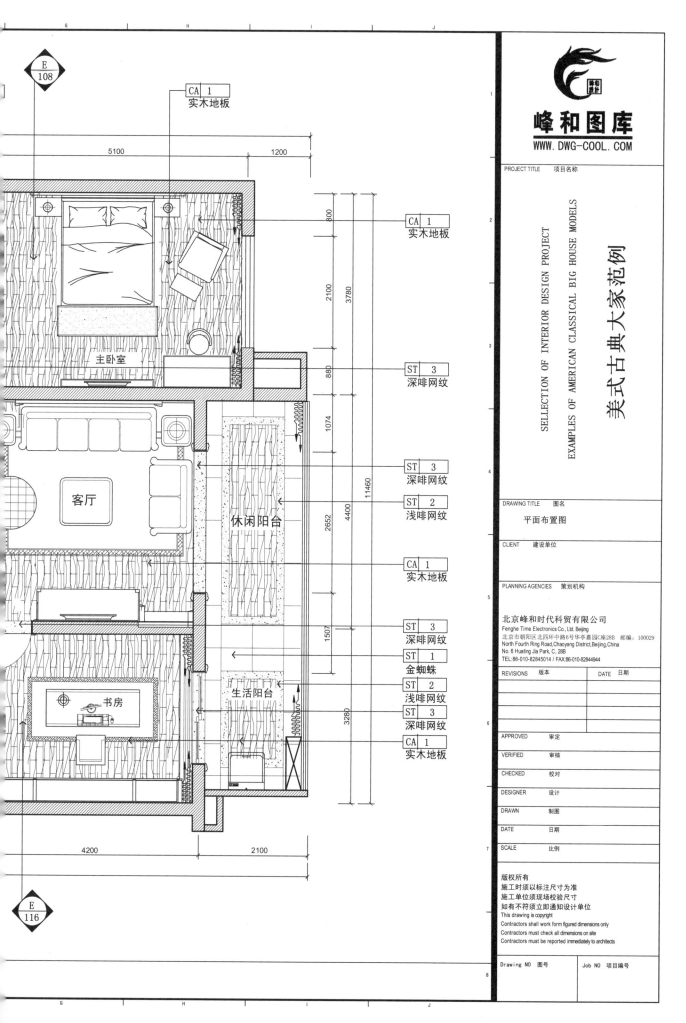

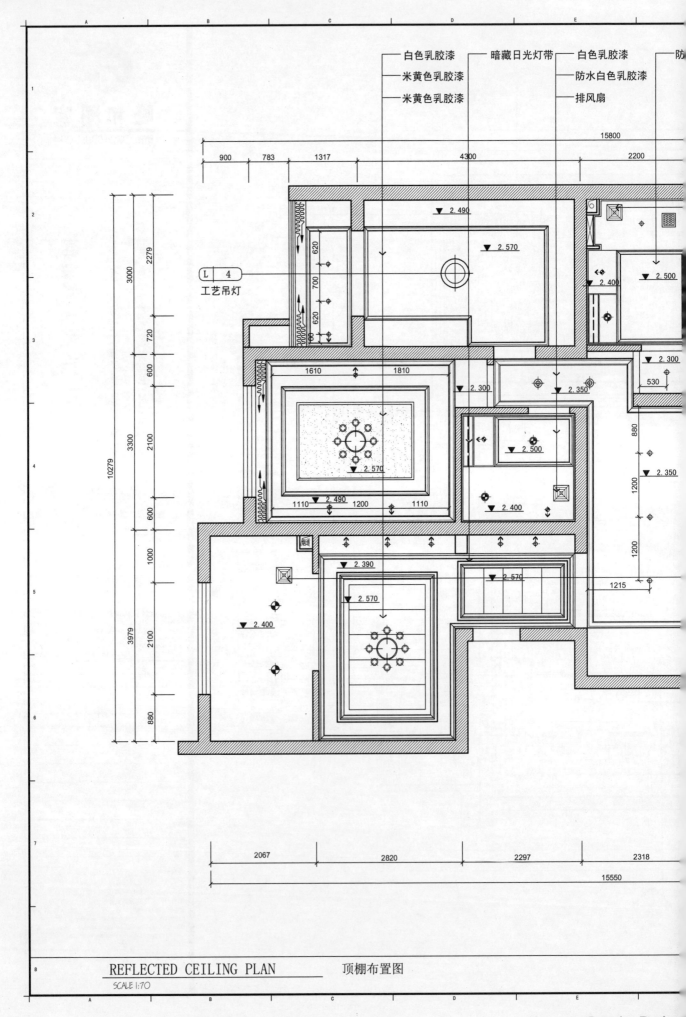

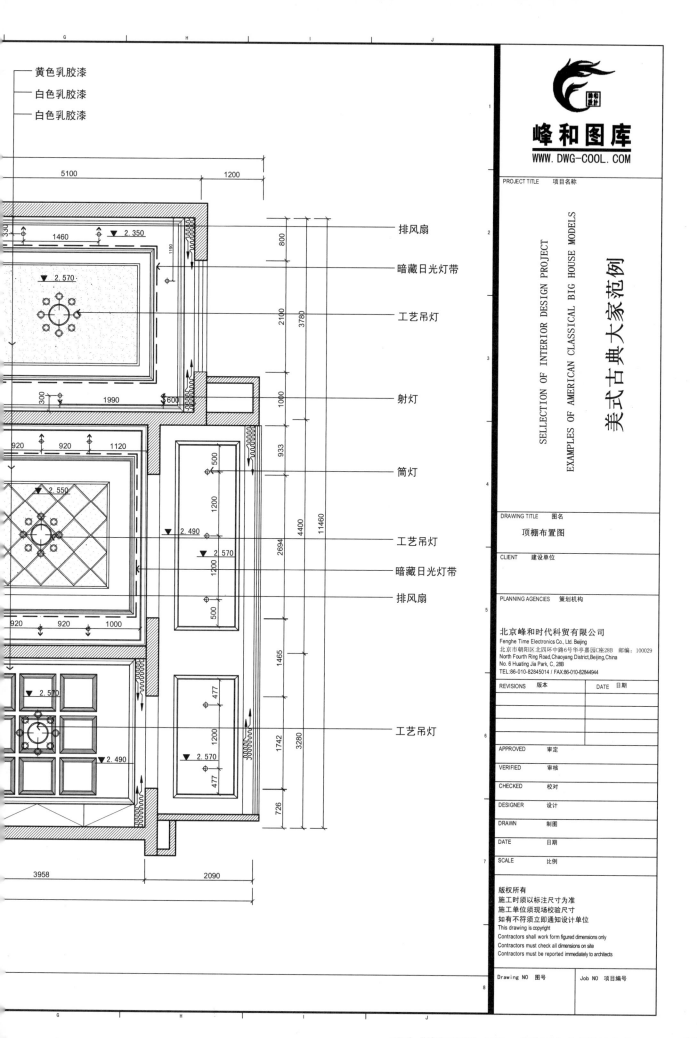

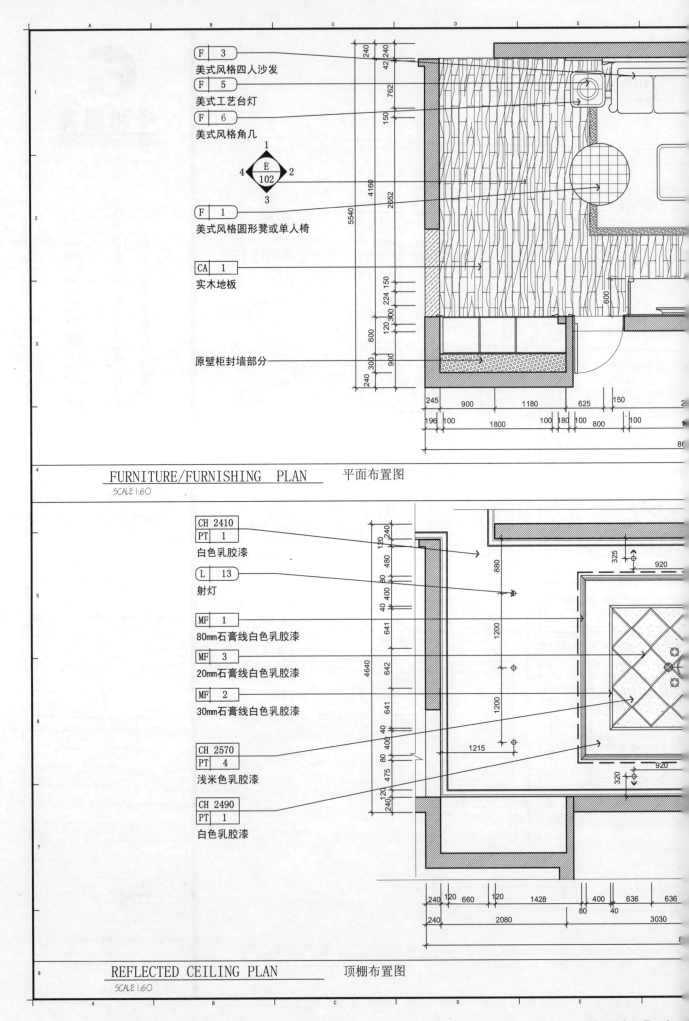

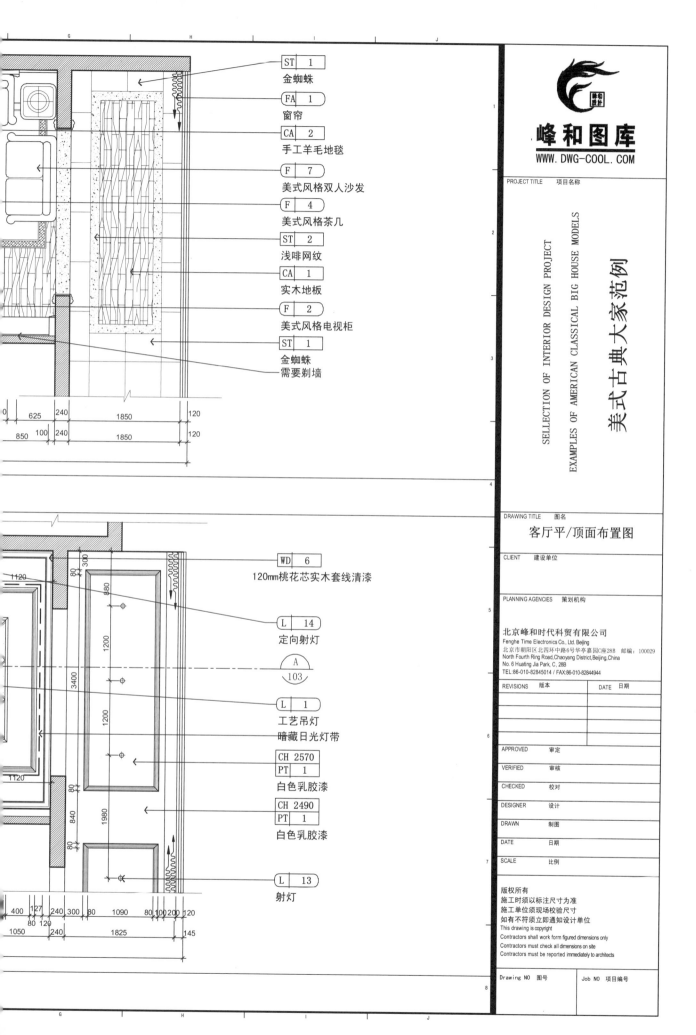

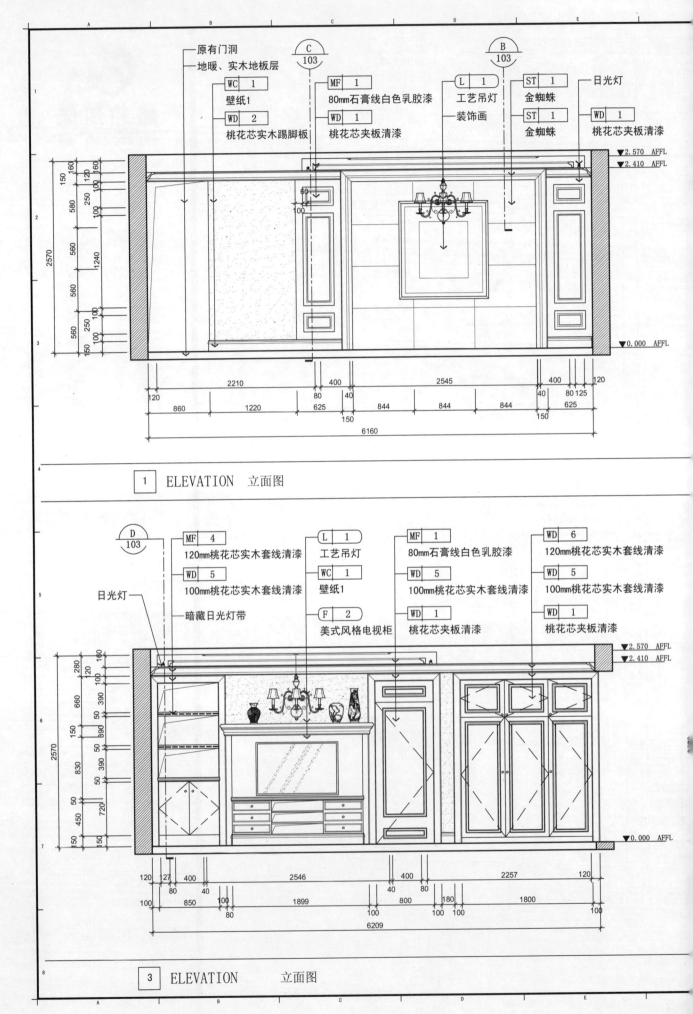

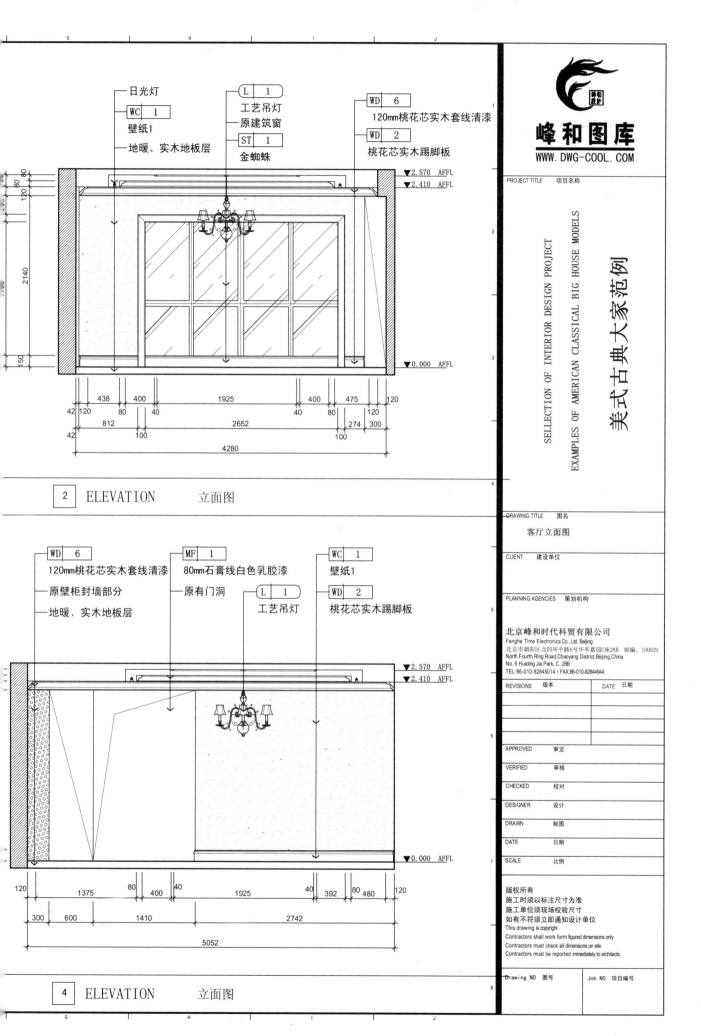

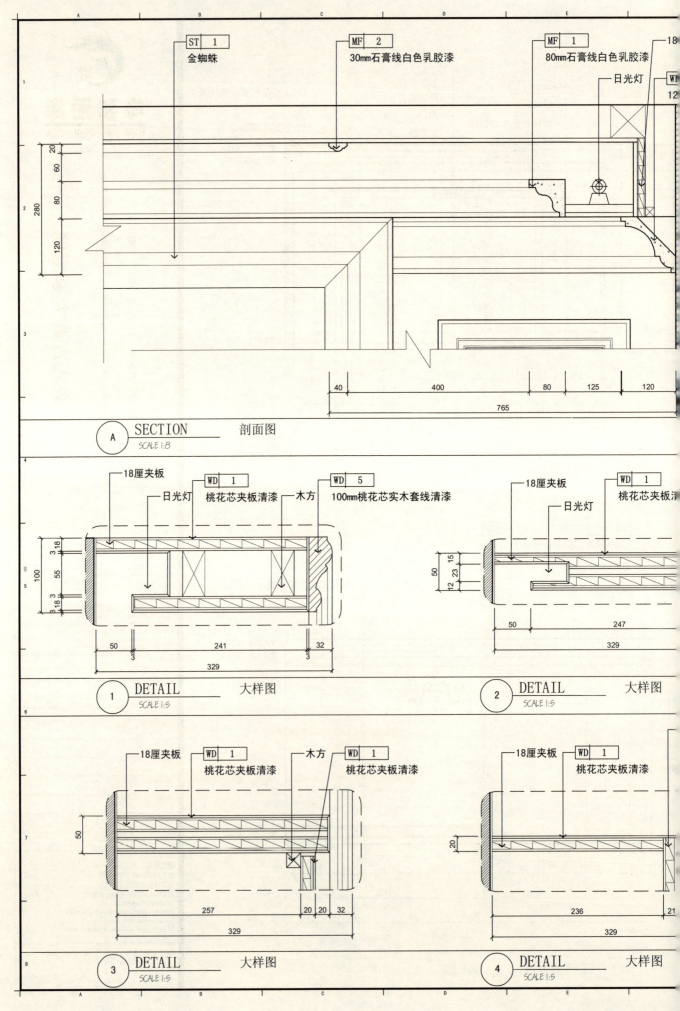

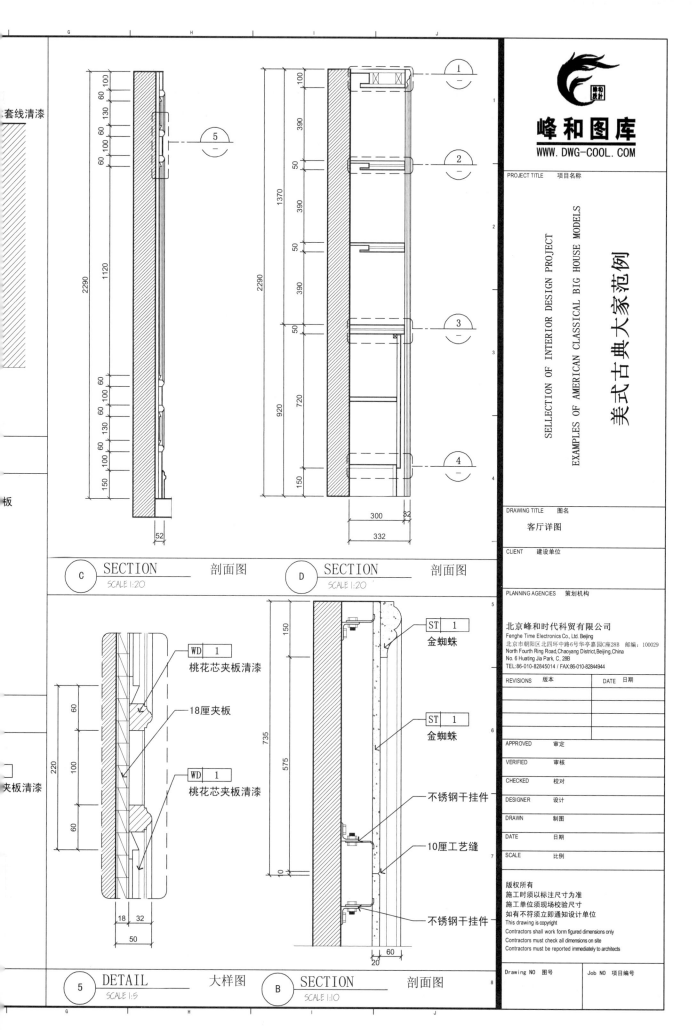

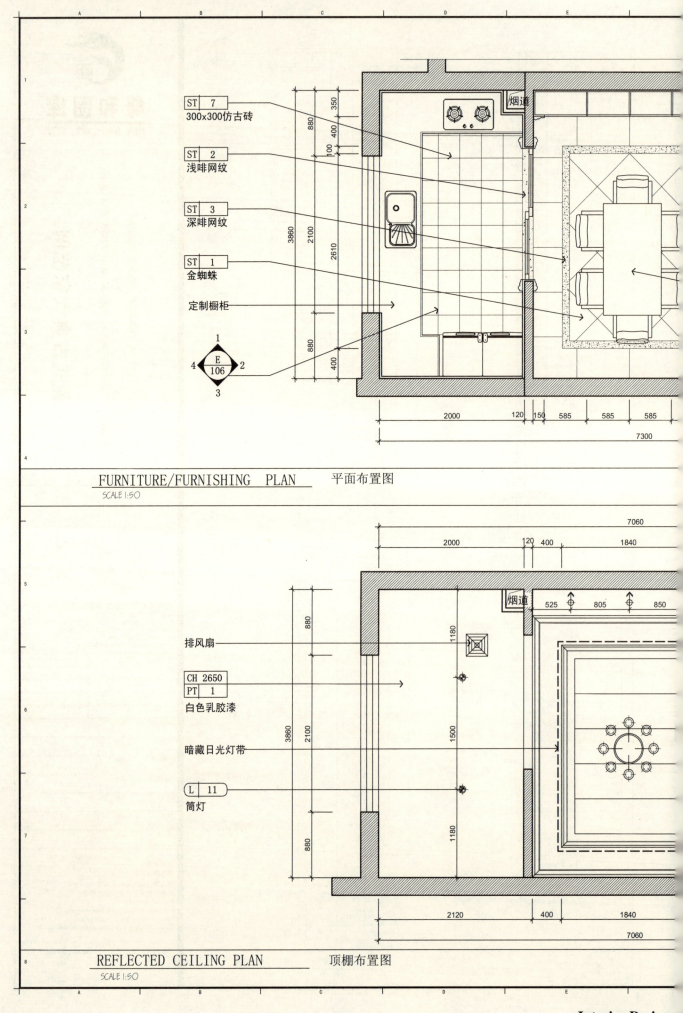

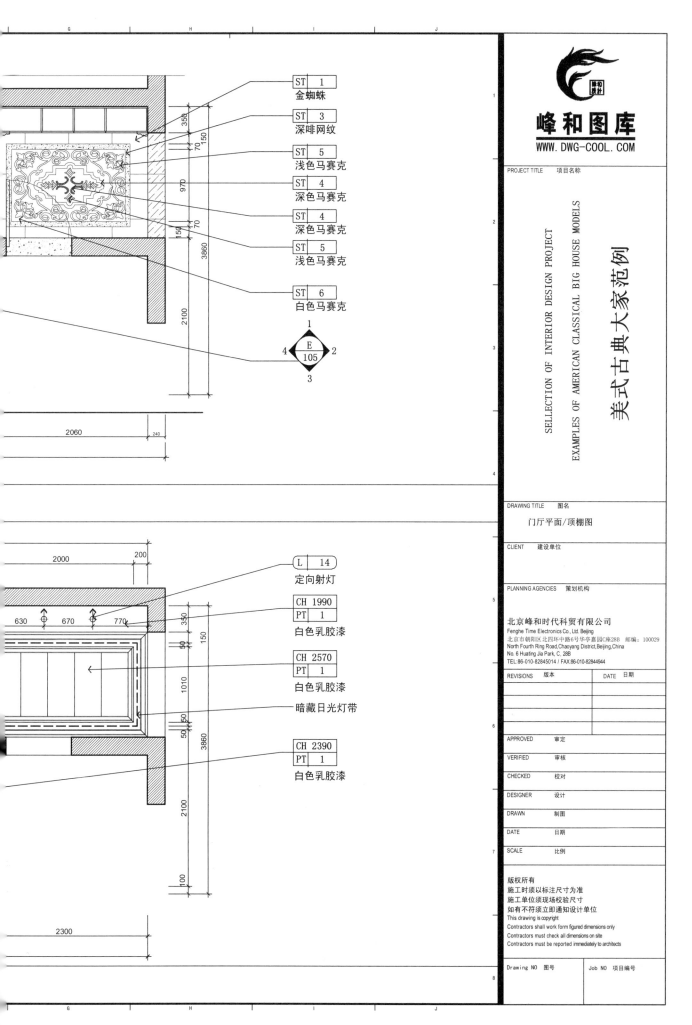

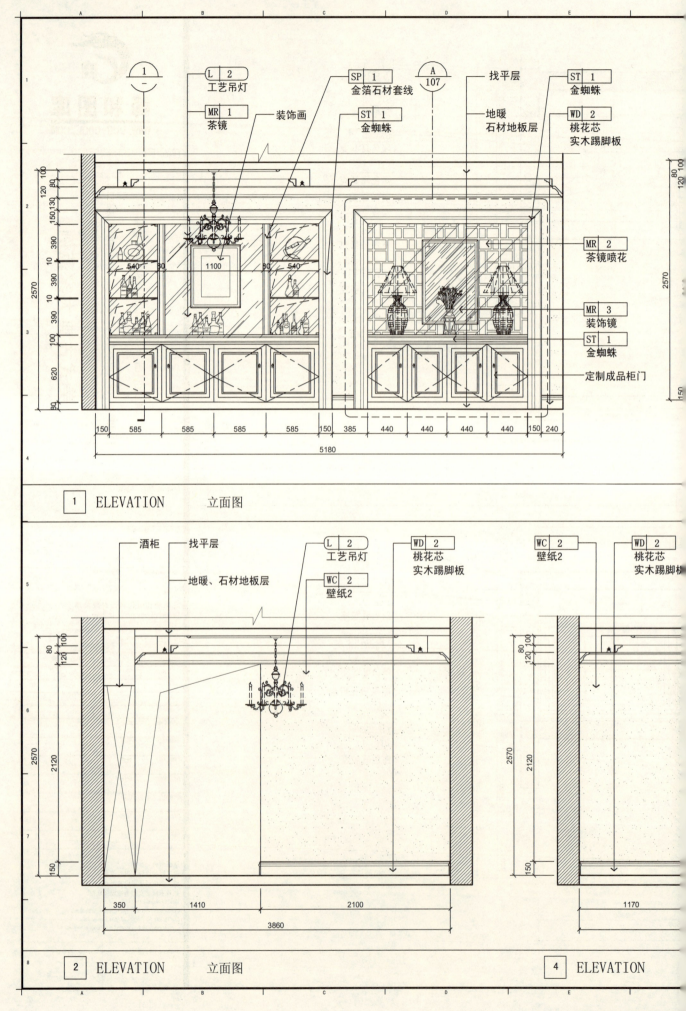

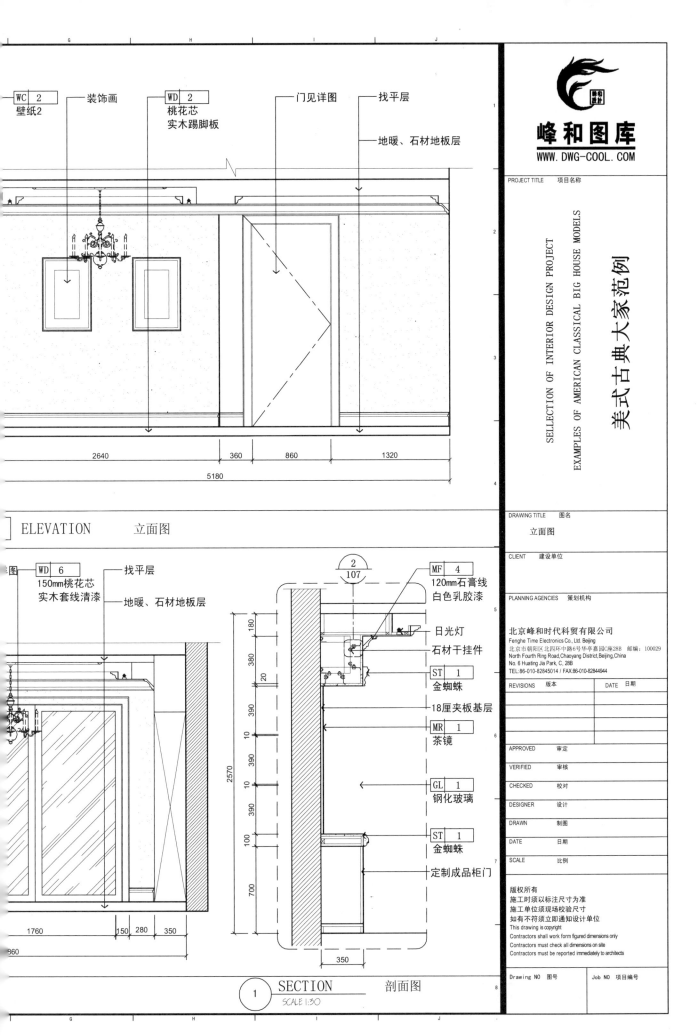

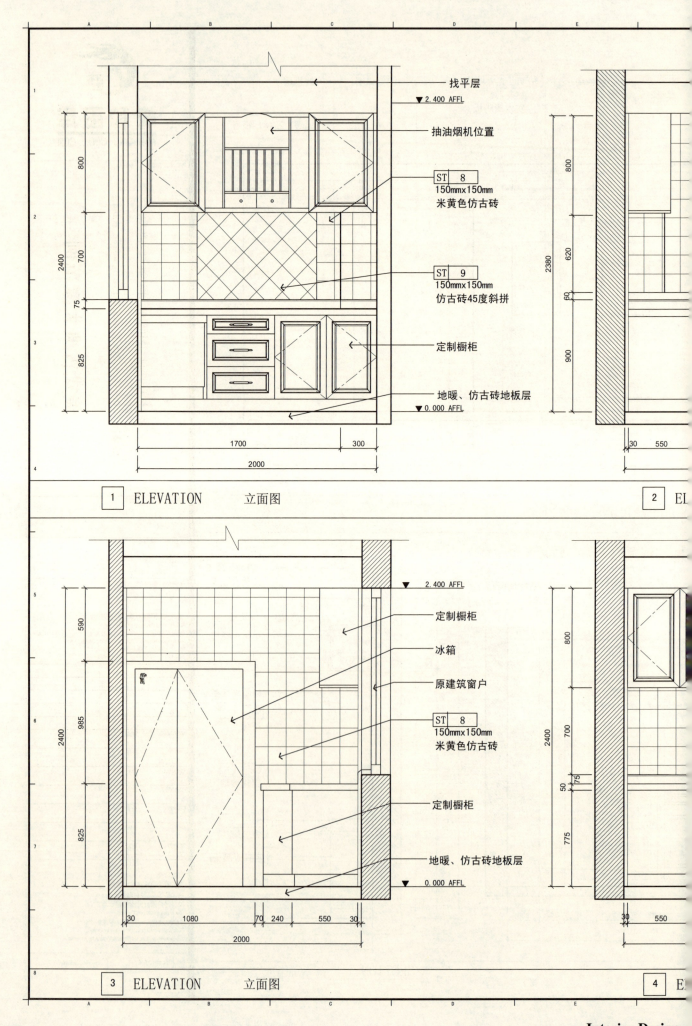

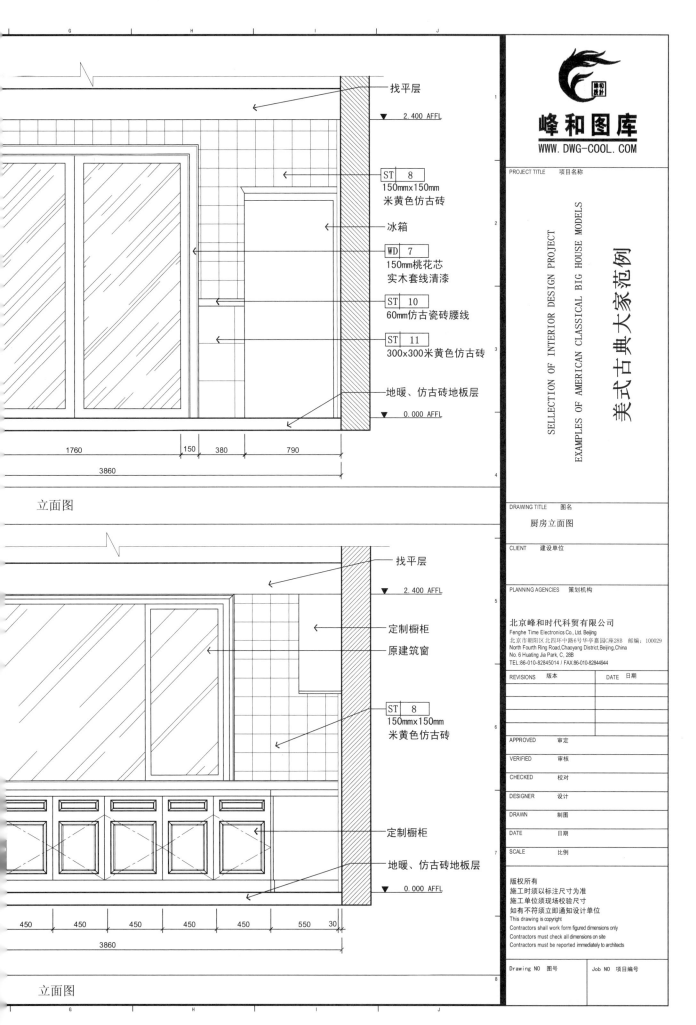

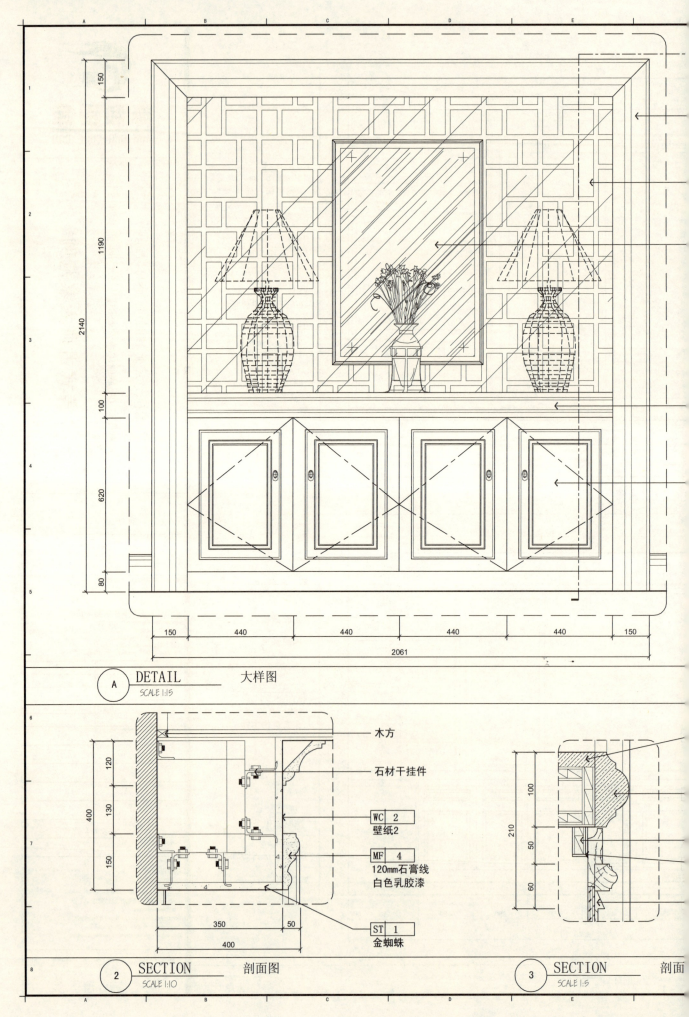

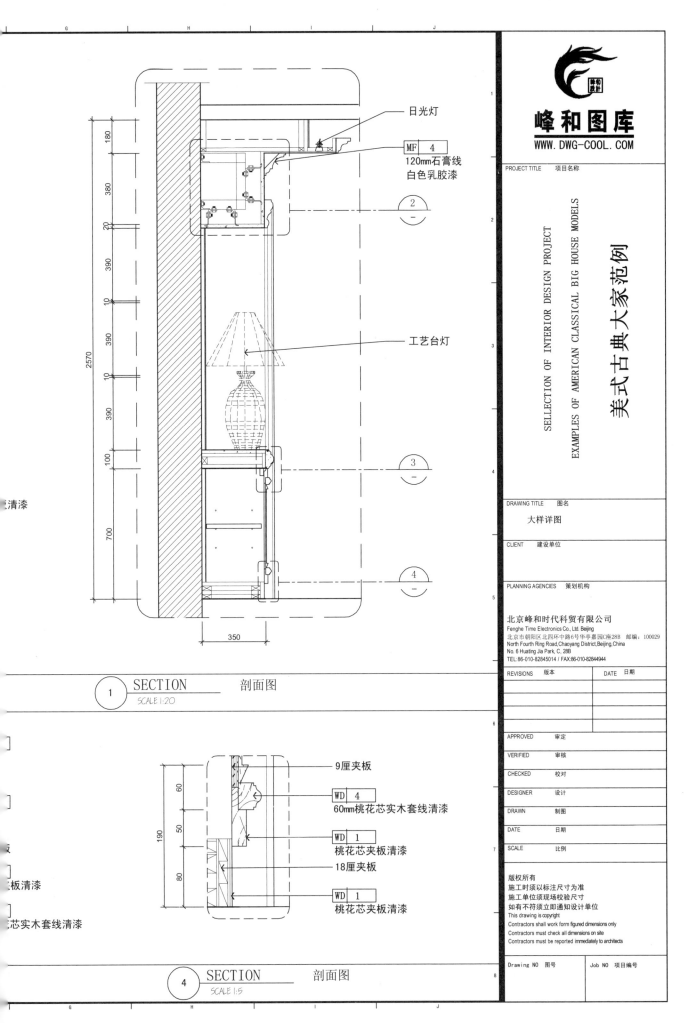

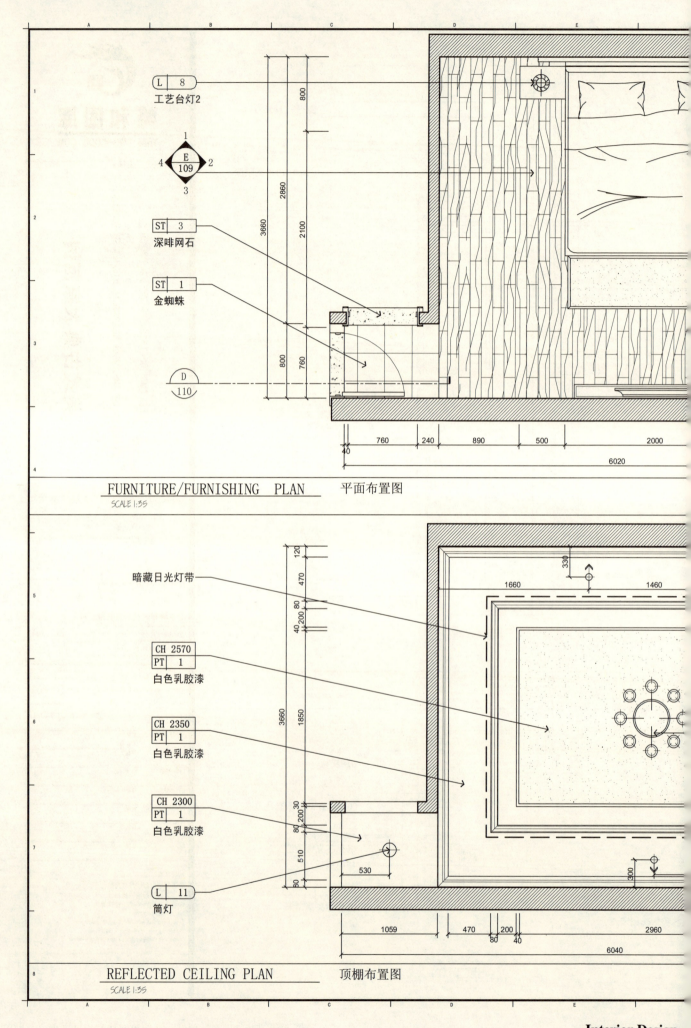

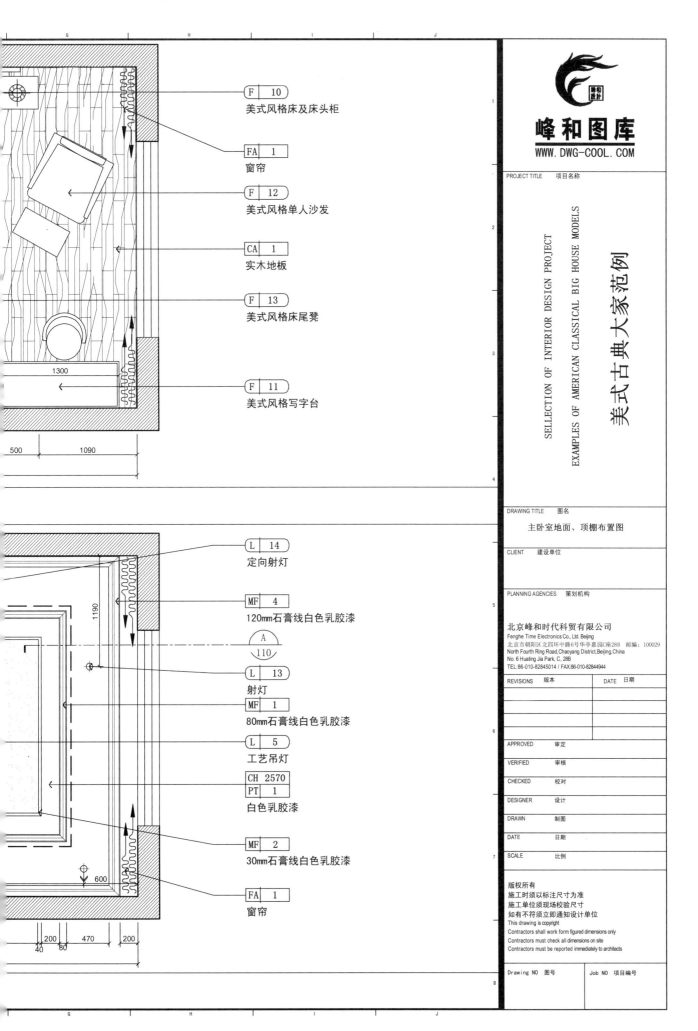

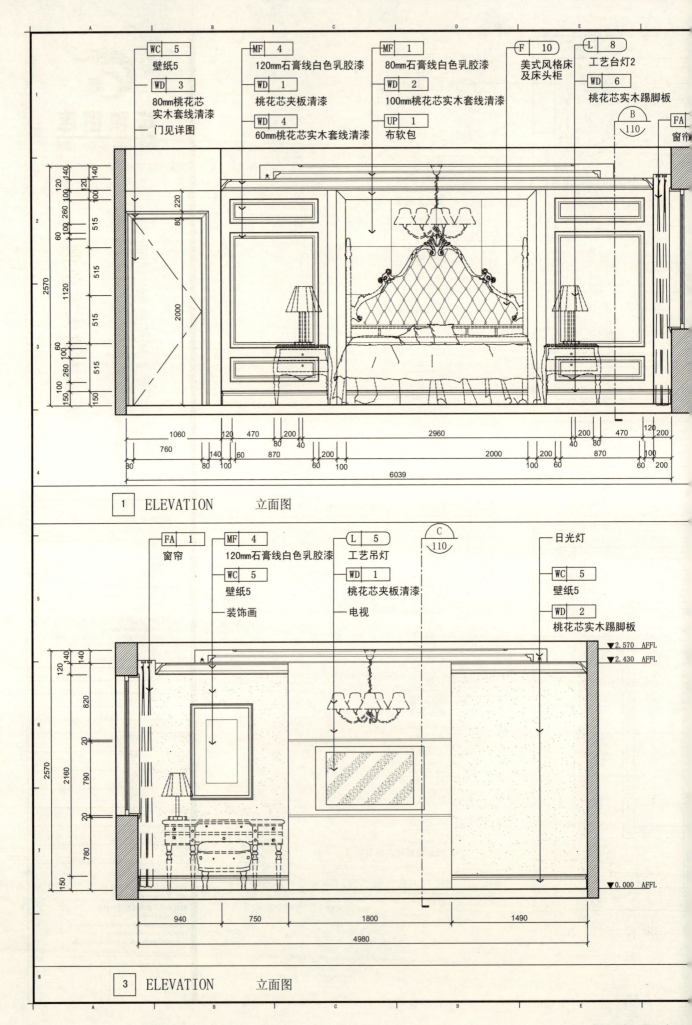

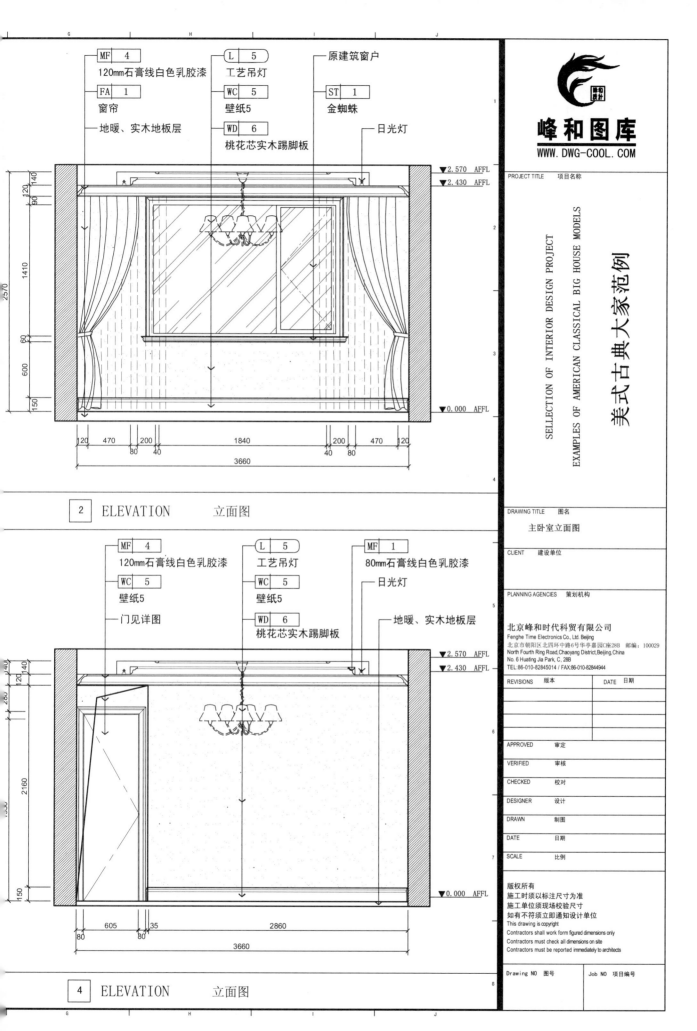

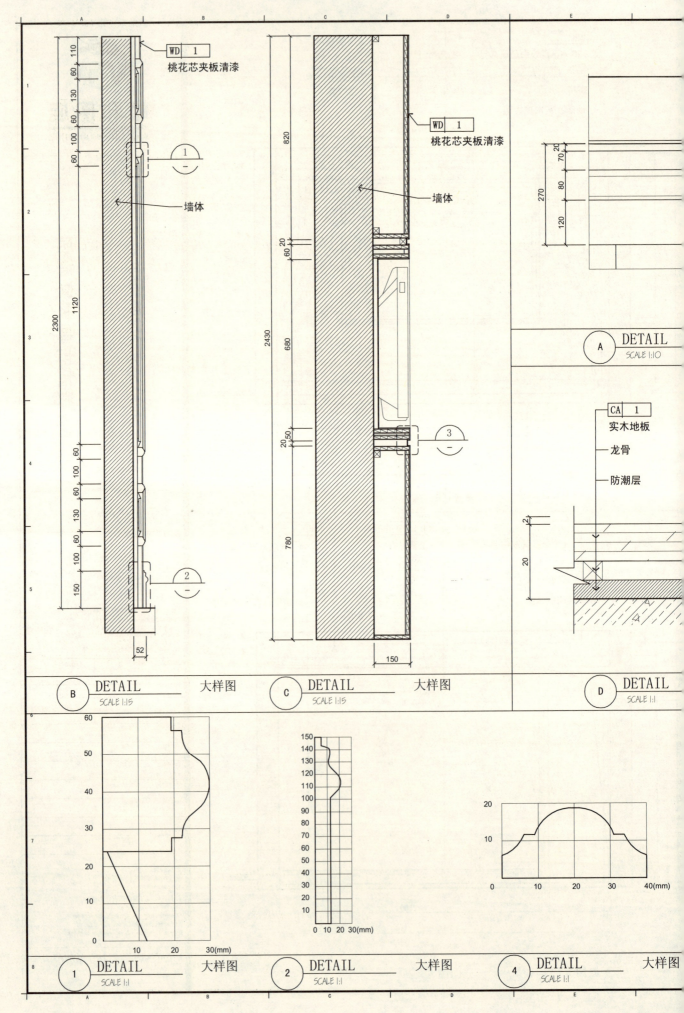

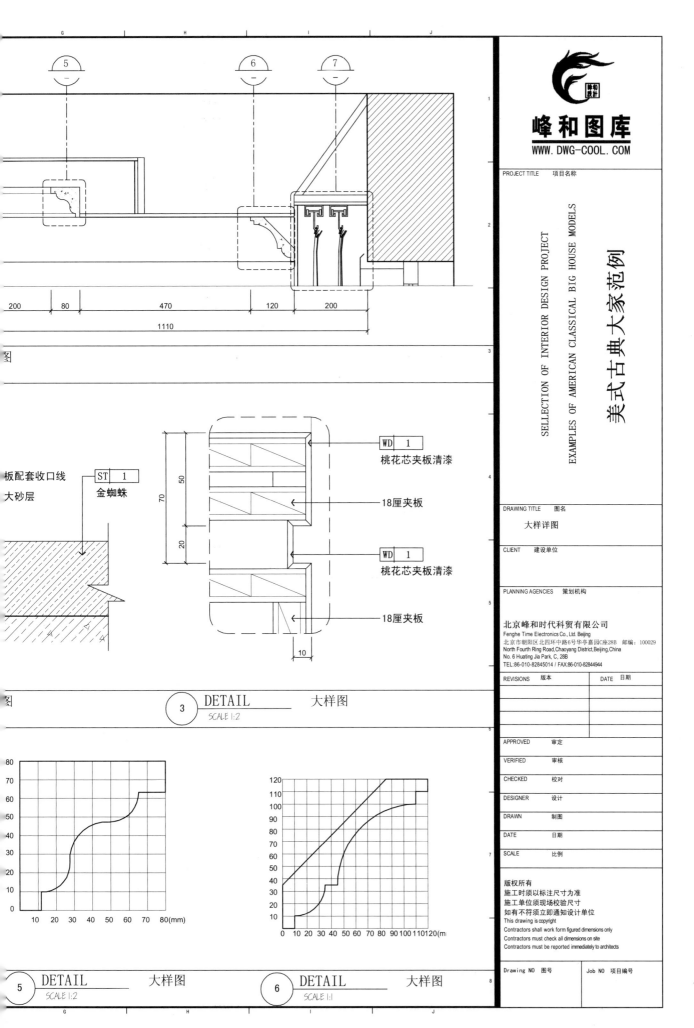

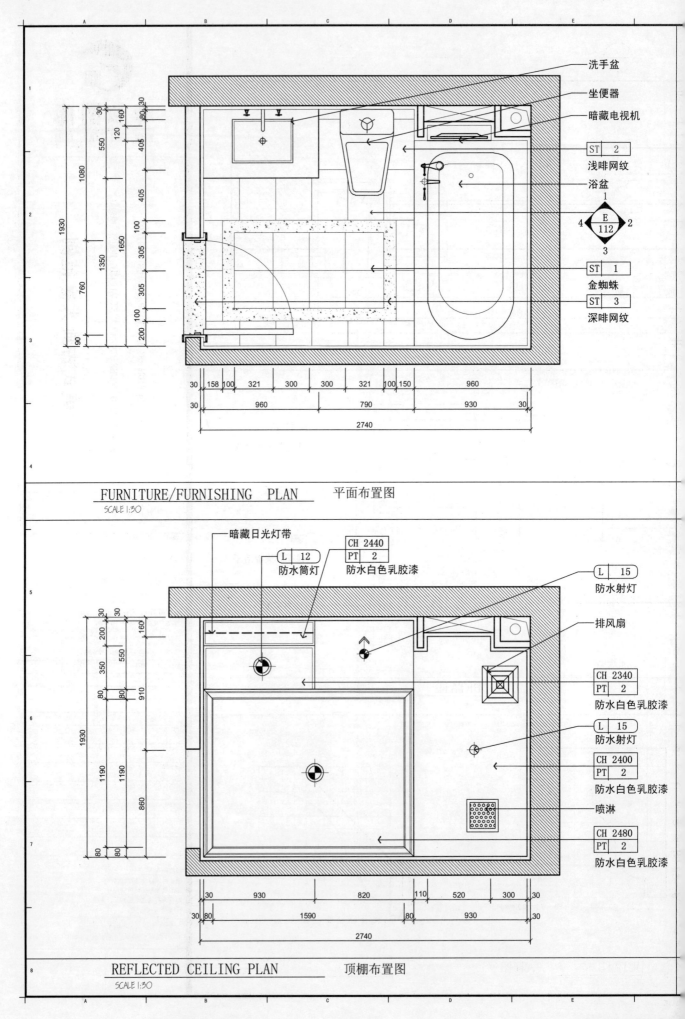

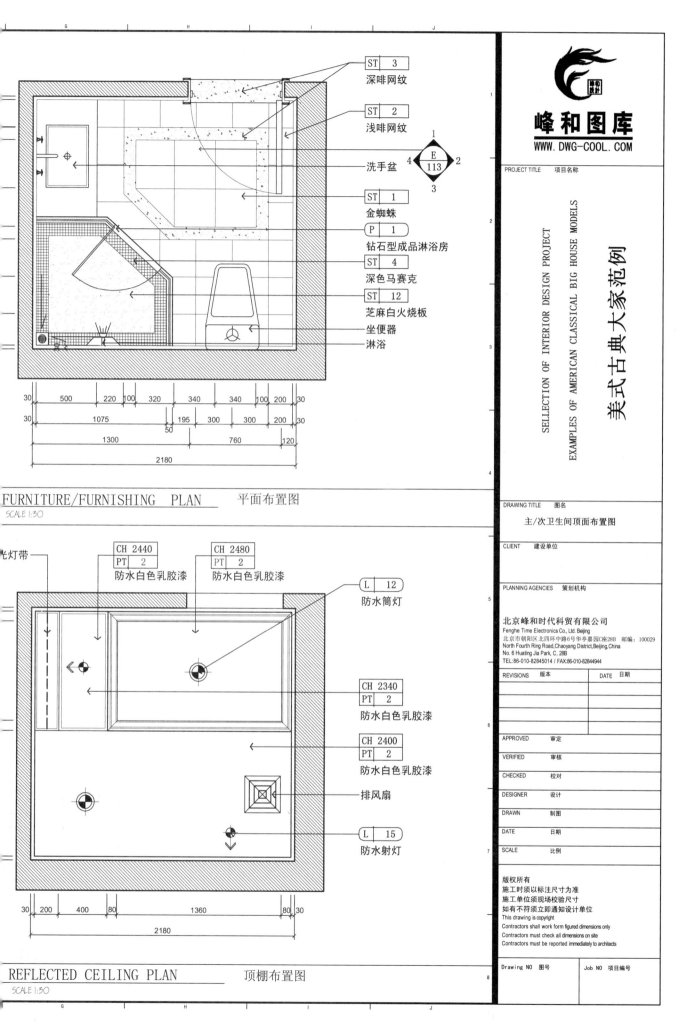

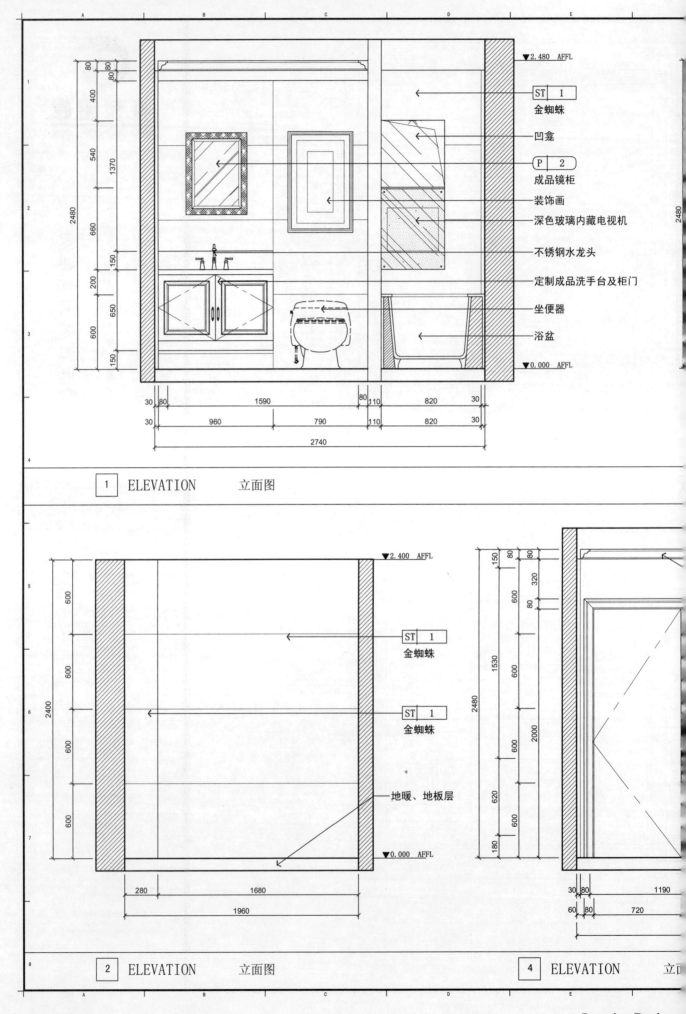

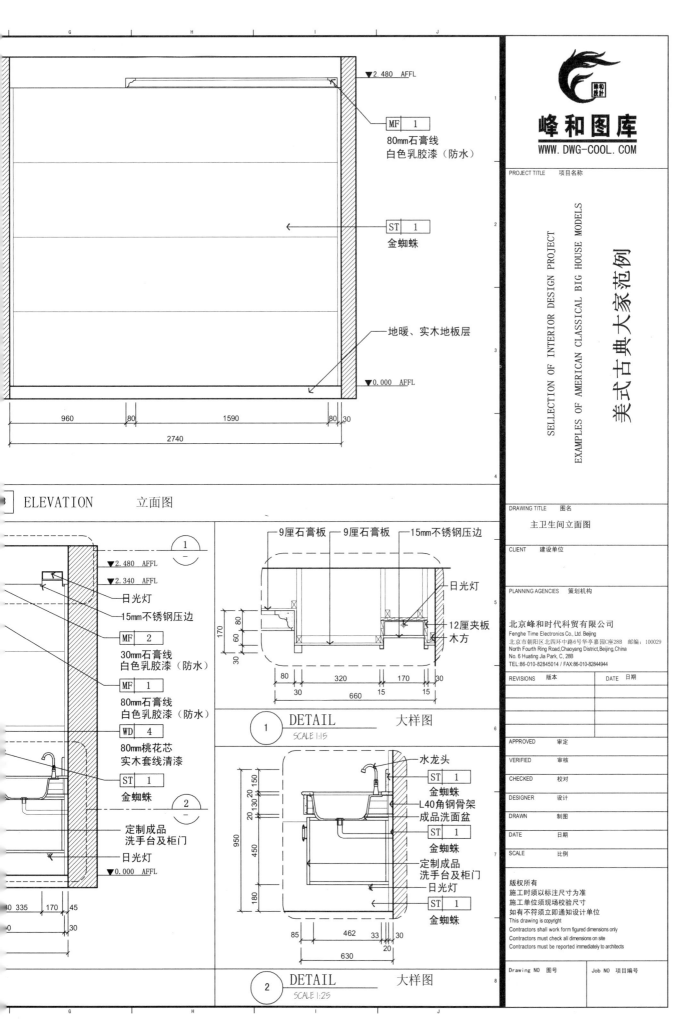

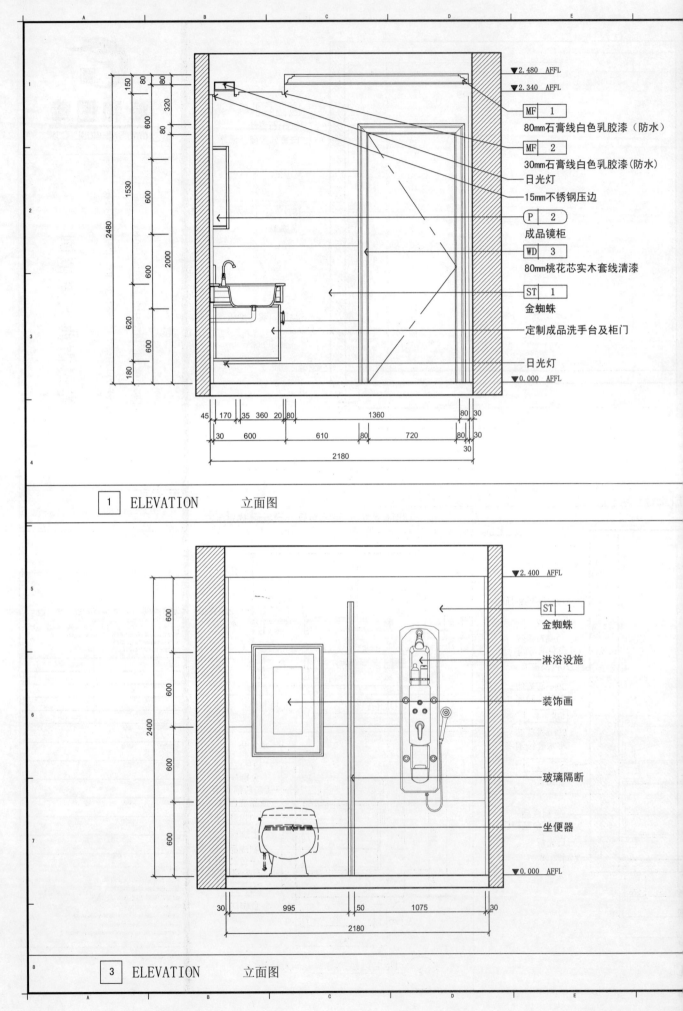

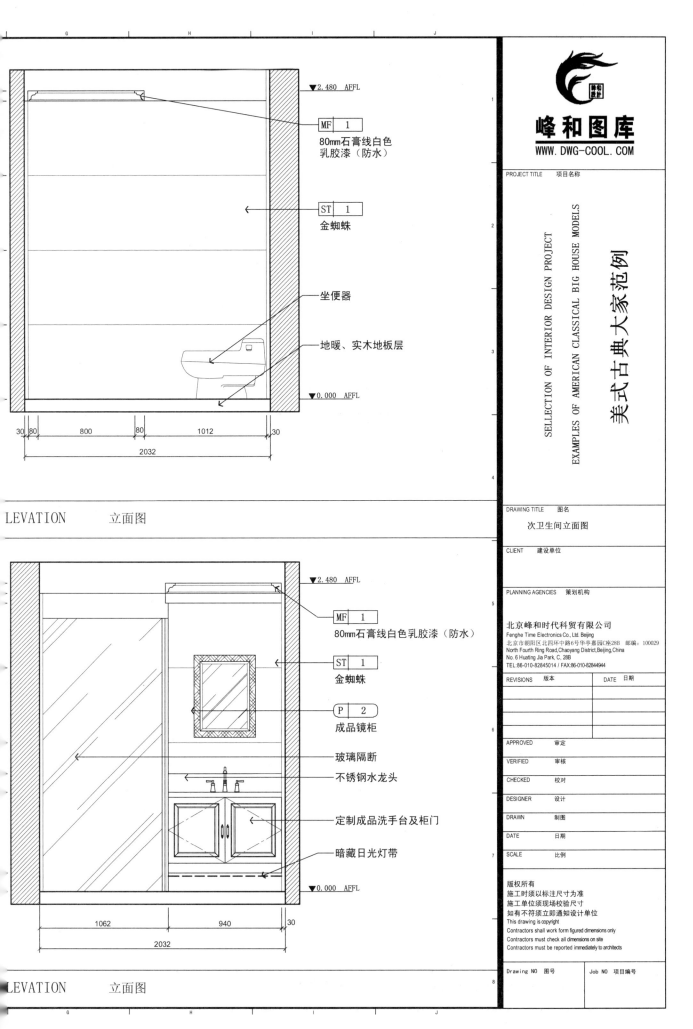

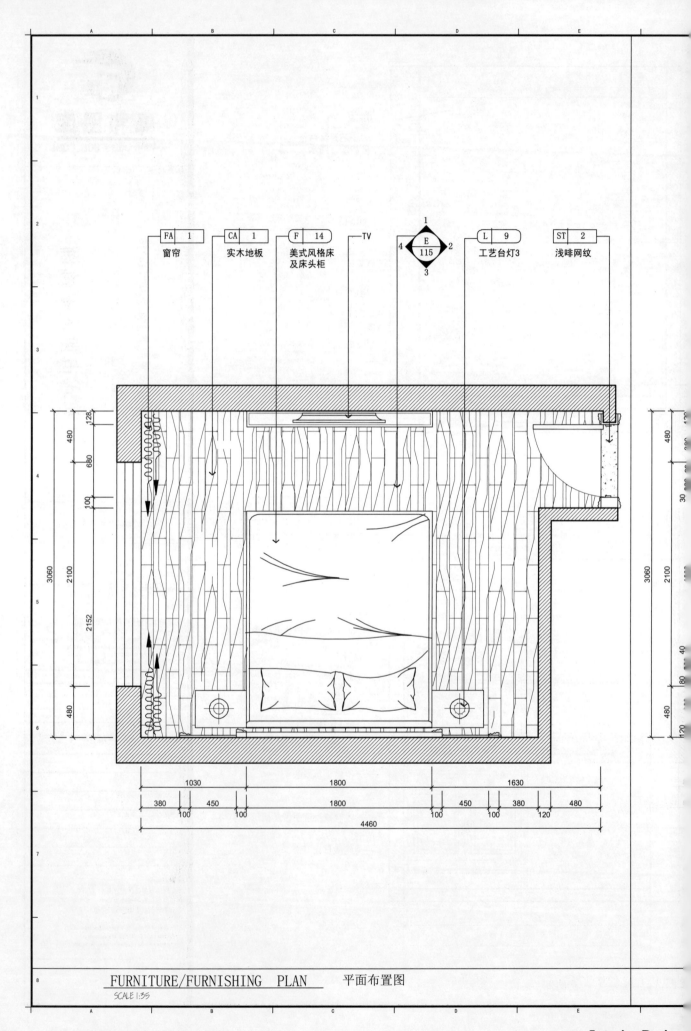

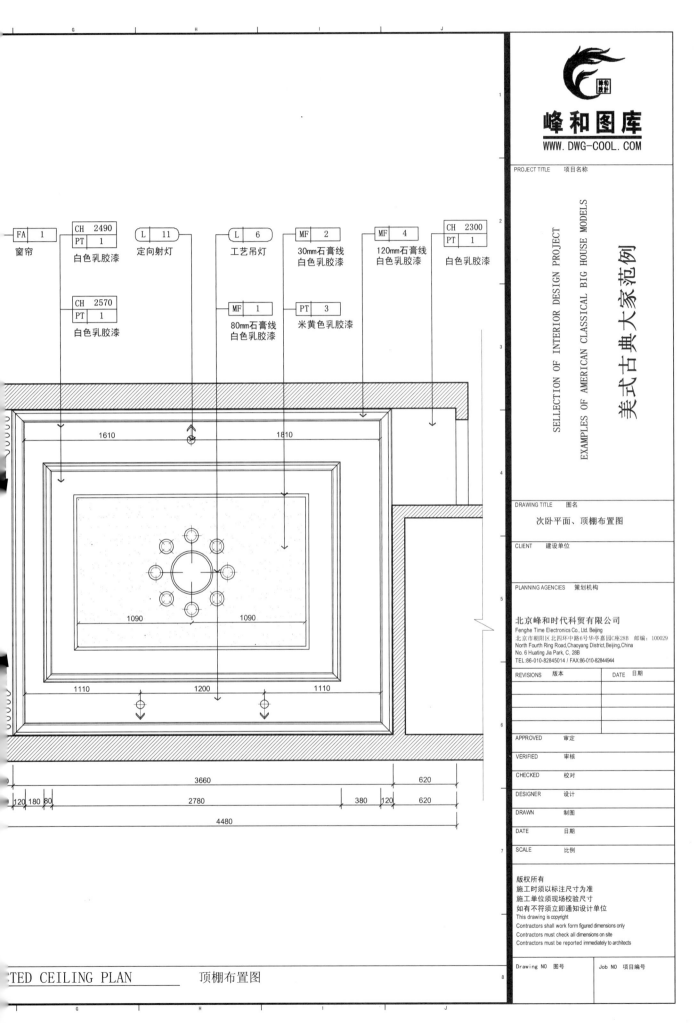

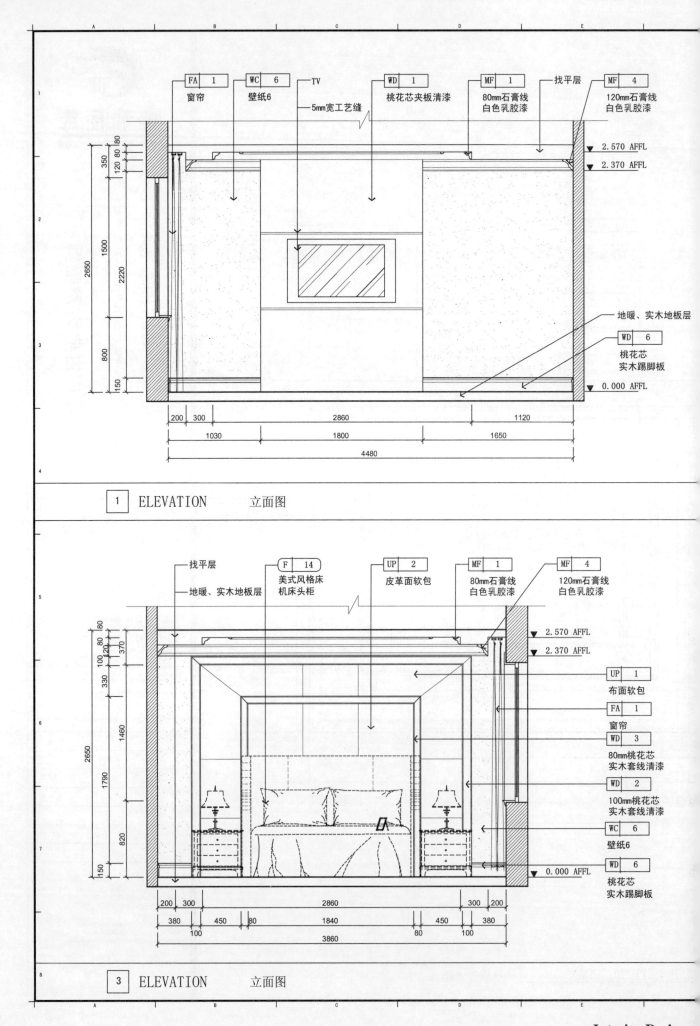

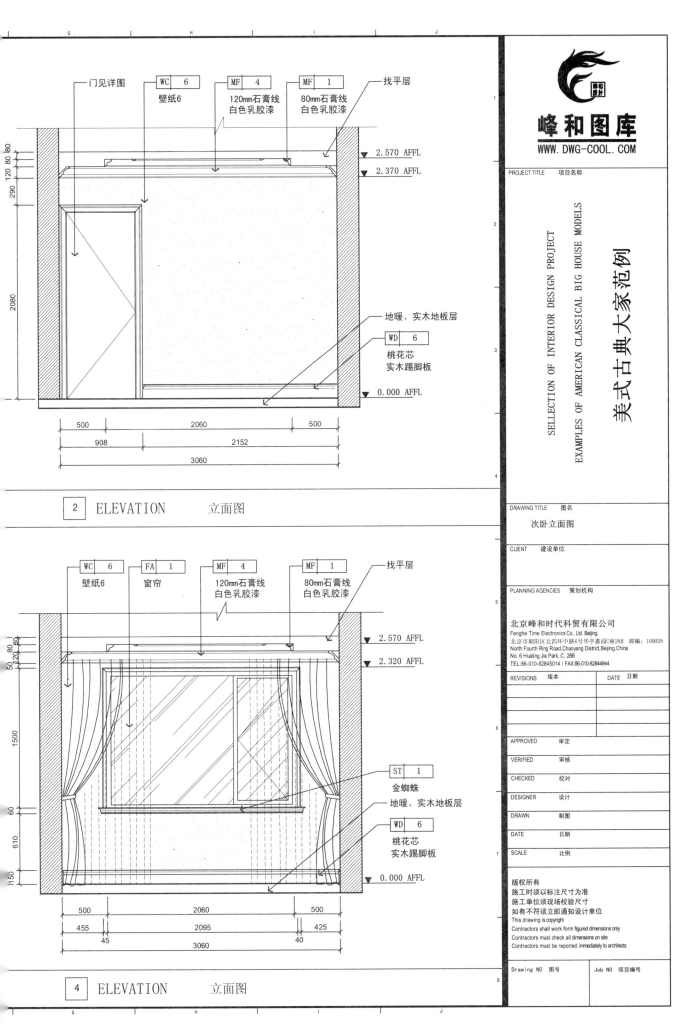

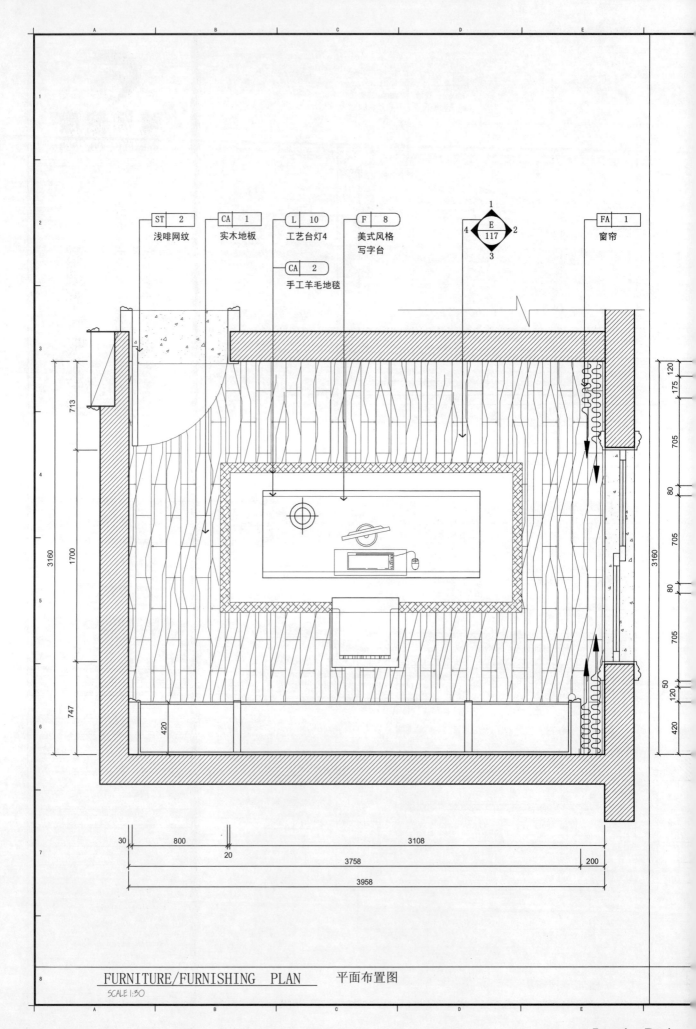

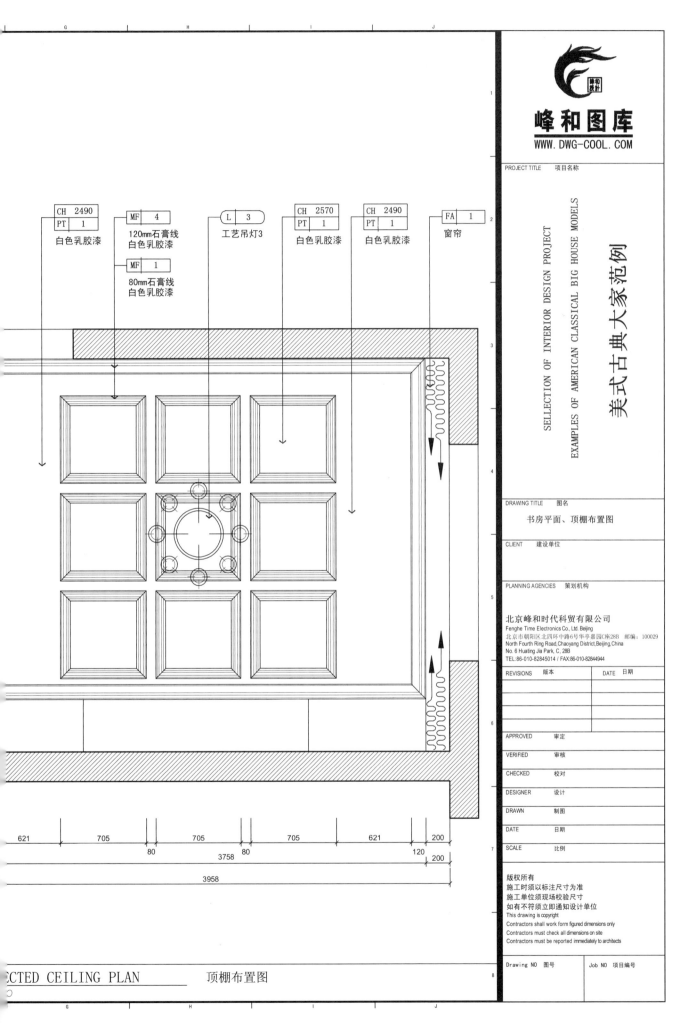

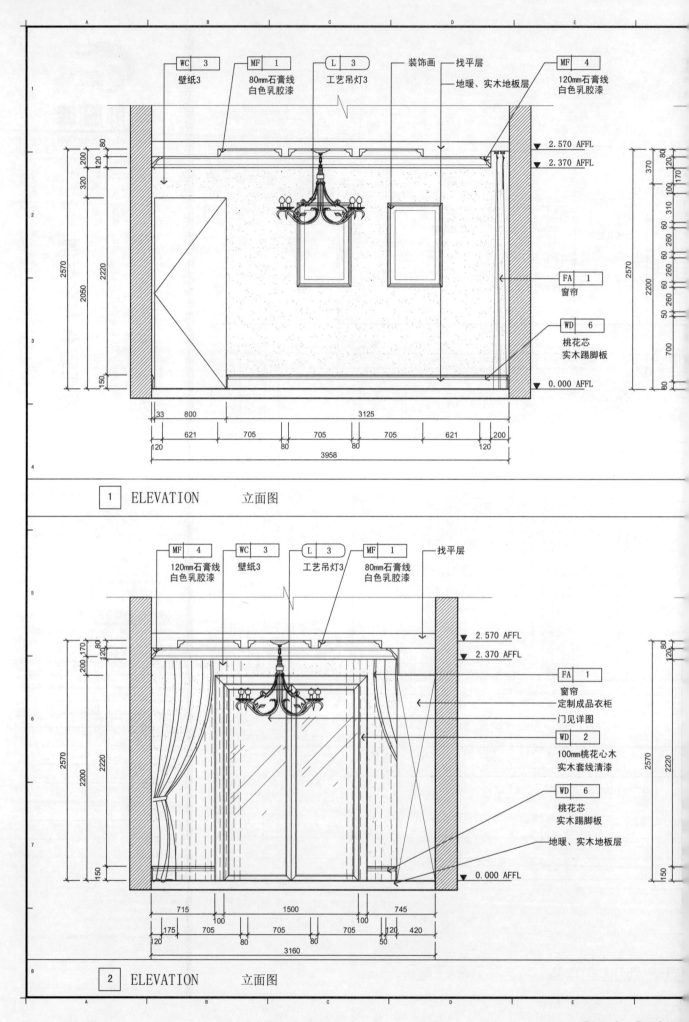

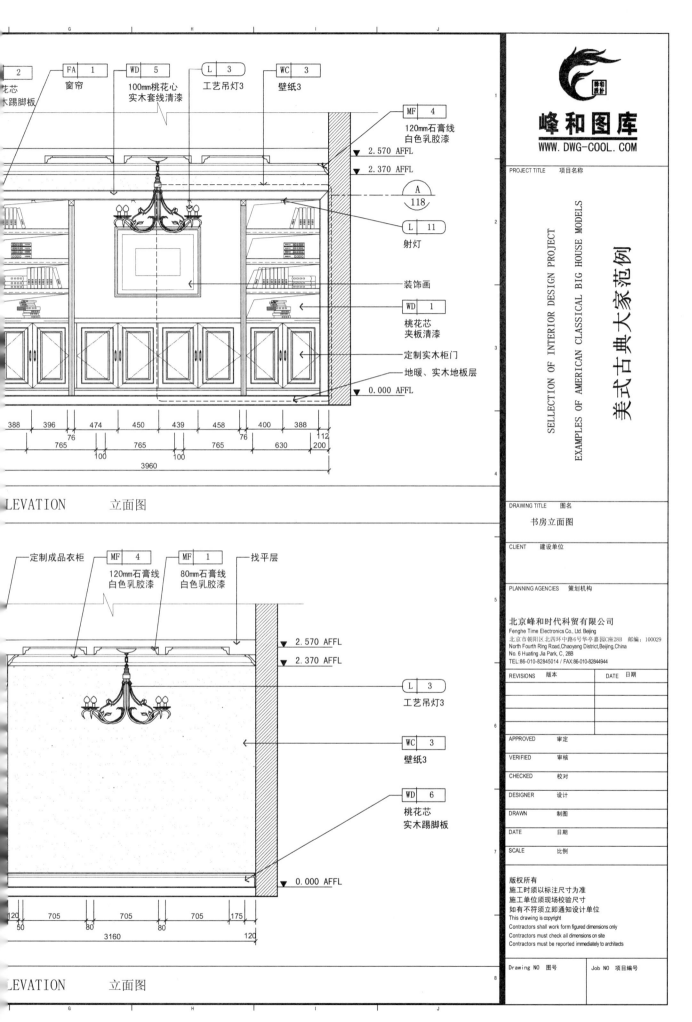

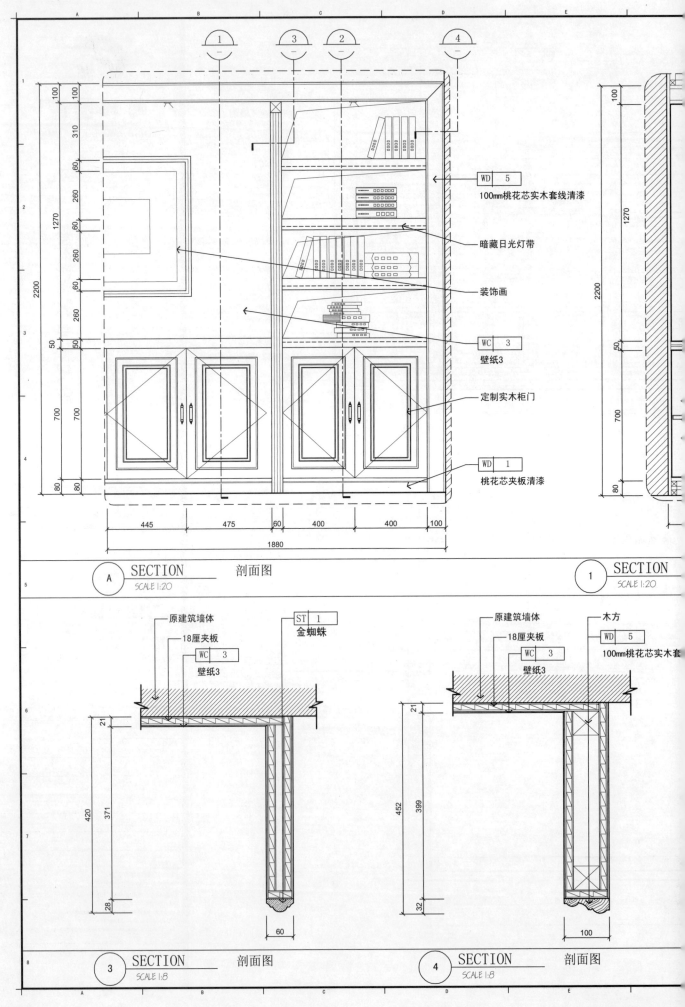

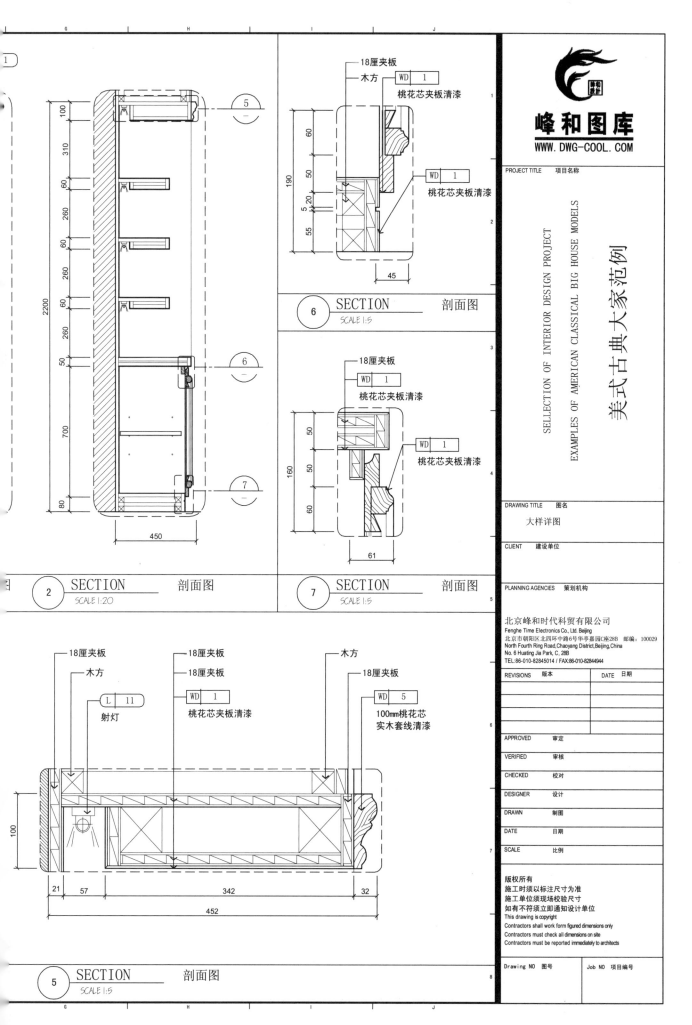

材 料 表

图例	名称	材料编号	品牌	型号\规格\材质	供应商	装饰部位
	美式圆形凳或单人椅	F-1	Fine	型号:3011-04-95090 尺寸:1181X508	杨小姐 15238011955	客厅
	美式风格电视柜	F-2	Fine	型号:定制 尺寸:见图纸	杨小姐 15238011955	客厅
	美式风格四人沙发	F-3	Fine	型号:5057-01-950-59 尺寸:2720X930X1150	杨小姐 15238011955	客厅
	美式风格茶几	F-4	Fine	型号:950-910 尺寸:1397X978X508	杨小姐 15238011955	客厅
	美式工艺台灯	F-5	奥特斯汀	型号:ATST-FG-801 尺寸:见图纸	陈先生 13903849359	客厅
	美式风格角几	F-6	Fine	型号:950-960 尺寸:610X762X610	杨小姐 15238011955	客厅
	美式风格双人沙发	F-7	Fine	型号:5057-01-950-59 尺寸:1350x850x1150	杨小姐 15238011955	客厅
	美式风格写字台	F-8	Fine	型号:810-925 尺寸:1892X926X762	杨小姐 15238011955	书房
	美式风格梳妆台	F-9	Fine	型号:570-110 尺寸:1219X508X980	杨小姐 15238011955	衣帽间
	美式风格床及床头柜	F-10	Fine	型号:950-100 尺寸:2070X2180X1854	杨小姐 15238011955	主卧室
	美式风格写字台	F-11	Fine	型号:850-925 尺寸:1270X686X762	杨小姐 15238011955	主卧室
	美式风格单人沙发	F-12	Fine	型号:3000-03-950-37 尺寸:850X950X1050	杨小姐 15238011955	主卧室
	美式风格床尾凳	F-13	Fine	型号:950-500 尺寸:1626x483x457	杨小姐 15238011955	主卧室
	美式风格床及床头柜	F-14	Fine	型号:540-767,768 尺寸:2102X2216X1461 尺寸:889X508X762	杨小姐 15238011955	次卧室
	钻石型成品淋浴房	P-1		型号:选样 尺寸:1000x1000	市场选购	客卫
	成品镜柜	P-2		型号:选样 尺寸:510X660X135	市场选购	主卫
	工艺吊灯	L-1	奥特斯汀	型号:ATSD-M-2 尺寸:φ800	陈先生 13903849359	客厅

-Interior Design

（注：更多供应商信息，请根据项目情况自选或登陆"峰和图库"网站查询）

名称	材料编号	品牌	型号\规格\材质	供应商	装饰部位
吊灯	L-2	奥特斯汀	型号：ATSD-M-3 尺寸：φ800	陈先生 13903849359	餐厅
吊灯	L-3	奥特斯汀	型号：ATSD-M-4 尺寸：φ800	陈先生 13903849359	书房
吊灯	L-4	奥特斯汀	型号：ATSD-M-5 尺寸：φ550	陈先生 13903849359	衣帽间
吊灯	L-5	奥特斯汀	型号：ATSD-M-6 尺寸：φ800	陈先生 13903849359	主卧室
吊灯	L-6	奥特斯汀	型号：ATSD-M-7 尺寸：φ800	陈先生 13903849359	次卧室
台灯2	L-8	奥特斯汀	型号：ATSD-M-8 尺寸：	陈先生 13903849359	主卧室
台灯3	L-9	奥特斯汀	型号：ATSD-M-9 尺寸：	陈先生 13903849359	次卧室
台灯4	L-10	奥特斯汀	型号：ATSD-M-10 尺寸：	陈先生 13903849359	书房
	L-11	SK	型号：SK-TD-1 尺寸：φ68（开孔尺寸）	陈先生 13903849359	见图纸
筒灯	L-12	SK	型号：SK-TD-2 尺寸：φ68（开孔尺寸）	陈先生 13903849359	见图纸
	L-13	SK	型号：SK-SD-2 尺寸：φ60（开孔尺寸）	陈先生 13903849359	见图纸
射灯	L-14	SK	型号：SK-SD-1 尺寸：φ60（开孔尺寸）	陈先生 13903849359	见图纸
射灯	L-15	SK	型号：SK-SD-3 尺寸：φ60（开孔尺寸）	陈先生 13903849359	见图纸
地板	CA-1		型号：选样 尺寸：见图纸	市场选购	见图纸
羊毛	CA-2	海马	型号：HM-M-12 尺寸：3500X2300	刘先生 13903856695	客厅
蛛	ST-1	成功	型号：选样 尺寸：见图纸	郑先生 13503837068	见图纸
网纹	ST-2	成功	型号：选样 尺寸：见图纸	郑先生 13503837068	地面拼花

峰和图库
WWW.DWG-COOL.COM

PROJECT TITLE　项目名称

SELLECTION OF INTERIOR DESIGN PROJECT
EXAMPLES OF AMERICAN CLASSICAL BIG HOUSE MODELS

美式古典大家范例

DRAWING TITLE　图名
材料表

CLIENT　建设单位

PLANNING AGENCIES　策划机构

北京峰和时代科贸有限公司
Fenghe Time Electronics Co., Ltd. Beijing
北京市朝阳区北四环中路6号华亭嘉园C座28B　邮编：100029
North Fourth Ring Road,Chaoyang District,Beijing,China
No. 6 Huating Jia Park, C, 28B
TEL:86-010-82845014 / FAX:86-010-82844944

REVISIONS	版本	DATE	日期

APPROVED	审定
VERIFIED	审核
CHECKED	校对
DESIGNER	设计
DRAWN	制图
DATE	日期
SCALE	比例

版权所有
施工时须以标注尺寸为准
施工单位须现场校验尺寸
如有不符须立即通知设计单位
This drawing is copyright
Contractors shall work form figured dimensions only
Contractors must check all dimensions on site
Contractors must be reported immediately to architects

Drawing NO　图号	Job NO　项目编号

登录"峰和图库"网站，获取更多成套设计方案　　图码119

材 料 表

(注：更多供应商信息，请根据项目情况自选或登陆"峰和图库"网站查询)

图例	名称	材料编号	品牌	型号\规格\材质	供应商	装饰部位
	深啡网纹	ST-3	成功	型号:选样 尺寸:见图纸	郑先生 13503837068	过门石
	深色马赛克	ST-4	JNJ	型号:SD43-A 尺寸:常规	孙小姐 13598862662	客卫地面拼花
	浅色马赛克	ST-5	JNJ	型号:SC46-C 尺寸:常规	孙小姐 13598862662	门厅地面拼花
	白色马赛克	ST-6	JNJ	型号:SD47-A 尺寸:常规	孙小姐 13598862662	门厅地面拼花
	仿古砖	ST-7	陶艺轩	型号:TYX-D-10 尺寸:300x300	陈先生 13938409999	厨房地面
	米黄色 仿古砖	ST-8	陶艺轩	型号:TYX-Q-15 尺寸:150x150	陈先生 13938409999	厨房墙面
	仿古砖	ST-9	陶艺轩	型号:TYX-Q-16 尺寸:150x150	陈先生 13938409999	厨房墙面
	仿古瓷砖 腰线	ST-10	陶艺轩	型号:TYX-YX-1 尺寸:60	陈先生 13938409999	厨房地面
	米黄色 仿古砖	ST-11	陶艺轩	型号:TYX-Q-16 尺寸:300x300	陈先生 13938409999	厨房墙面
	芝麻白 火烧板	ST-12	成功	型号:选样 尺寸:见图纸	陈先生 13938409999	客卫地面拼花
	壁纸1	WC-1	美高	型号:MG-M-2 尺寸:见图纸	张先生 13838188789	客厅
	壁纸2	WC-2	美高	型号:MG-M-3 尺寸:见图纸	张先生 13838188789	餐厅
	壁纸3	WC-3	美高	型号:MG-M-4 尺寸:见图纸	张先生 13838188789	书房
	壁纸4	WC-4	美高	型号:MG-M-5 尺寸:见图纸	张先生 13838188789	衣帽间
	壁纸5	WC-5	美高	型号:MG-M-6 尺寸:见图纸	张先生 13838188789	主卧室
	壁纸6	WC-6	美高	型号:MG-M-7 尺寸:见图纸	张先生 13838188789	次卧室
	石膏线 白色乳胶漆	MF-1		型号:定制 尺寸:60	市场定购	客厅
	石膏线 白色乳胶漆	MF-2		型号:定制 尺寸:30	市场定购	客厅
	石膏线 白色乳胶漆	MF-3		型号:定制 尺寸:200	市场定购	客厅
	石膏线 白色乳胶漆	MF-4		型号:定制 尺寸:120	市场定购	主卧室
	桃花芯实 木套线清漆	WD-1		型号:定制 尺寸:60	市场定购	见图纸
	桃花芯实 木套线清漆	WD-2		型号:定制 尺寸:100	市场定购	客厅

-Interior Design-

名称	材料编号	品牌	型号\规格\材质	供应商	装饰部位
花芯实木套线清漆	WD-3		型号:定制 尺寸:80	市场定购	书房
花芯实木套线清漆	WD-4		型号:定制 尺寸:60	市场定购	主卧室
花芯实木套线清漆	WD-5		型号:定制 尺寸:120	市场定购	见图纸
花芯实木套线清漆	WD-6		型号:定制 尺寸:120	市场定购	见图纸
花芯实木套线清漆	WD-7		型号:定制 尺寸:150	市场定购	餐厅
木材套线描漆	SP-1		型号:定制 尺寸:见图纸	市场定购	餐厅
乳胶漆	PT-1		型号:选样 尺寸:见图纸	市场选购	见图纸
白色乳胶漆	PT-2		型号:选样 尺寸:见图纸	市场选购	见图纸
色乳胶漆	PT-3		型号:选样 尺寸:见图纸	市场选购	见图纸
色乳胶漆	PT-4		型号:选样 尺寸:见图纸	市场选购	见图纸
玻璃	GL-1		型号:常规 尺寸:见图纸	市场选购	见图纸
镜	MR-1		型号:定制 尺寸:见图纸	市场选购	餐厅
镜喷花	MR-2		型号:选样 尺寸:见图纸	市场选购	餐厅
布镜	MR-3		型号:选样 尺寸:见图纸	市场选购	餐厅
包	UP-1		型号:选样 尺寸:见图纸	市场选购	主卧室
软包	UP-2		型号:选样 尺寸:见图纸	市场选购	次卧室
	FA-1		型号:选样 尺寸:见图纸	市场选购	见图纸

PROJECT TITLE 项目名称

SELLECTION OF INTERIOR DESIGN PROJECT
EXAMPLES OF AMERICAN CLASSICAL BIG HOUSE MODELS

美式古典大家范例

DRAWING TITLE 图名
材料表

CLIENT 建设单位

PLANNING AGENCIES 策划机构

北京峰和时代科贸有限公司
Fenghe Time Electronics Co., Ltd. Beijing
北京市朝阳区北四环中路6号华亭嘉园C座28B 邮编：100029
North Fourth Ring Road, Chaoyang District, Beijing, China
No. 6 Huating Jia Park, C, 28B
TEL:86-010-82845014 / FAX:86-010-82844944

REVISIONS 版本	DATE 日期

APPROVED	审定
VERIFIED	审核
CHECKED	校对
DESIGNER	设计
DRAWN	制图
DATE	日期
SCALE	比例

版权所有
施工时须以标注尺寸为准
施工单位须现场校验尺寸
如有不符须立即通知设计单位
This drawing is copyright
Contractors shall work form figured dimensions only
Contractors must check all dimensions on site
Contractors must be reported immediately to architects

Drawing NO 图号	Job NO 项目编号

SELLECTION OF INTERIOR DESIGN PROJECT

新古典主义住宅
NEO-CLASSICISM RESIDENCE

单身精品公寓范例
EXAMPLES OF HIGH·QUALITY APARTMENT FOR THE SINGLE

单身精品公寓项目说明
EXAMPLES OF HIGH· QUALITY APARTMENT FOR THE SINGLE

室内面积/248m²

空间性质/住宅

坐落位置/上海

主要建材/石砖、皮革、黑镜、银箔、黑色镜面不锈钢、仿古砖、壁纸、地毯

  社会的发展,家庭成员结构也在演变,单身贵族和丁克族增多,空间的配置也更具个人特色,这个群体对住宅的需求已不再是卧室数量的多少,而是能否改造成更多更豪华的个性空间。本案定位就是一个单身商界精英的248m²的精品公寓,空间功能上设置了超大面积的客厅、卧室以及豪华浴室、独立衣帽间、视听室、书房、红酒窖等,以低调奢华的装饰风格诠释主人的审美观和价值观。

-Interior Design-

单身精品公寓范例
EXAMPLES OF HIGH · QUALITY APARTMENT FOR THE SINGLE

登录"峰和图库"网站，获取更多成套设计方案

单身精品公寓范例
EXAMPLES OF HIGH · QUALITY APARTMENT FOR THE SINGLE

登录"峰和图库"网站，获取更多成套设计方案

-Interior Design-

单身精品公寓范例
EXAMPLES OF HIGH · QUALITY APARTMENT FOR THE SINGLE

登录"峰和图库"网站，获取更多成套设计方案

-Interior Design-

单身精品公寓范例
EXAMPLES OF HIGH · QUALITY APARTMENT FOR THE SINGLE

登录"峰和图库"网站，获取更多成套设计方案

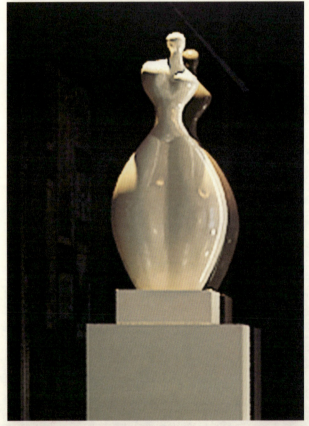

-Interior Design

单身精品公寓范例
EXAMPLES OF HIGH · QUALITY APARTMENT FOR THE SINGLE

-Interior Design

单身精品公寓范例
EXAMPLES OF HIGH · QUALITY APARTMENT FOR THE SINGLE

峰和图库
WWW.DWG-COOL.COM

登录"峰和图库"网站，获取更多成套设计方案

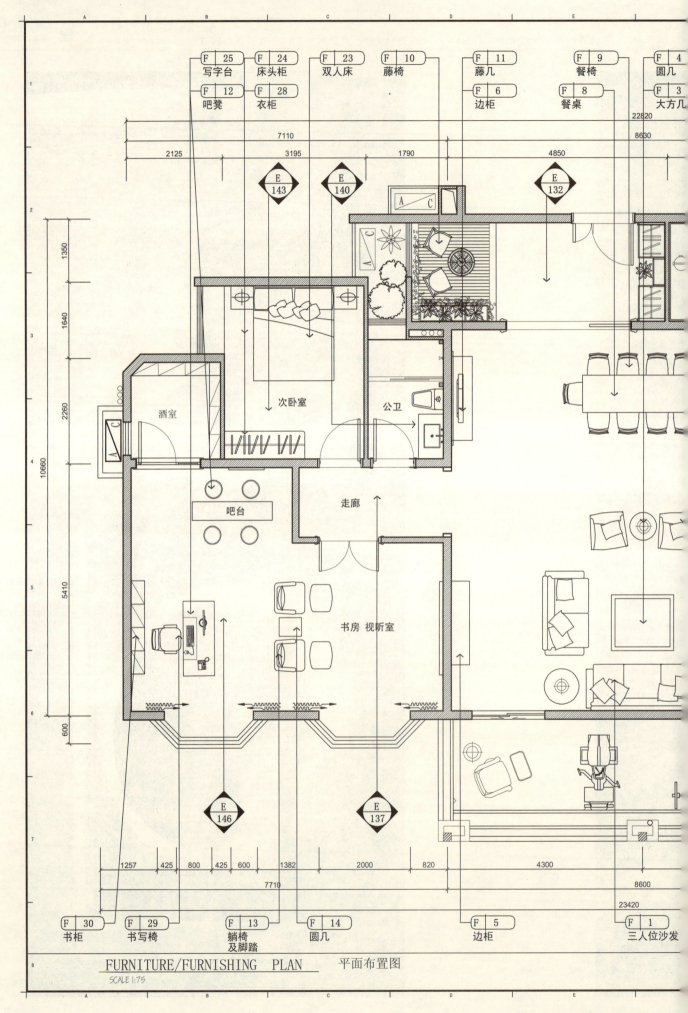

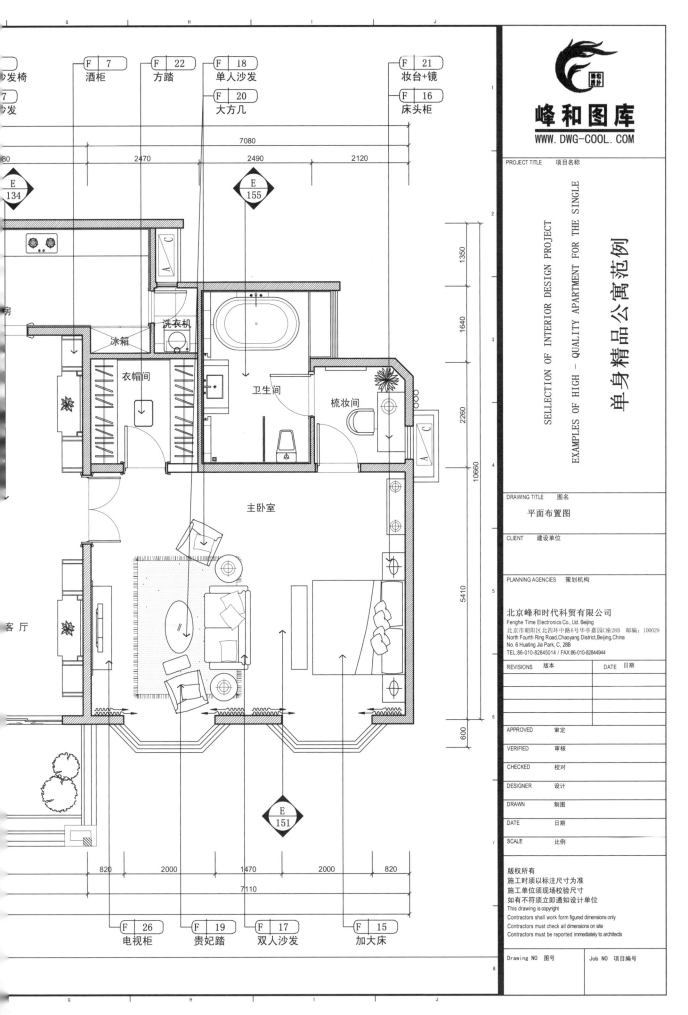

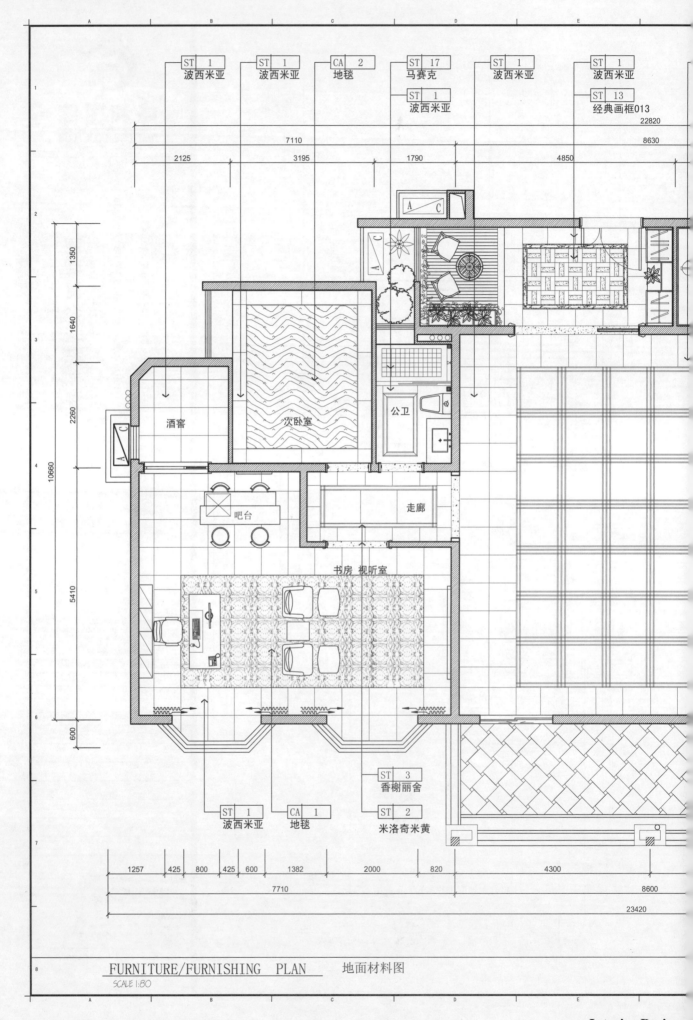

FURNITURE/FURNISHING PLAN 地面材料图
SCALE 1:80

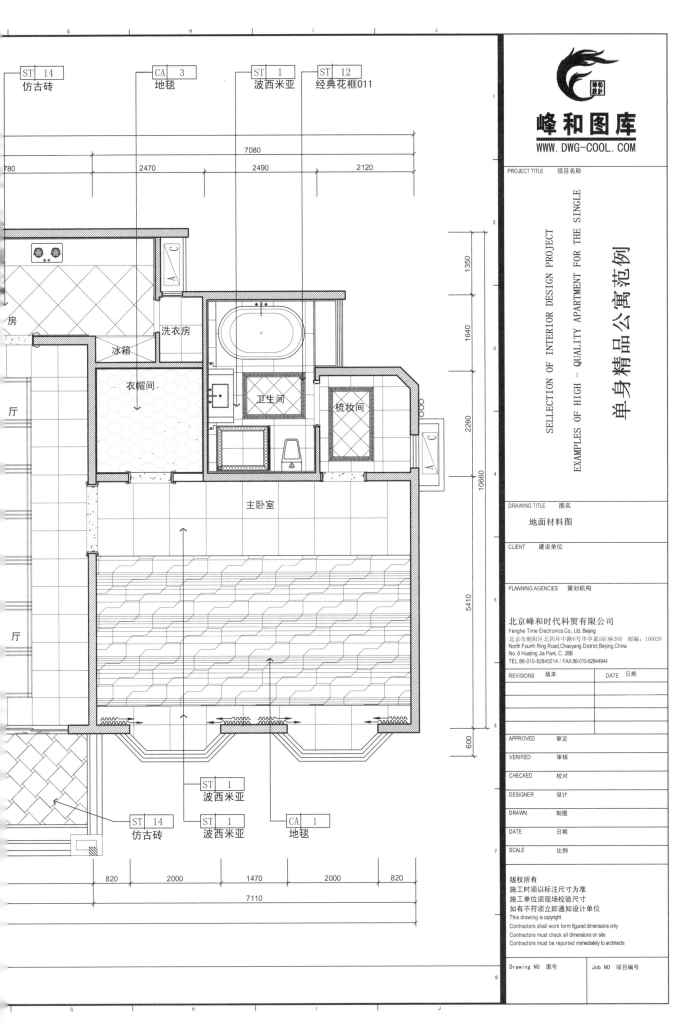

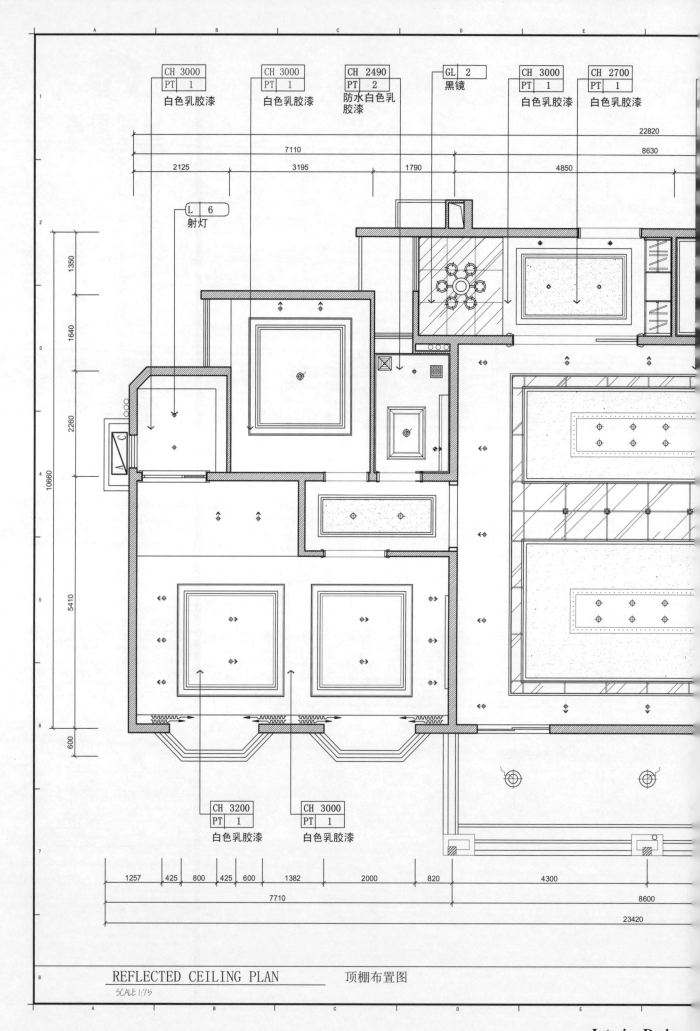

REFLECTED CEILING PLAN 顶棚布置图
SCALE 1:75

-Interior Design-

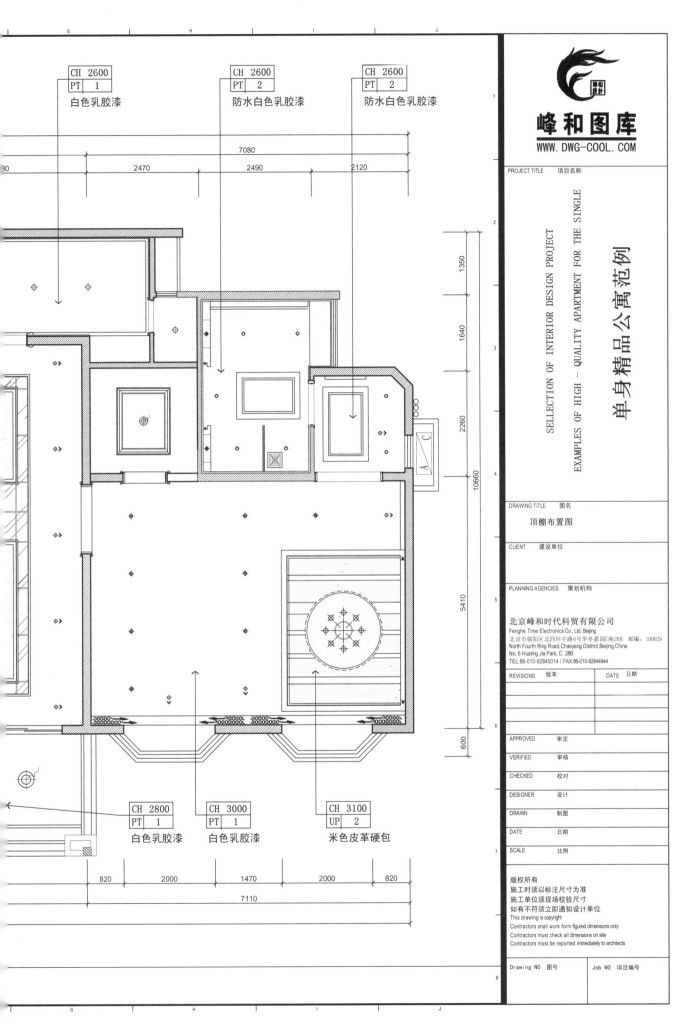

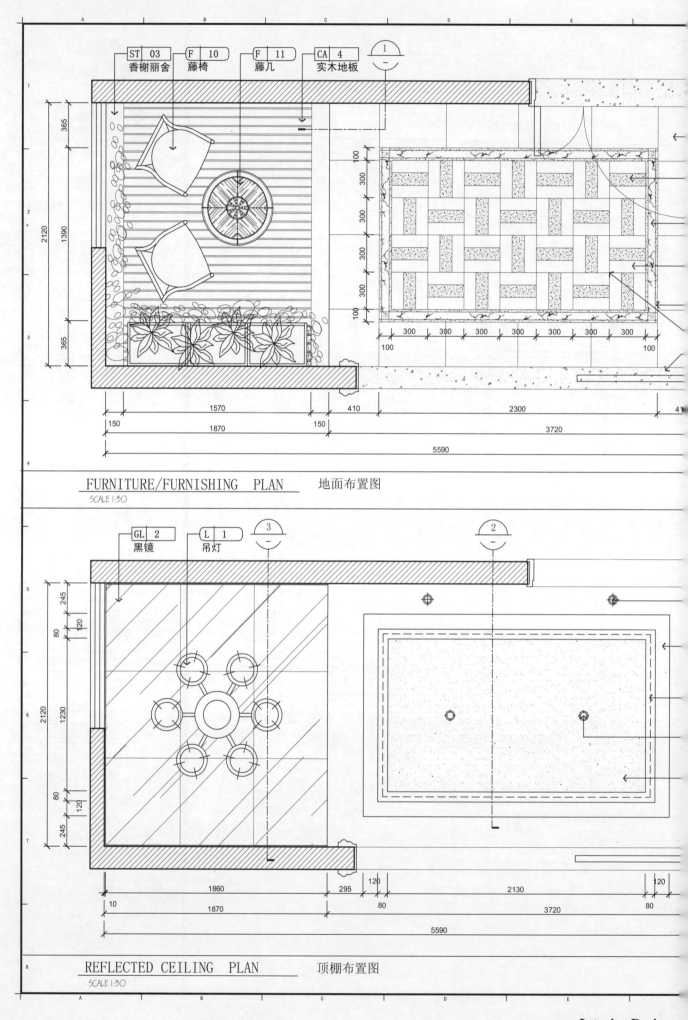

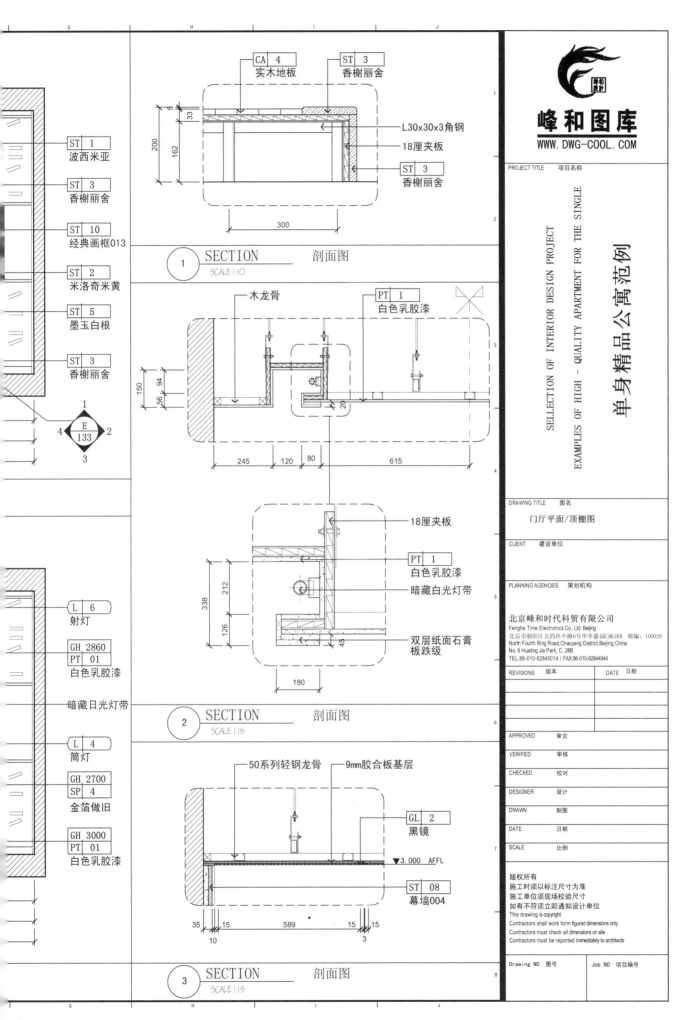

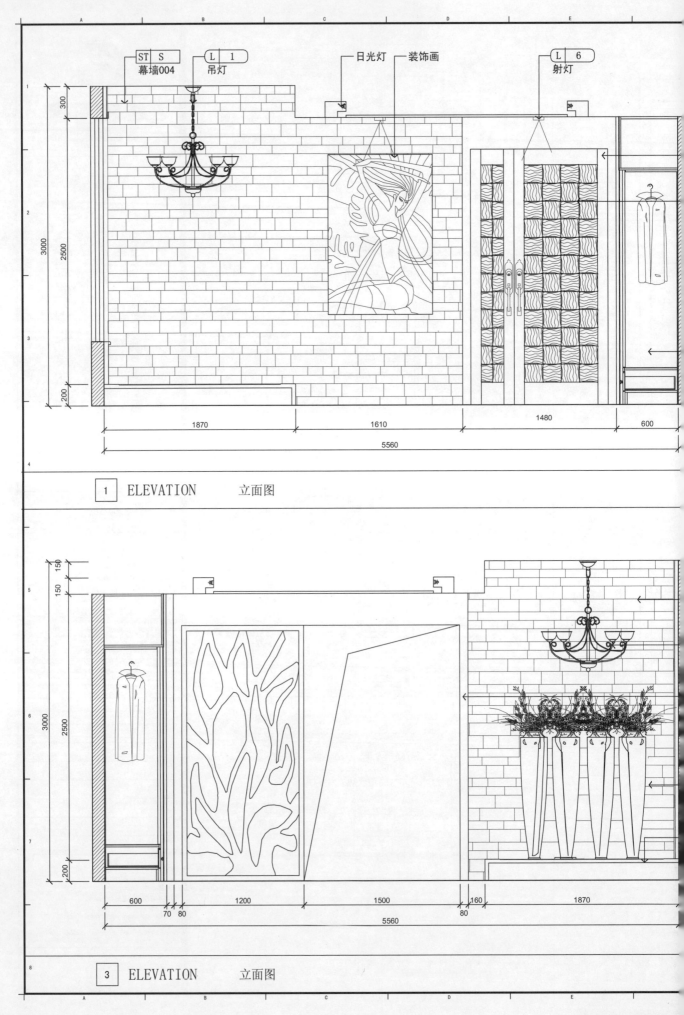

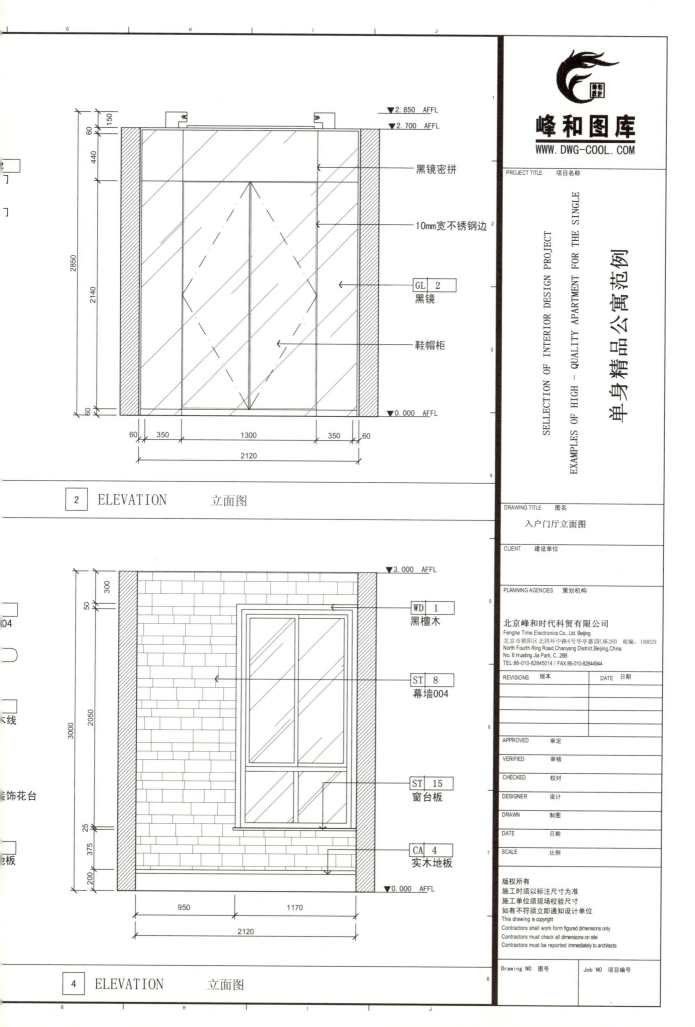

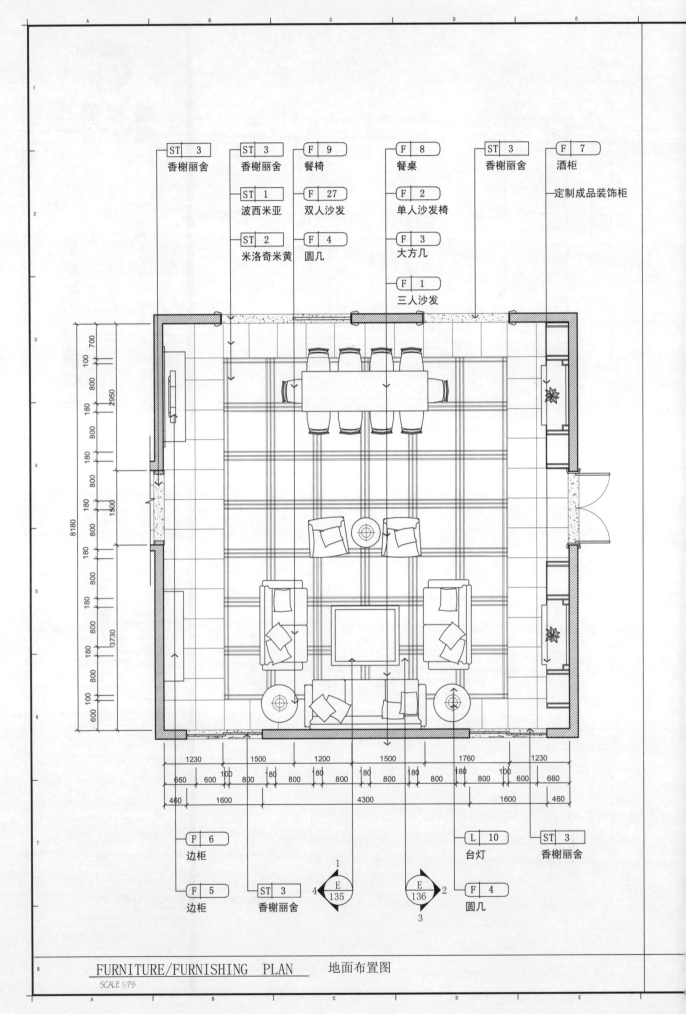

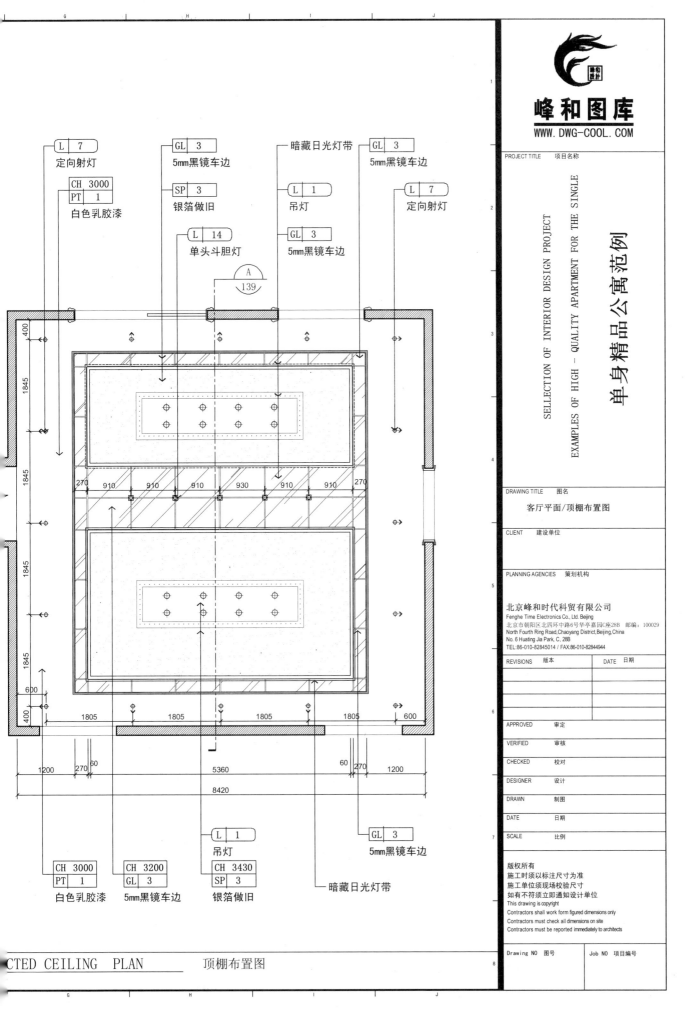

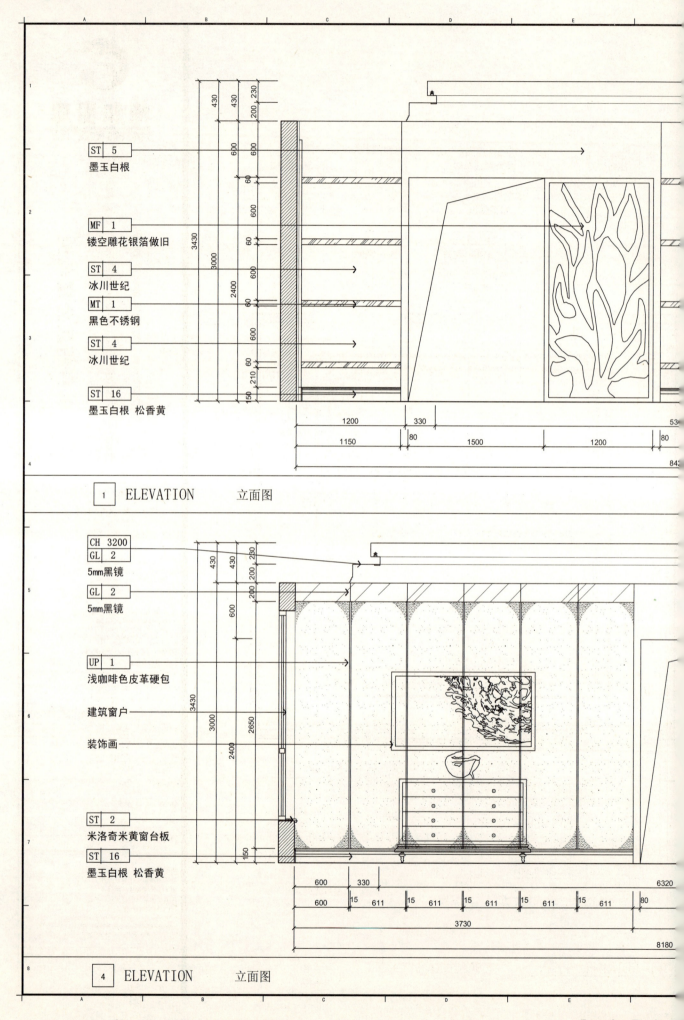

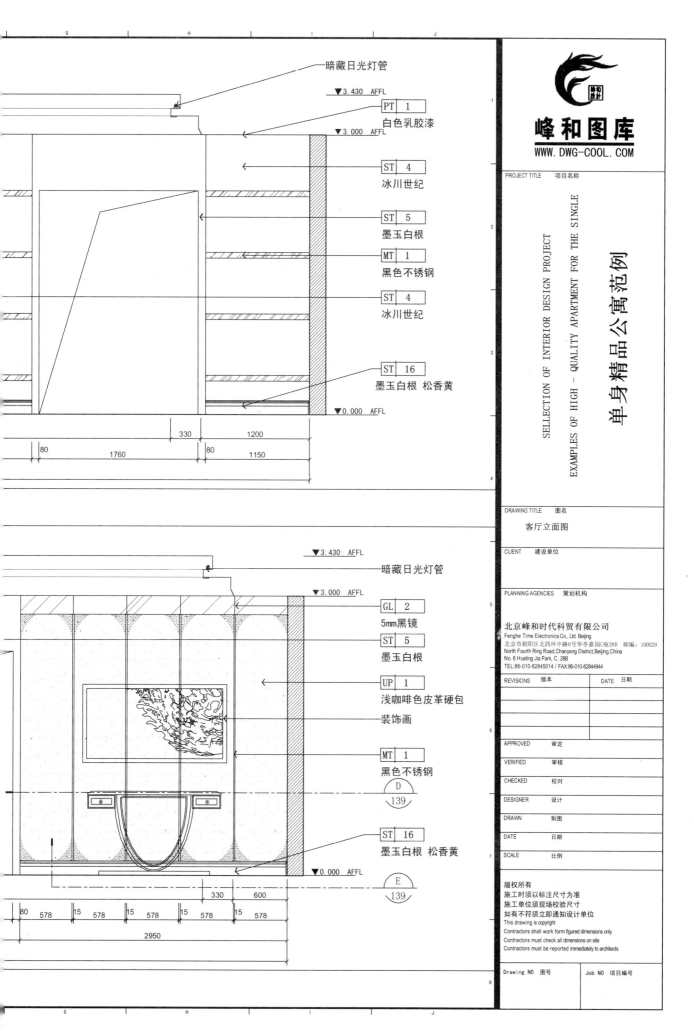

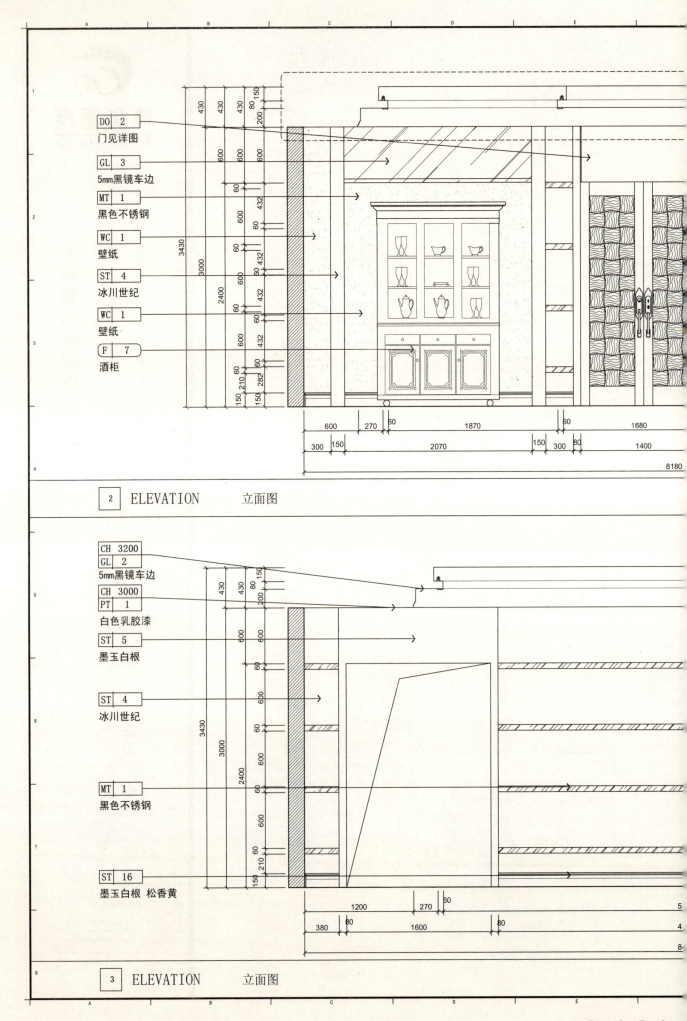

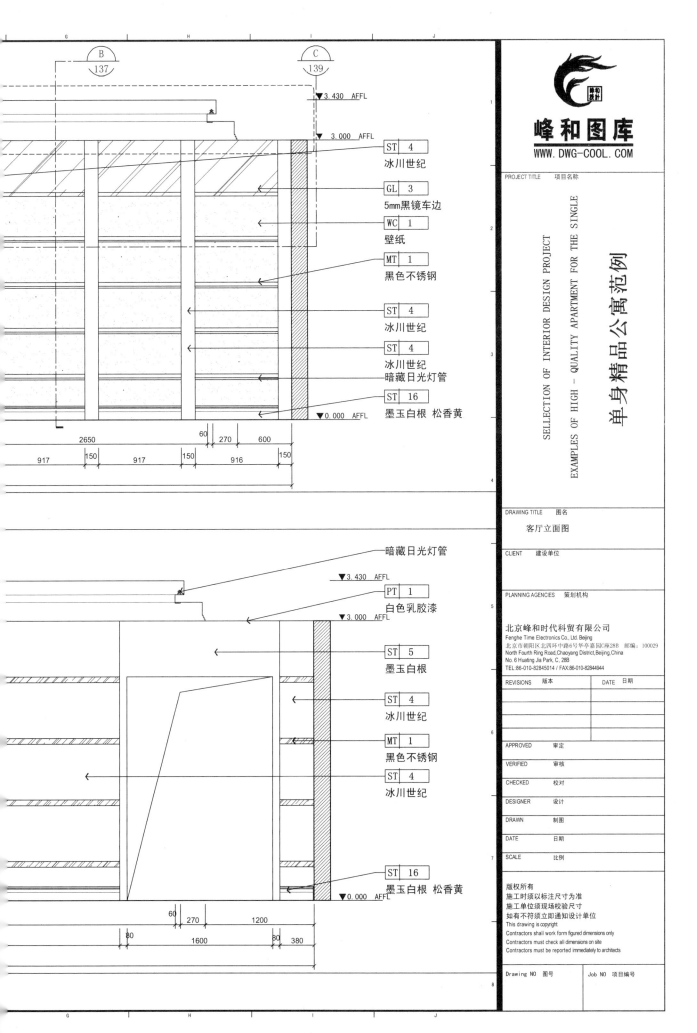

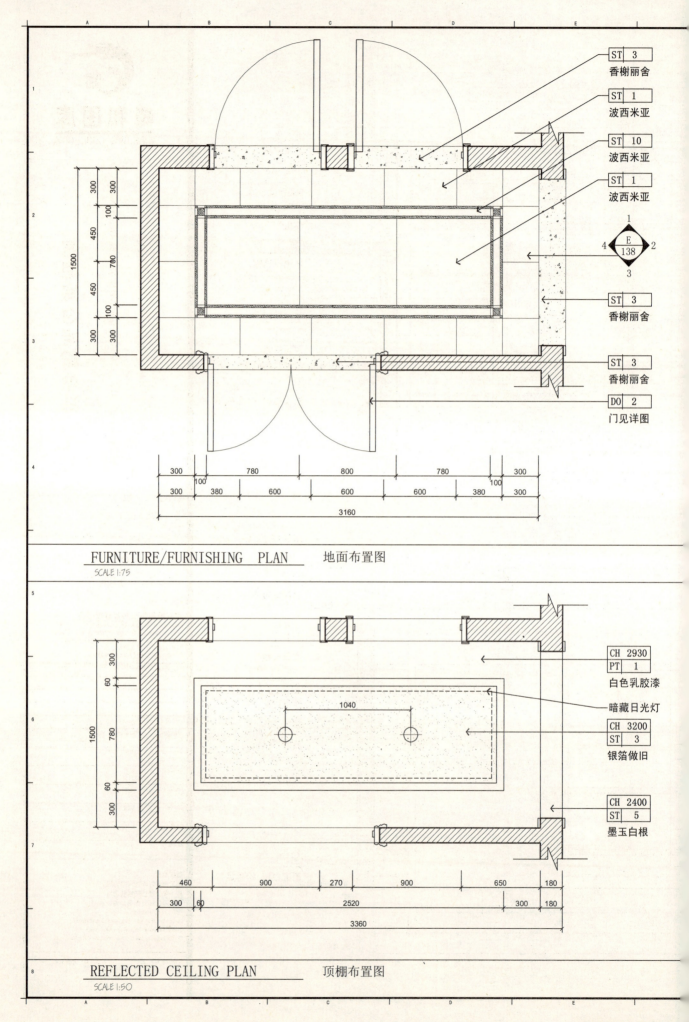

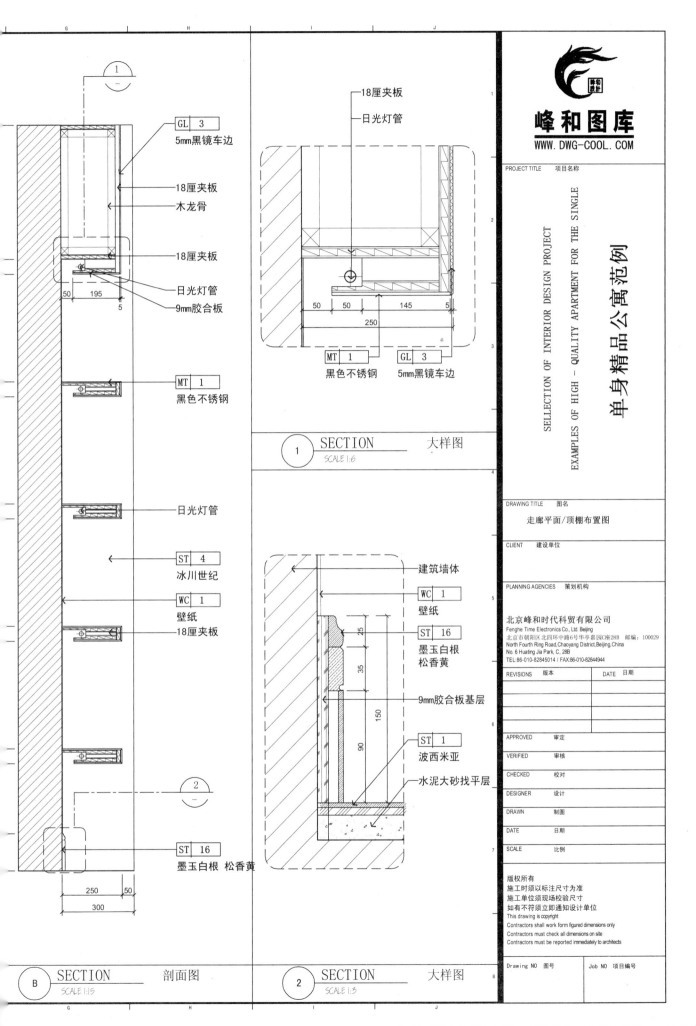

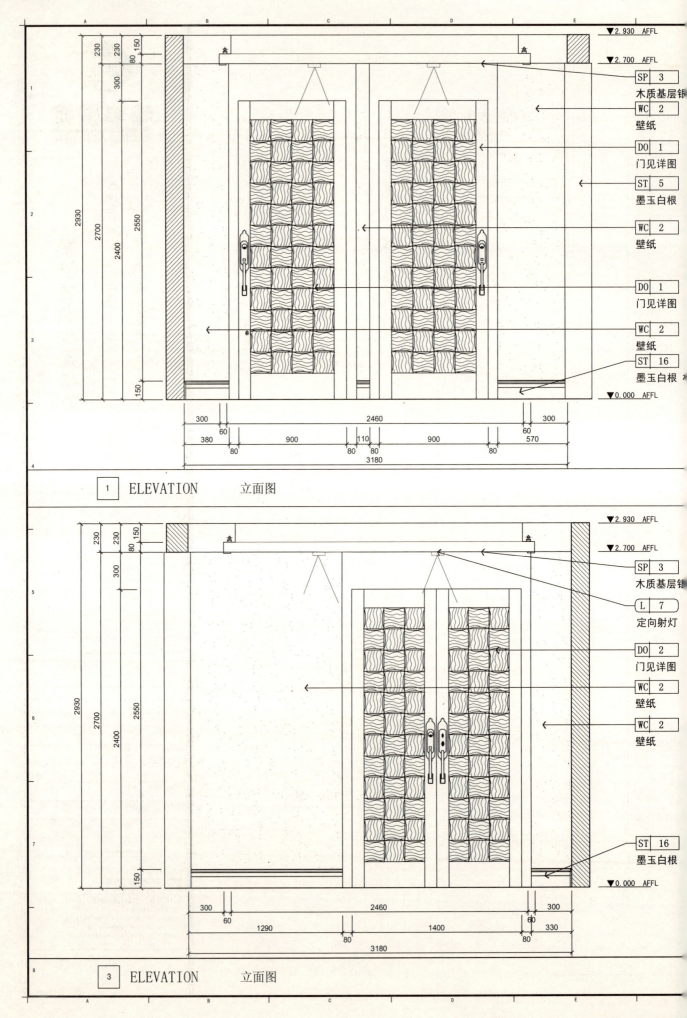

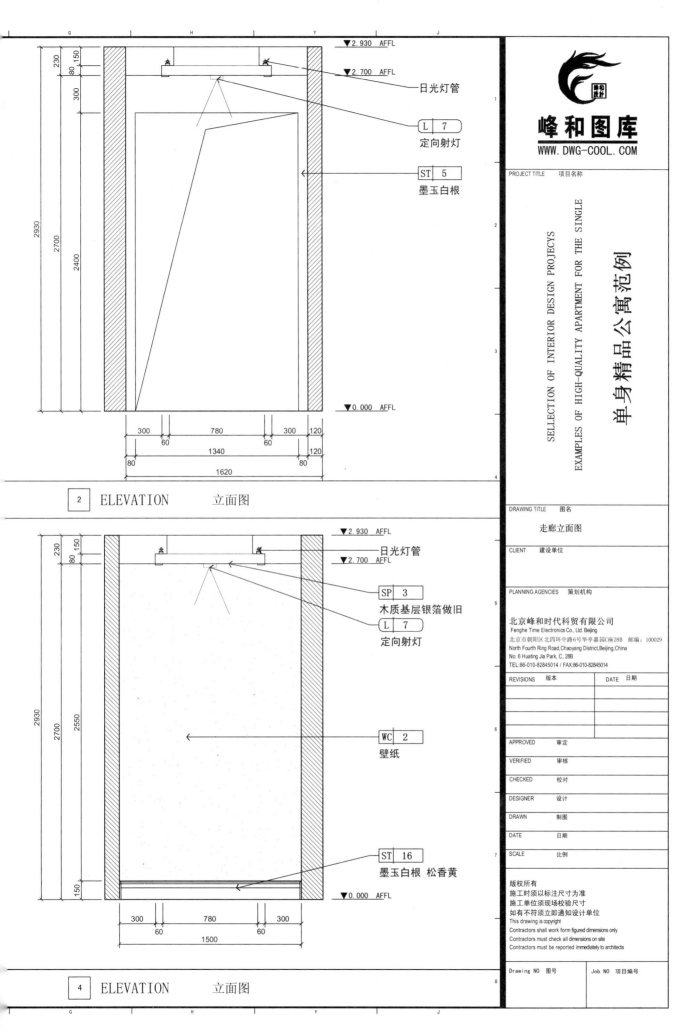

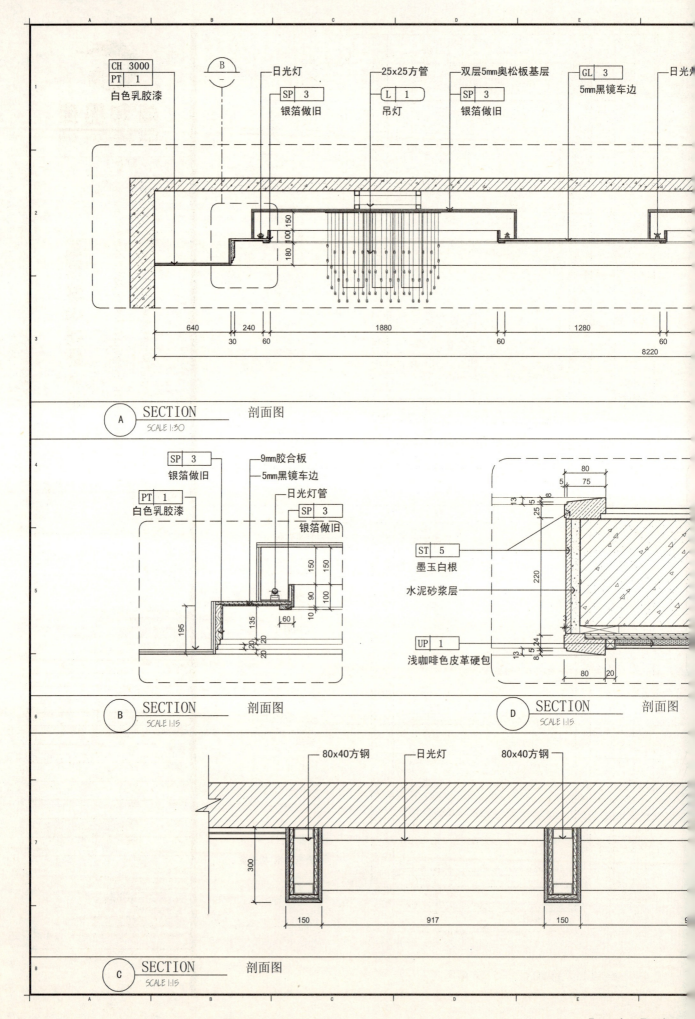

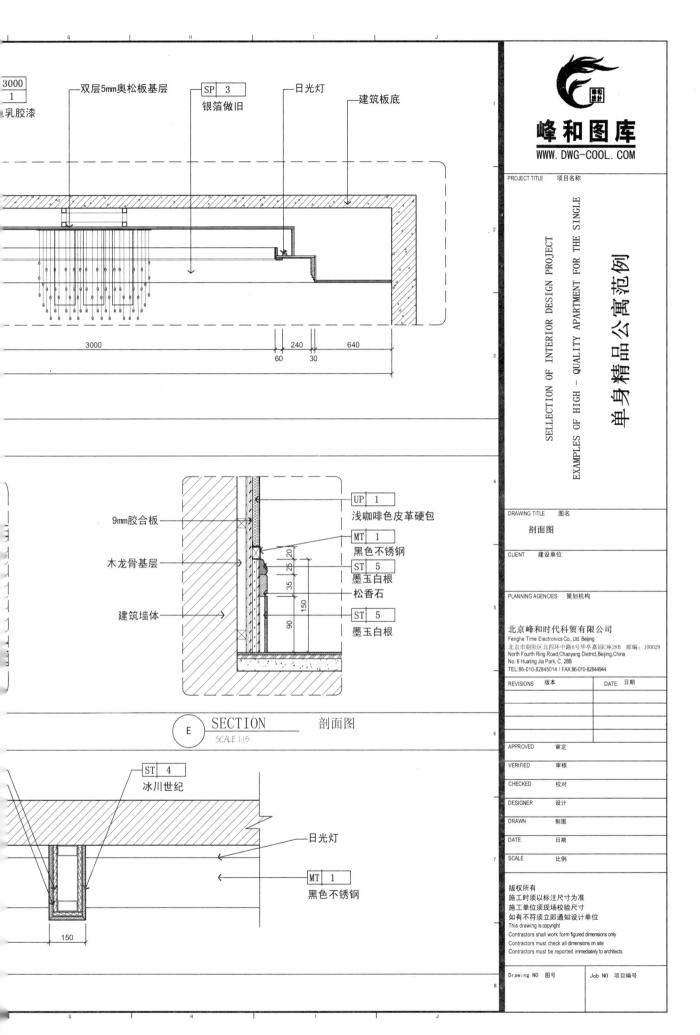

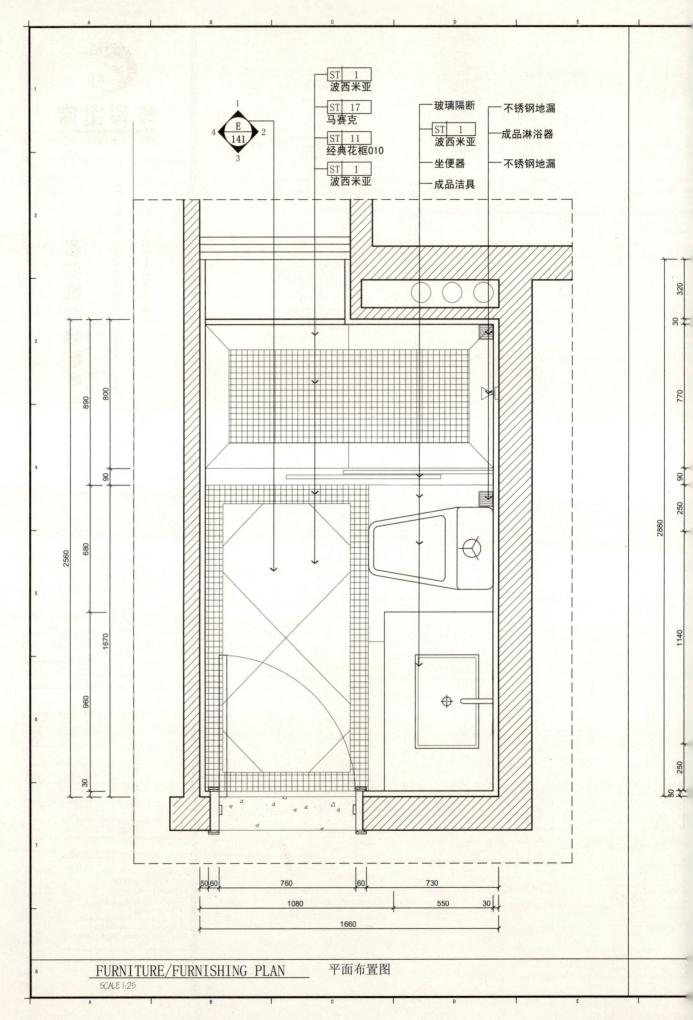

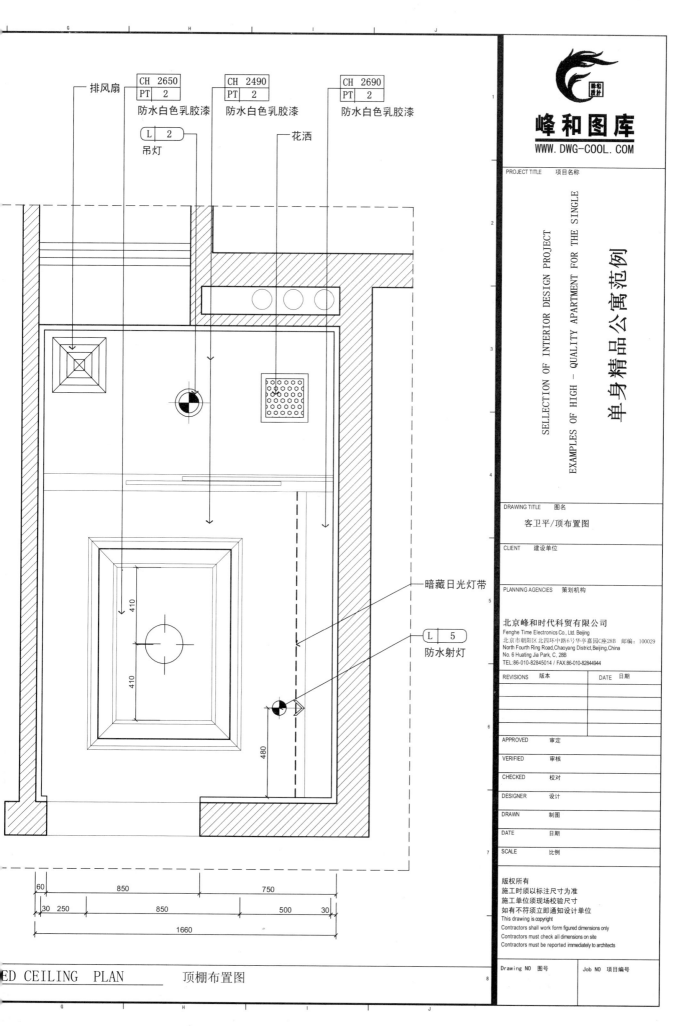

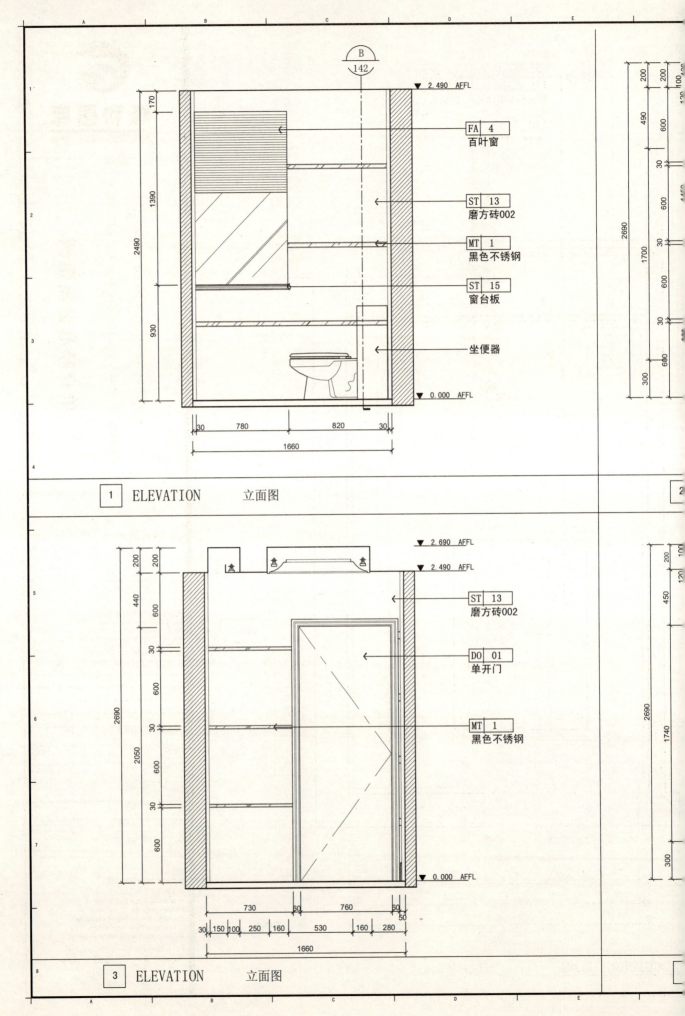

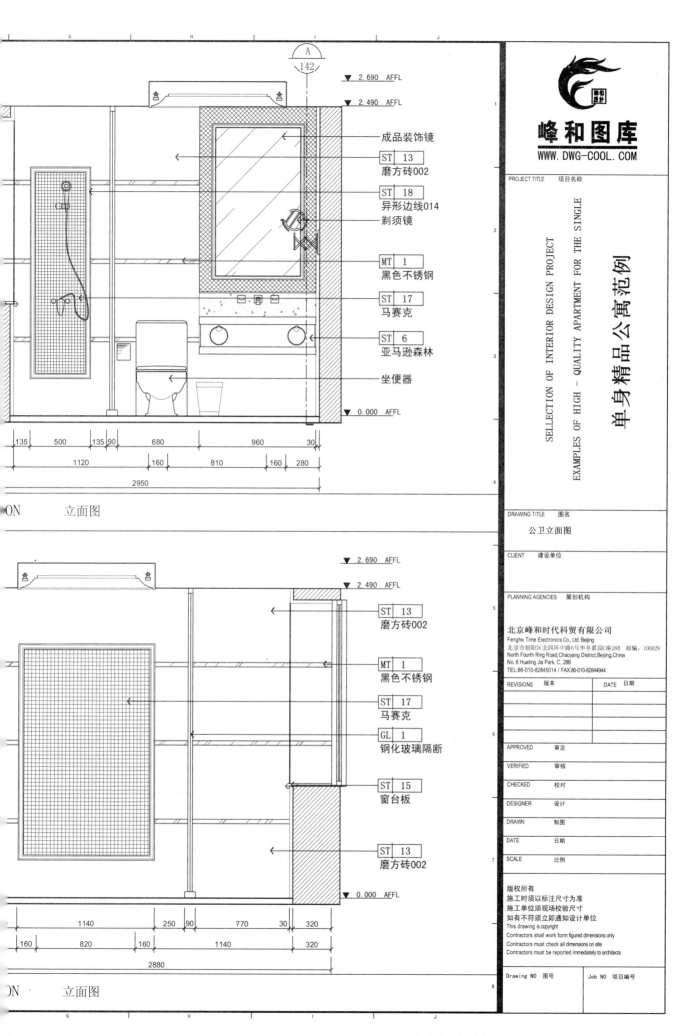

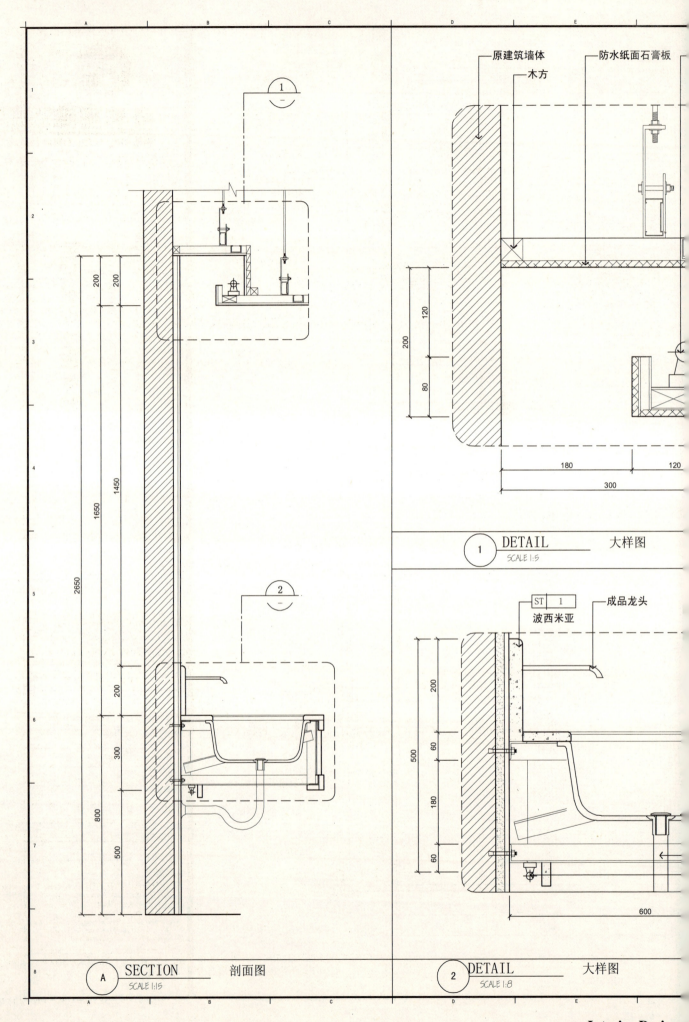

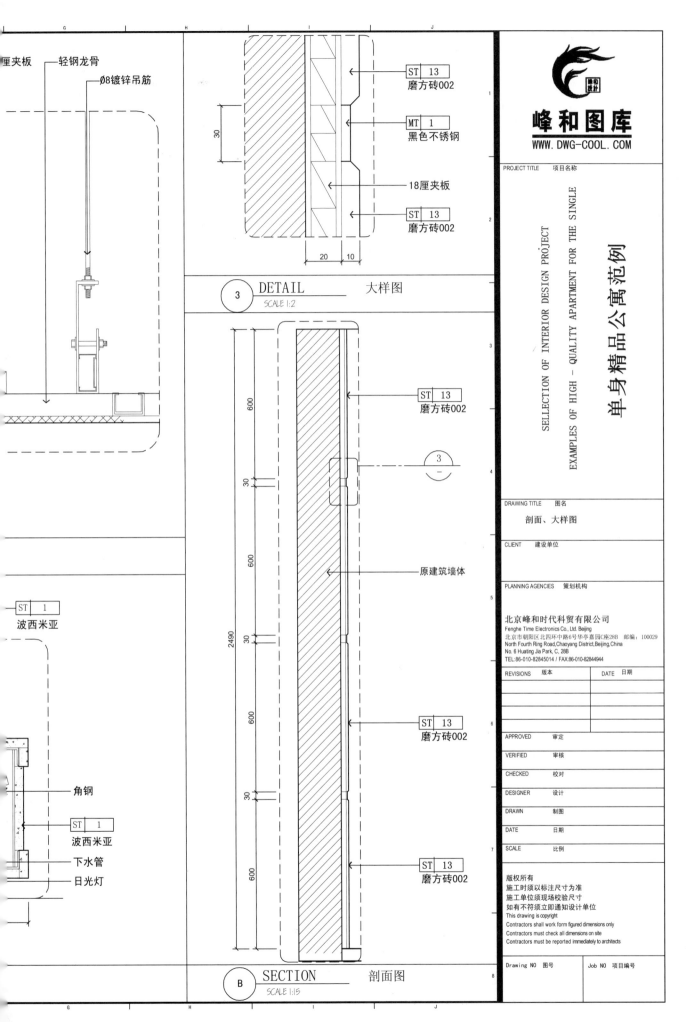

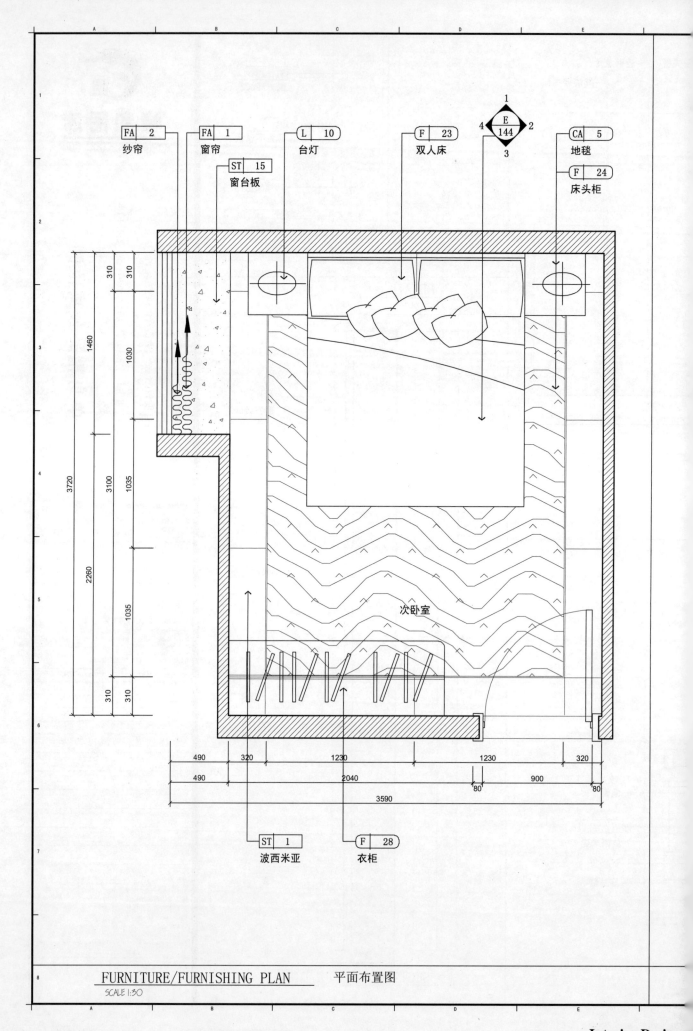

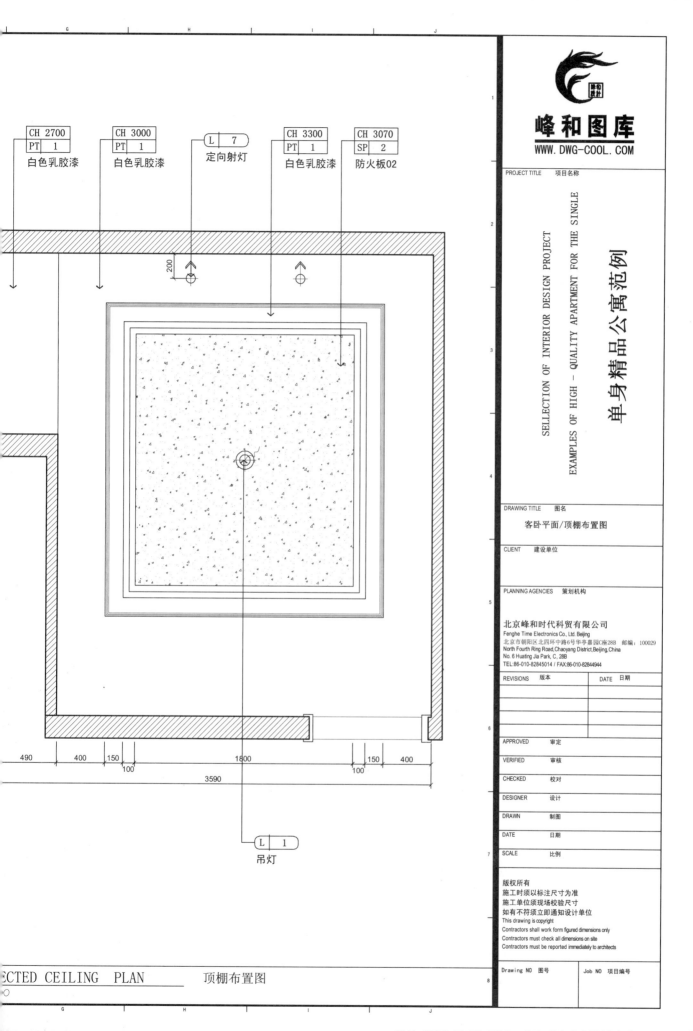

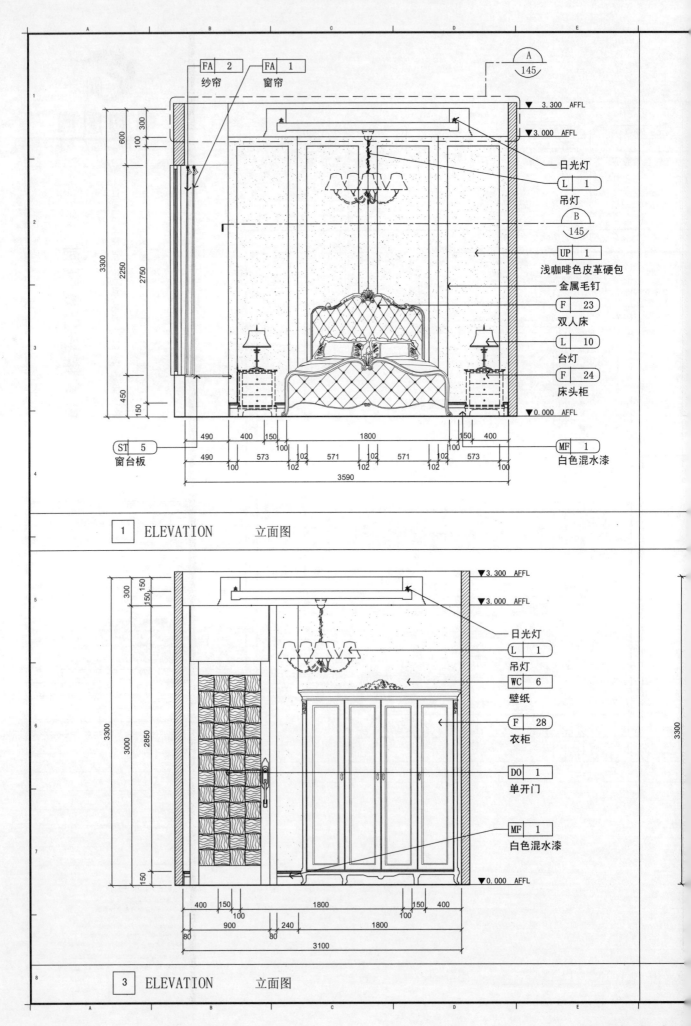

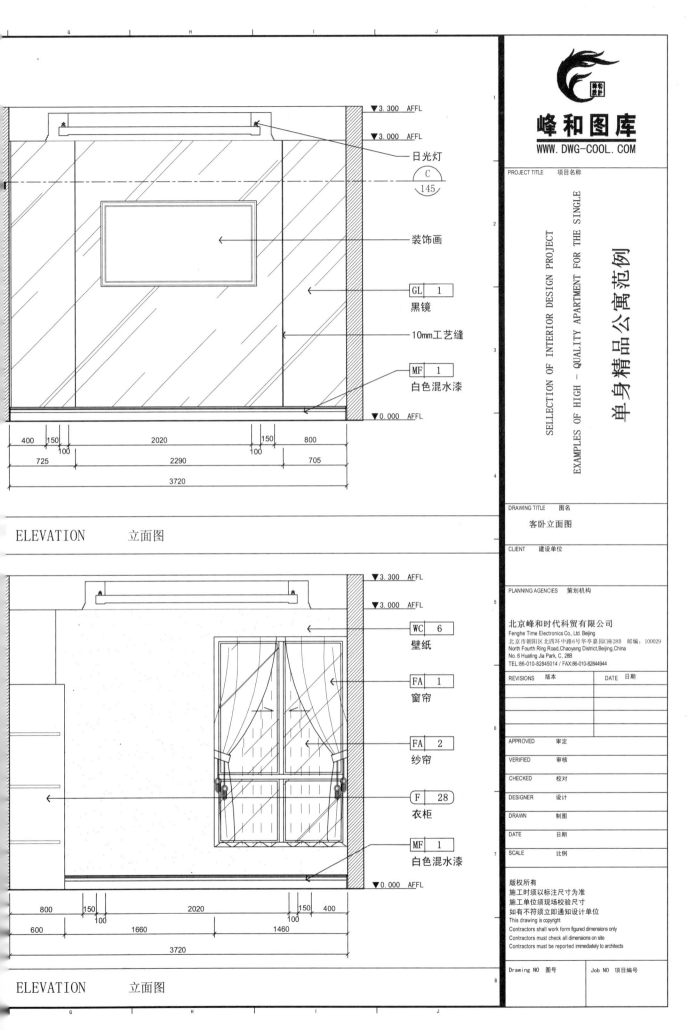

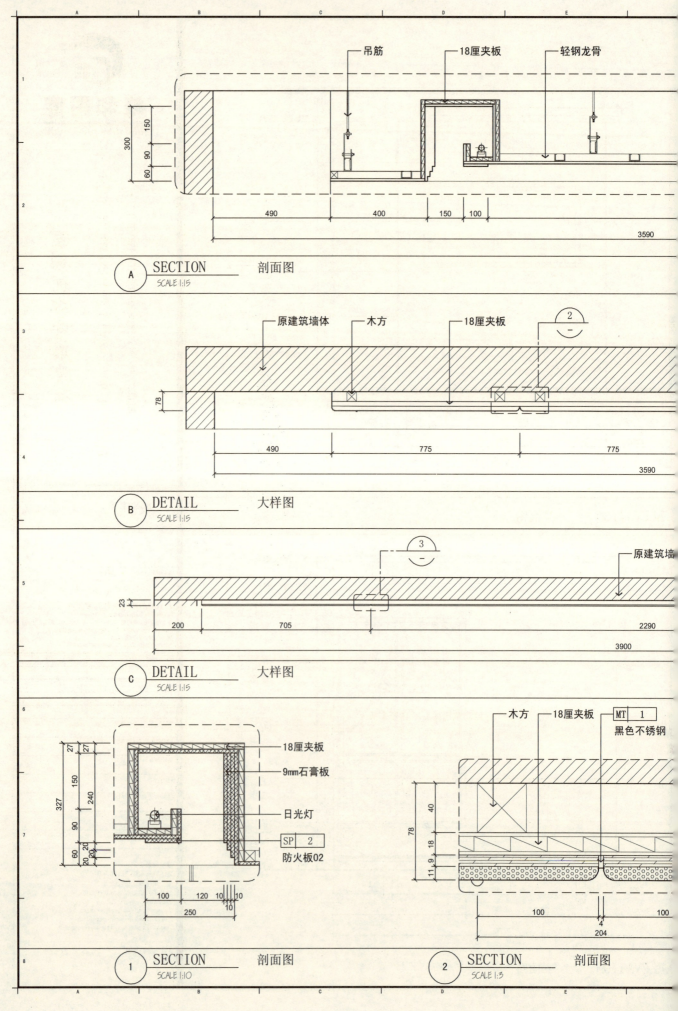

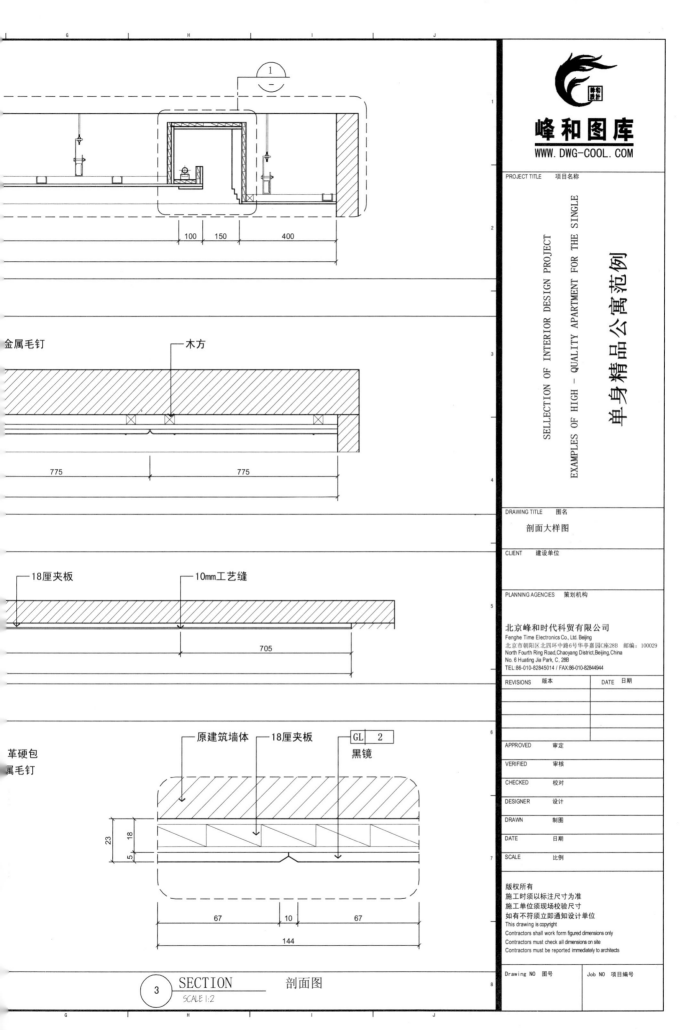

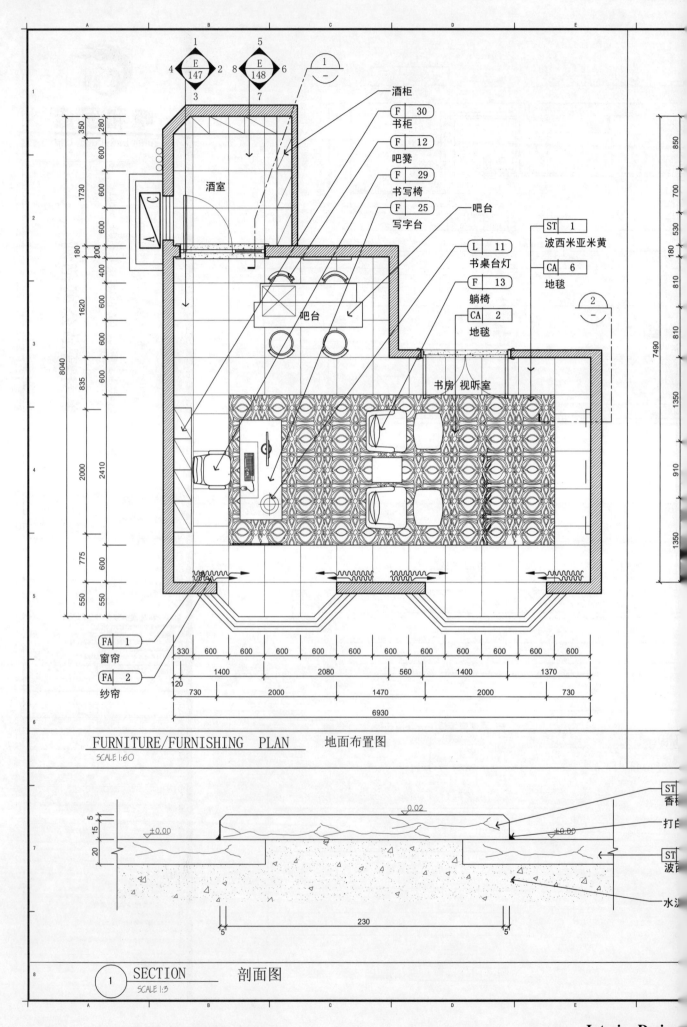

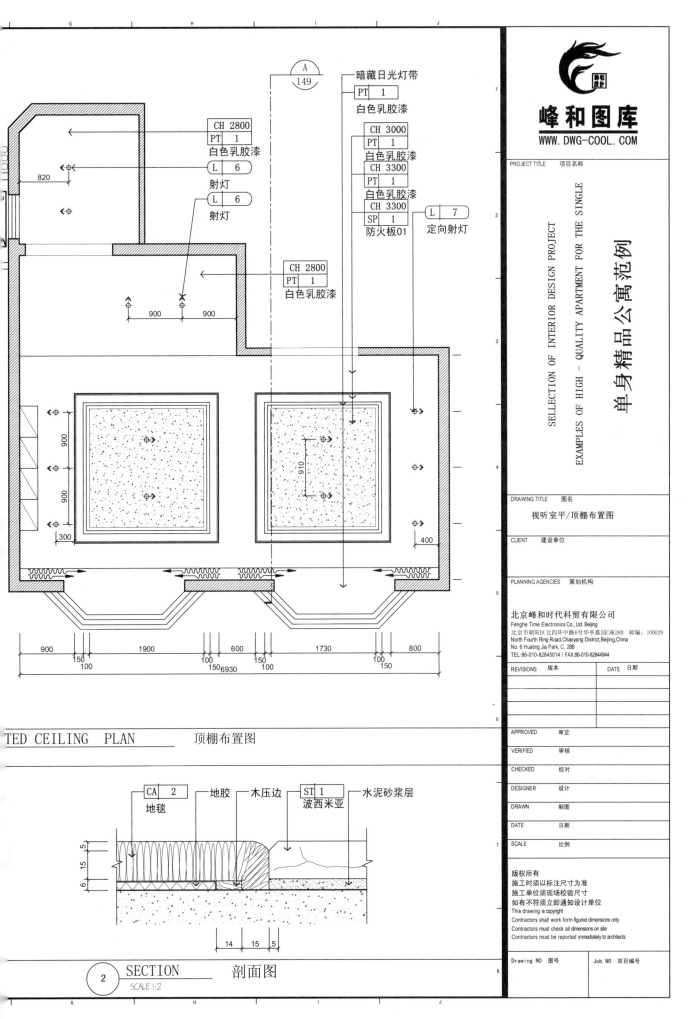

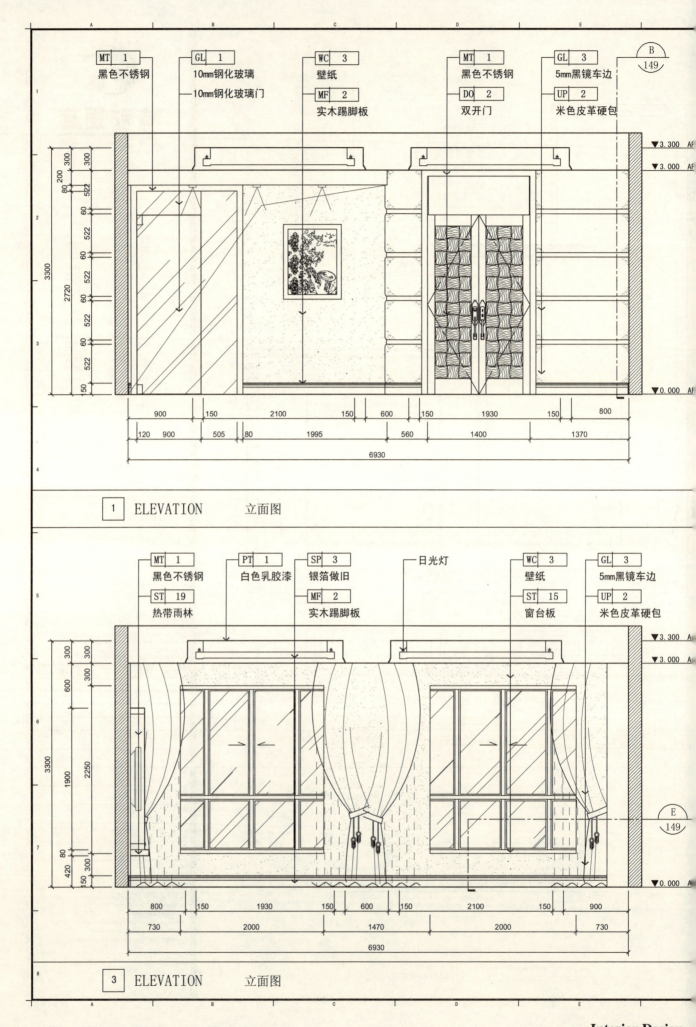

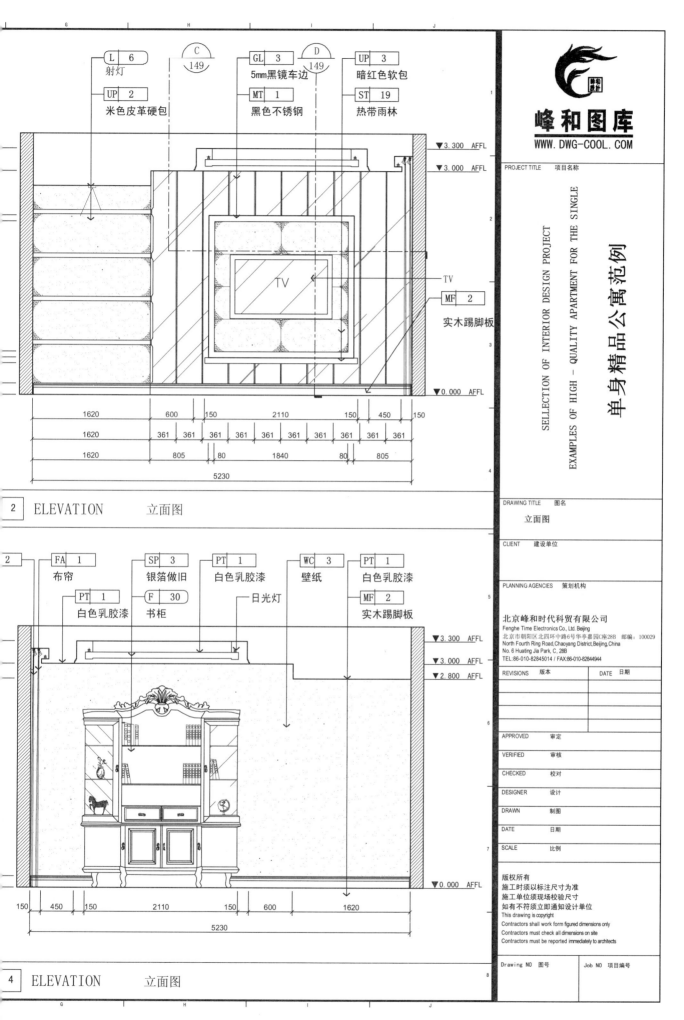

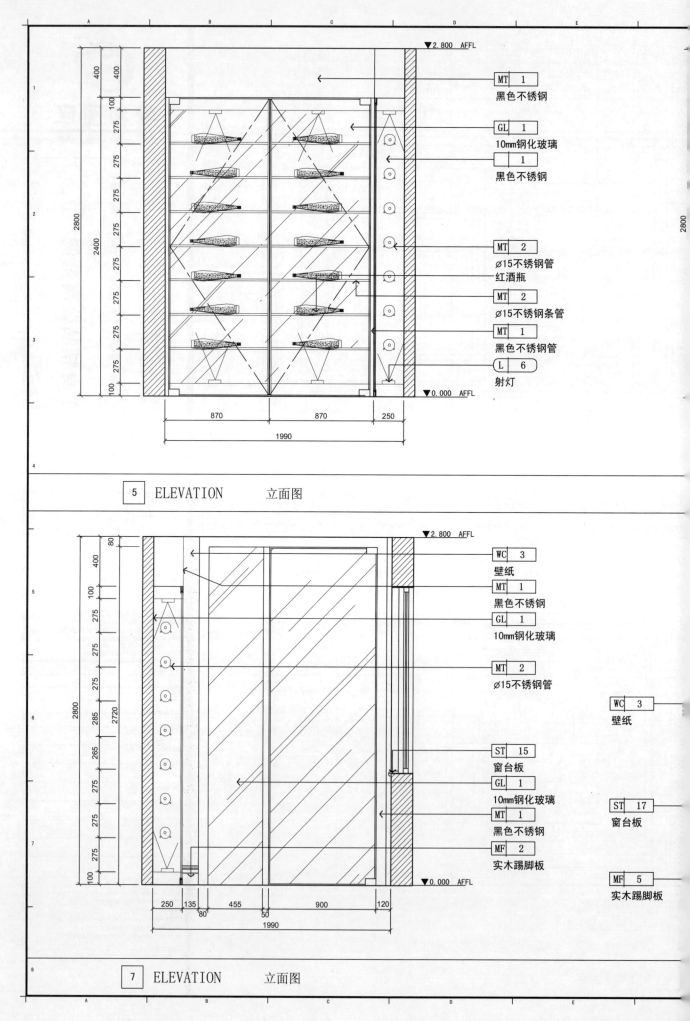

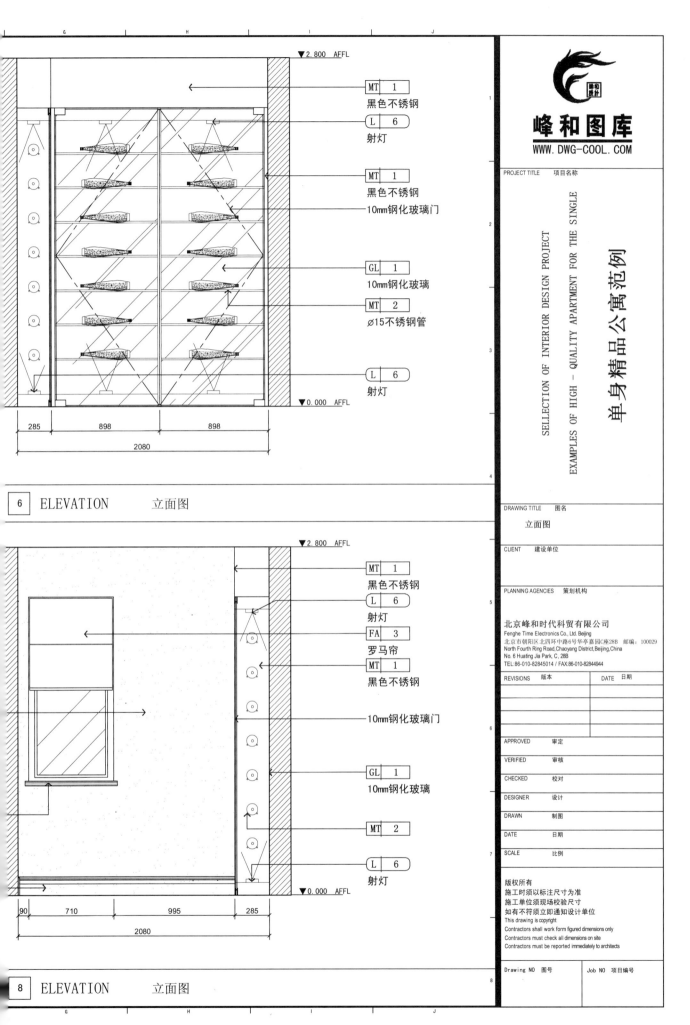

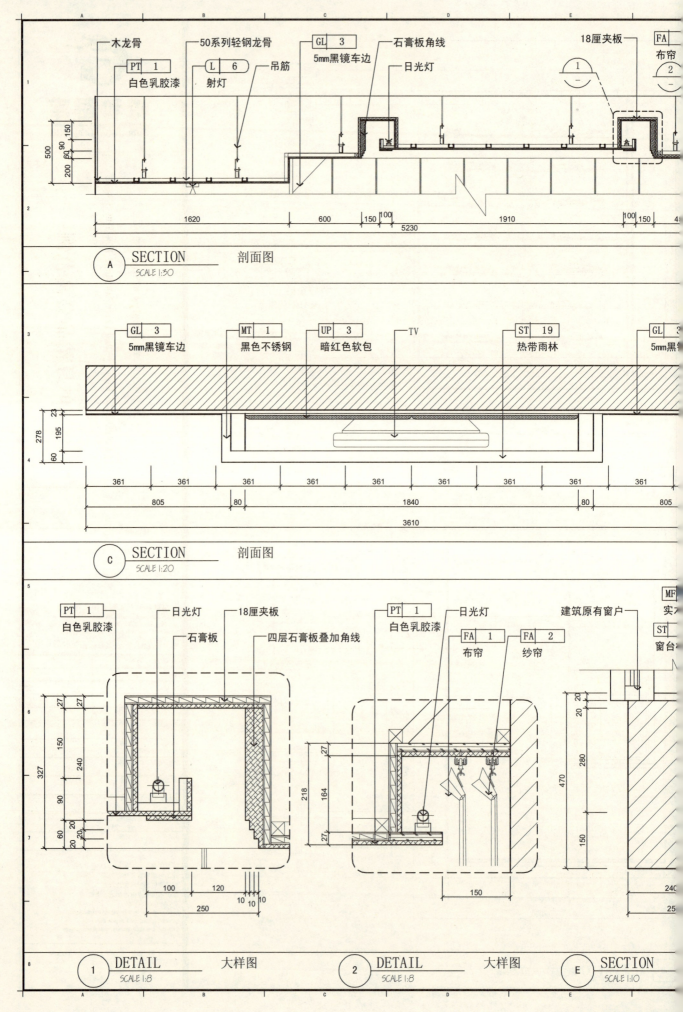

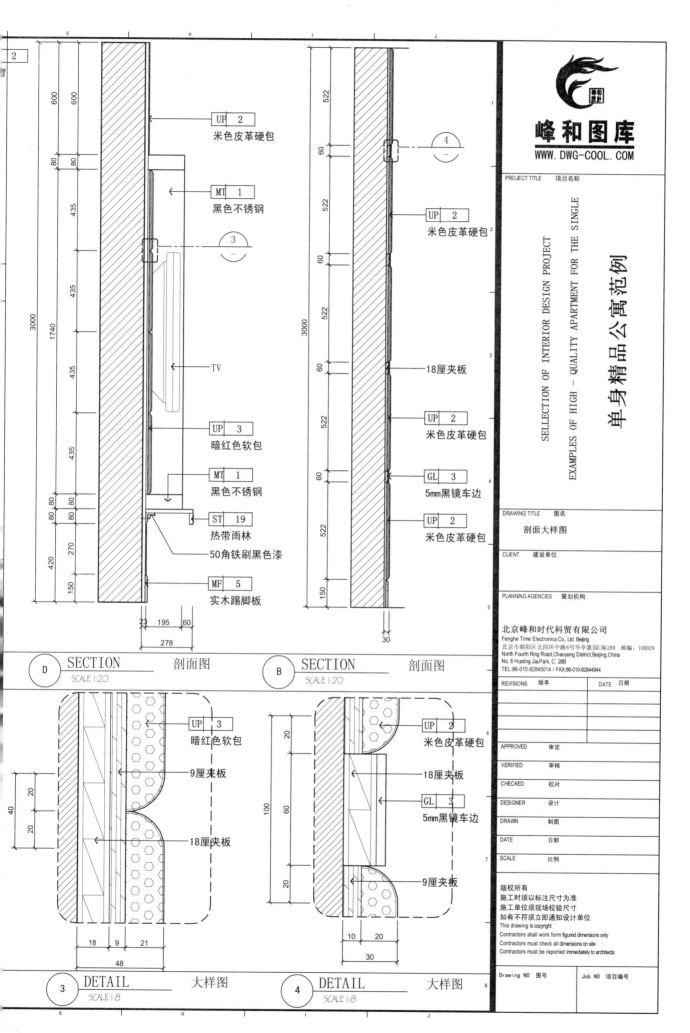

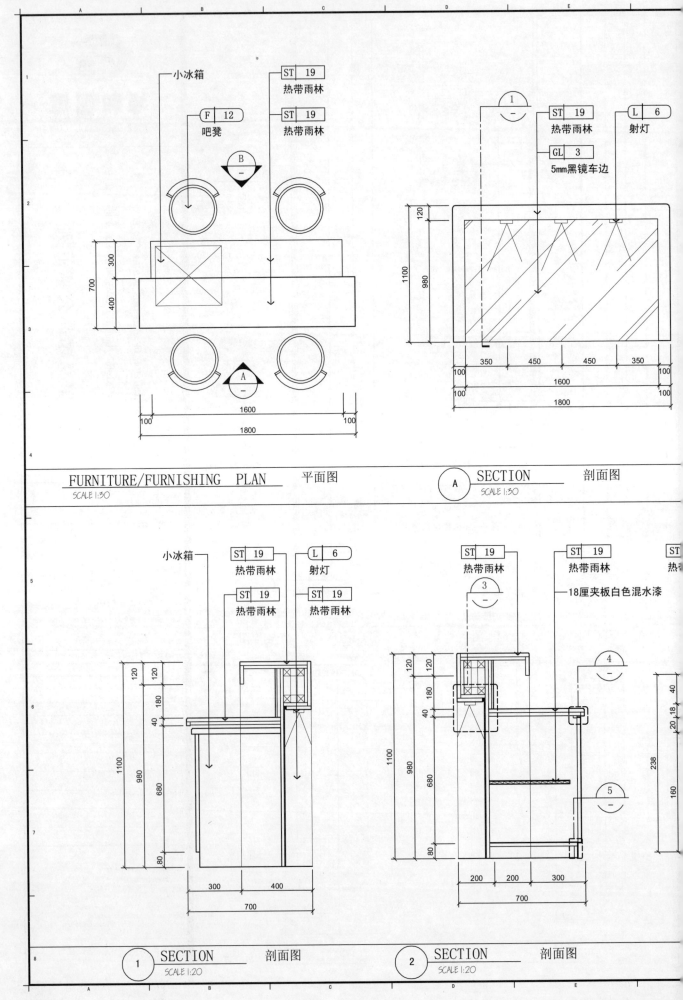

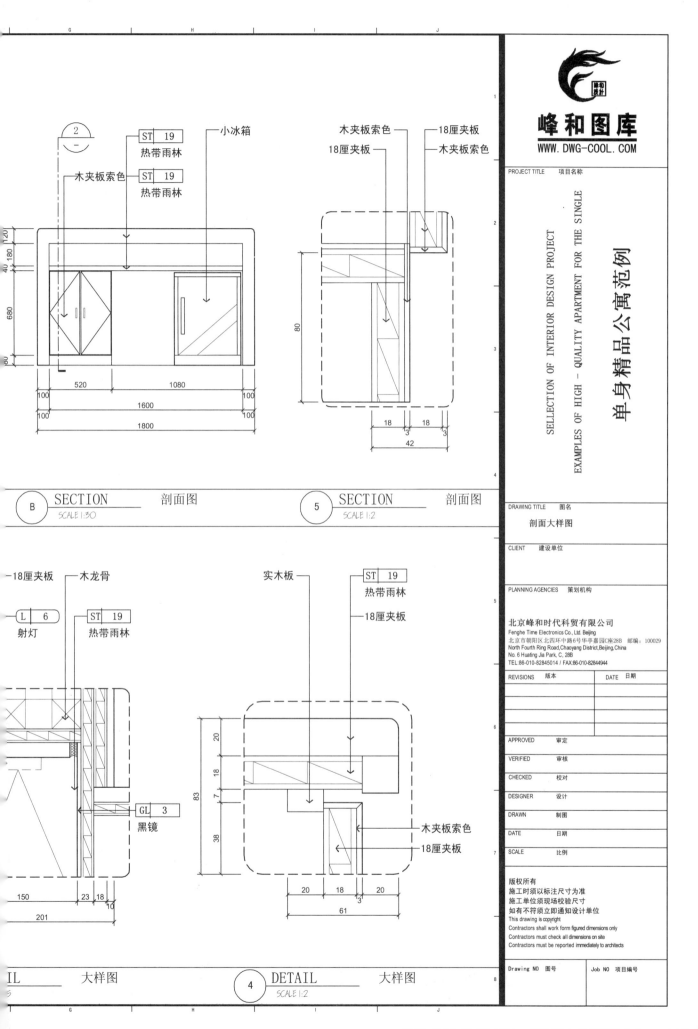

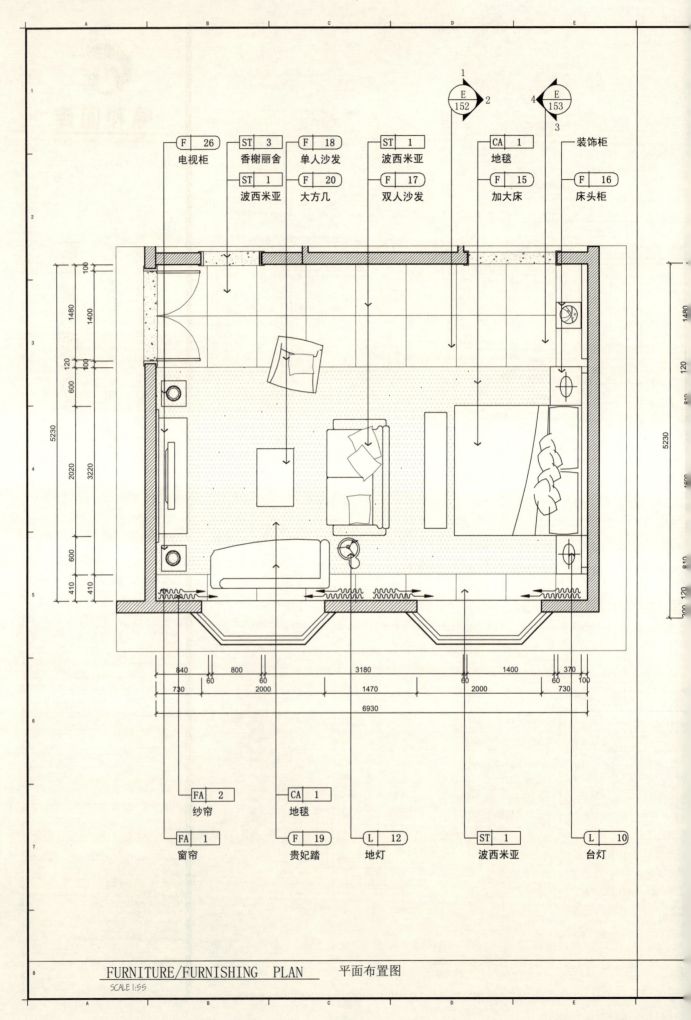

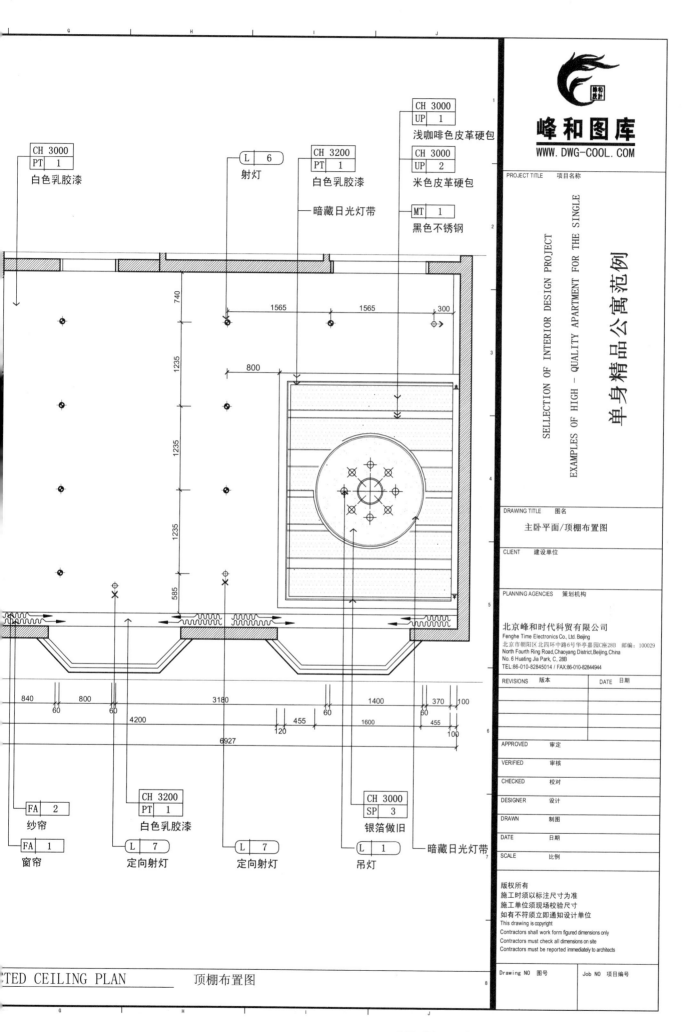

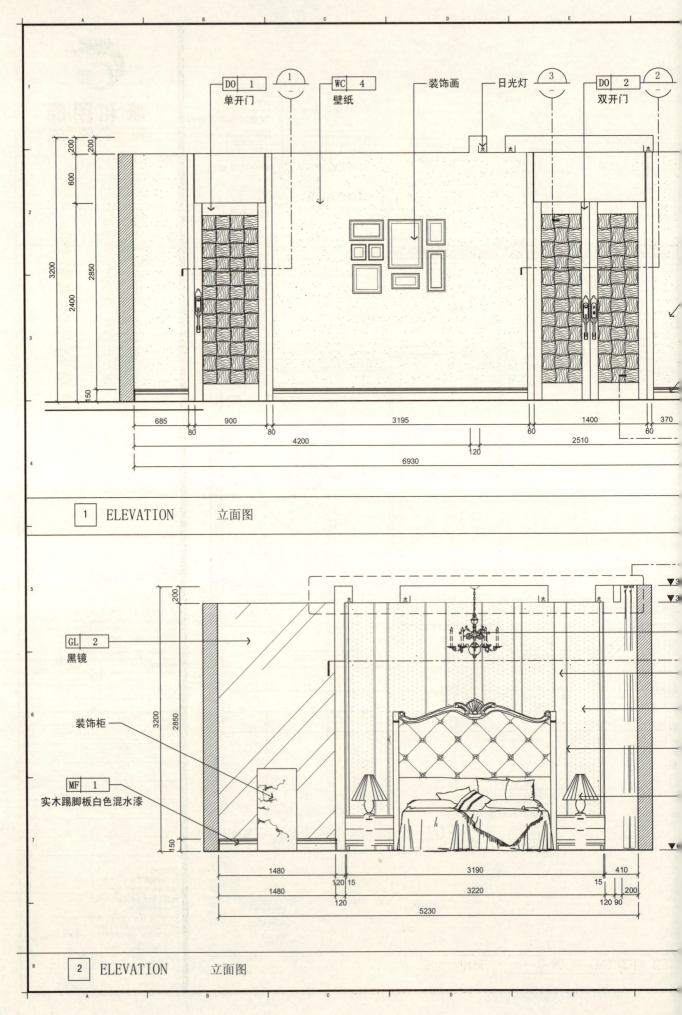

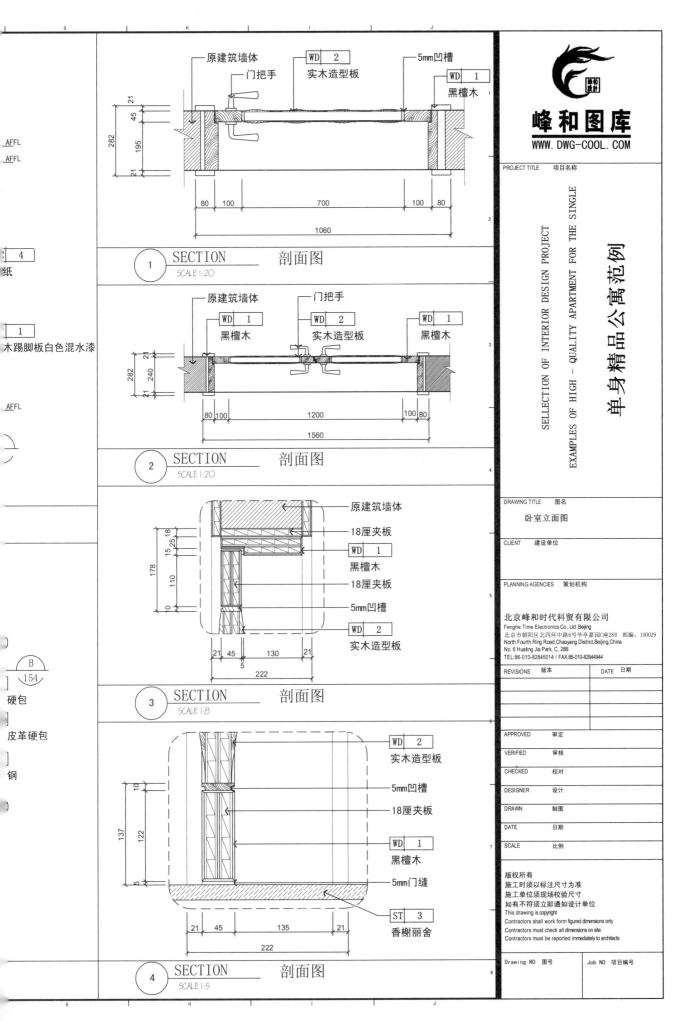

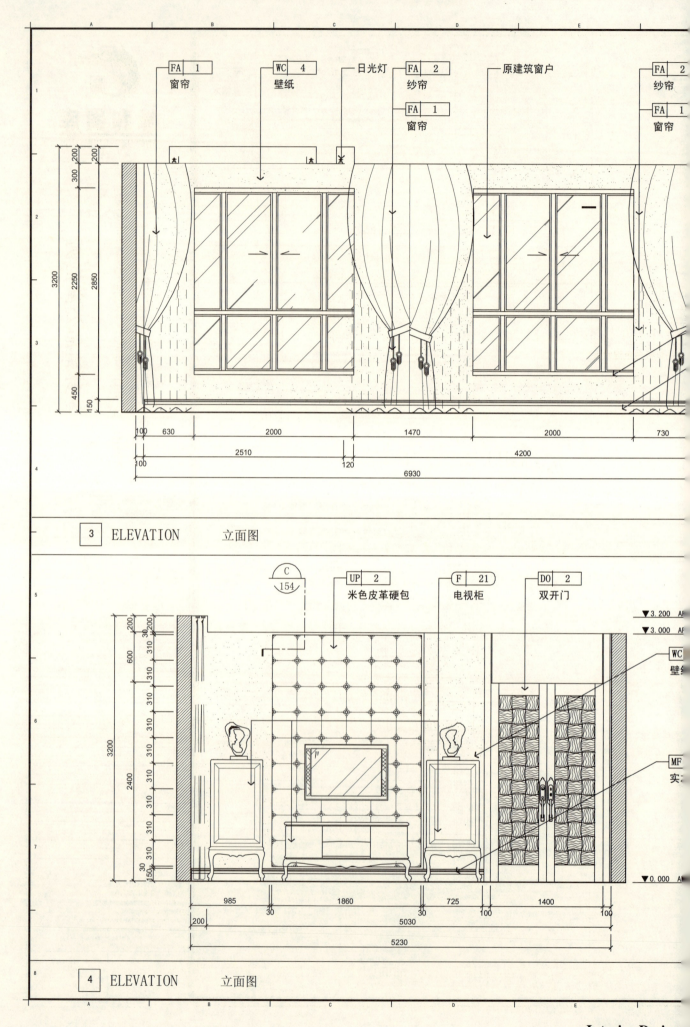

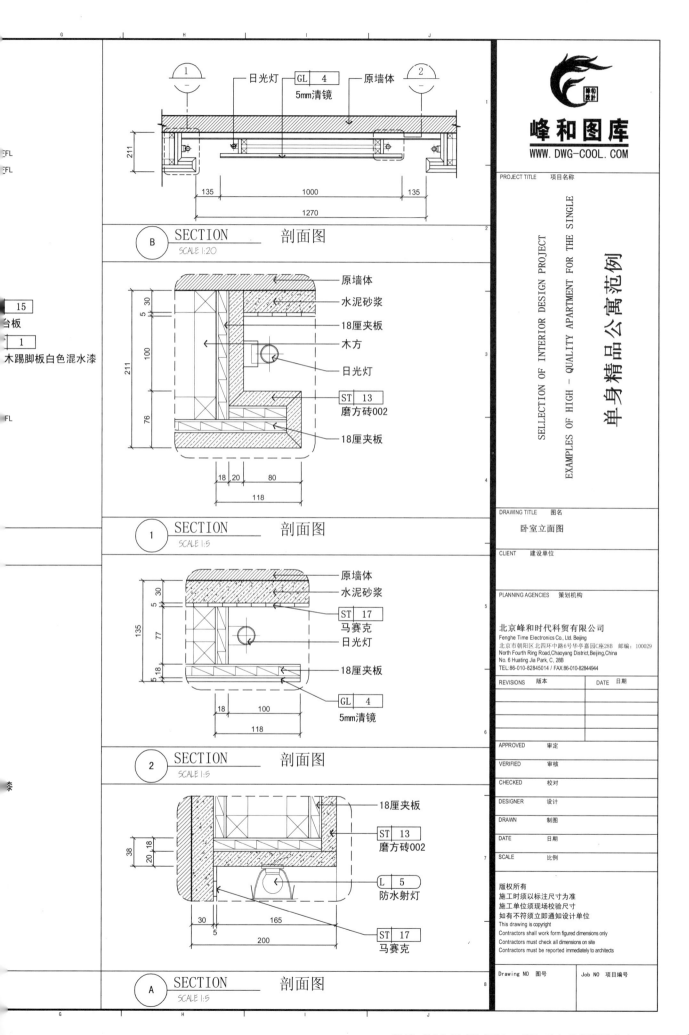

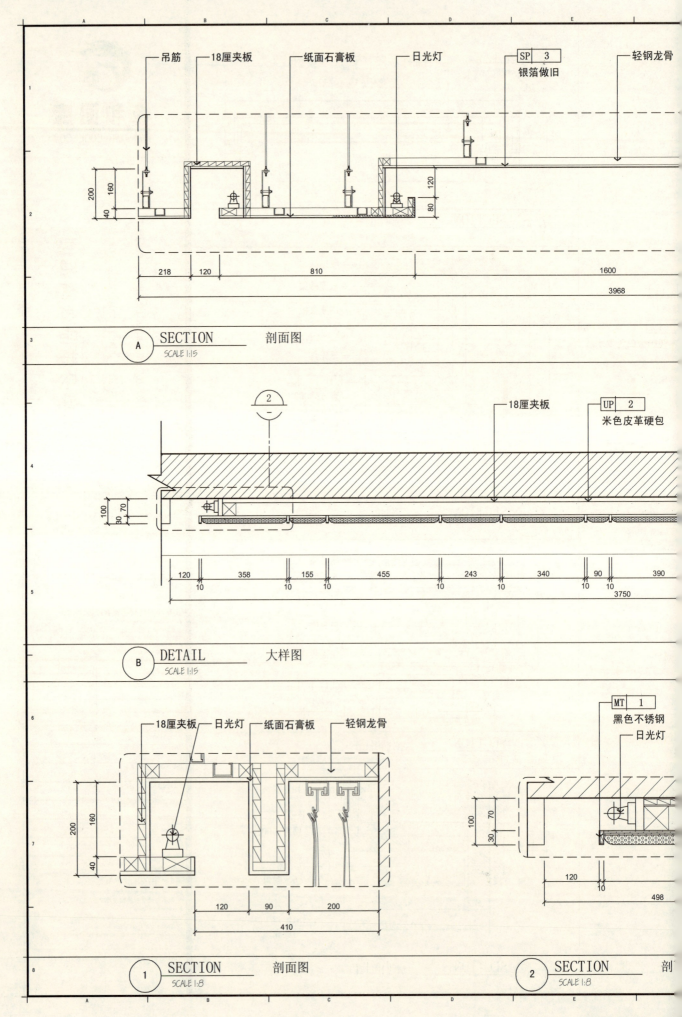

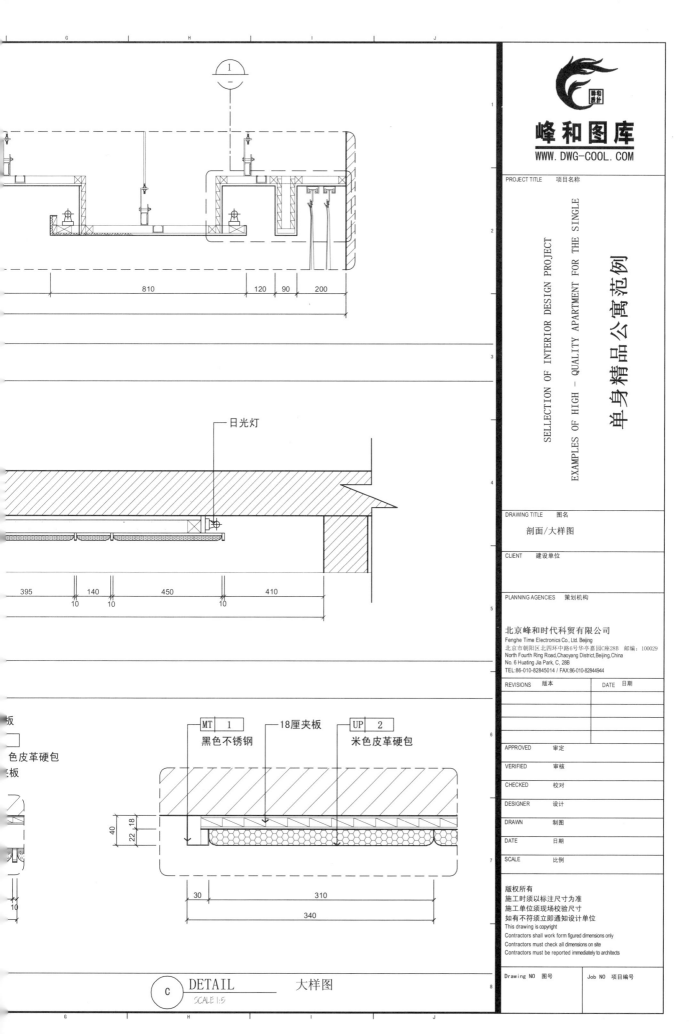

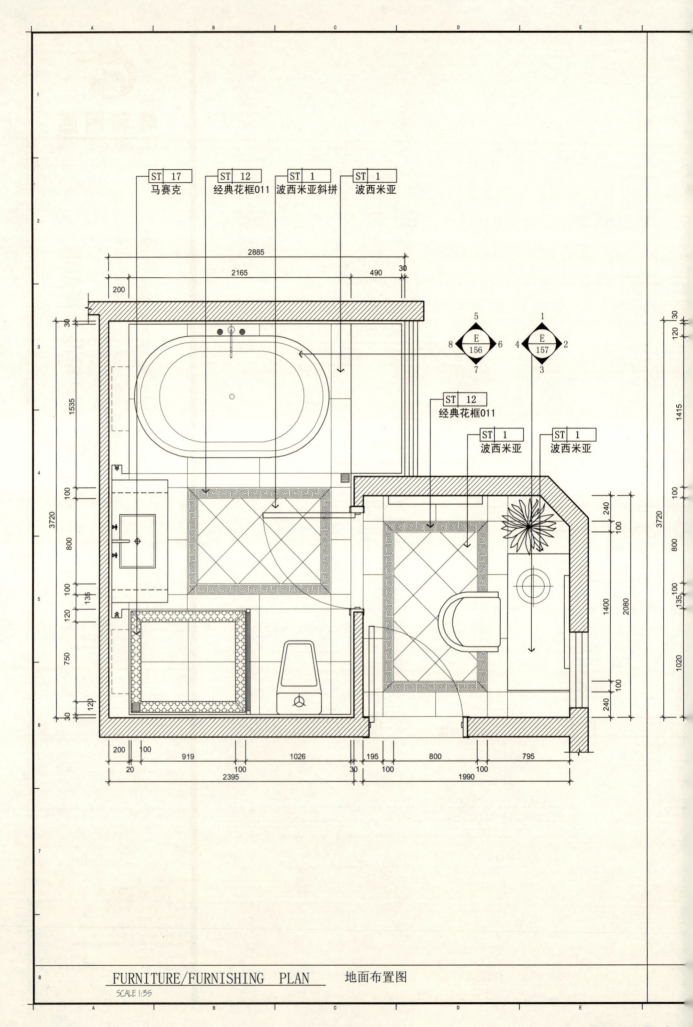

FURNITURE/FURNISHING PLAN   地面布置图
SCALE 1:35

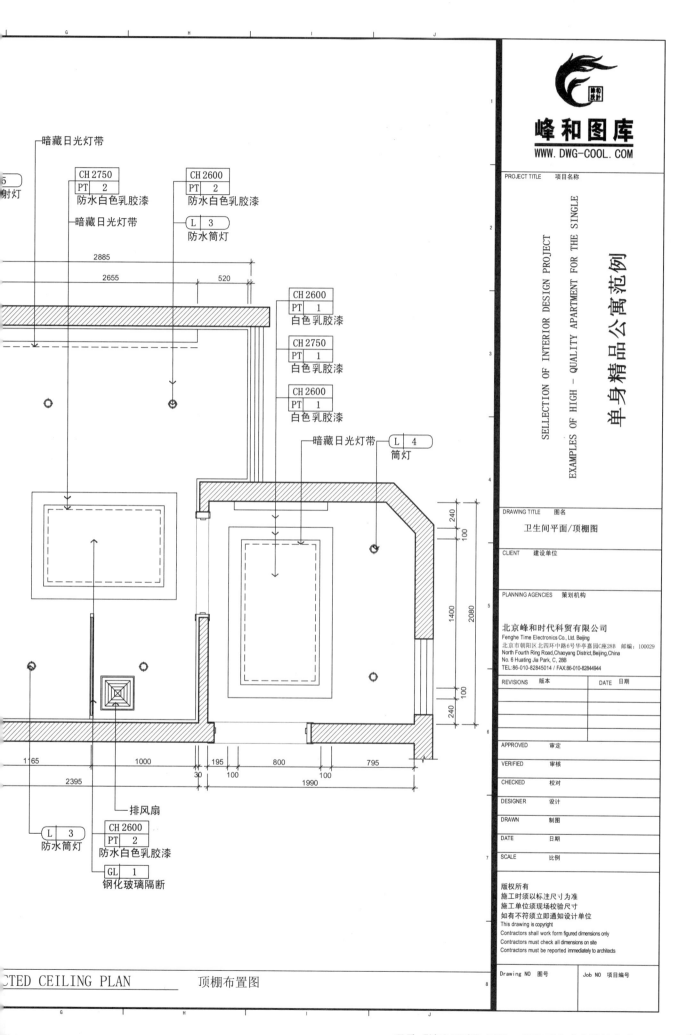

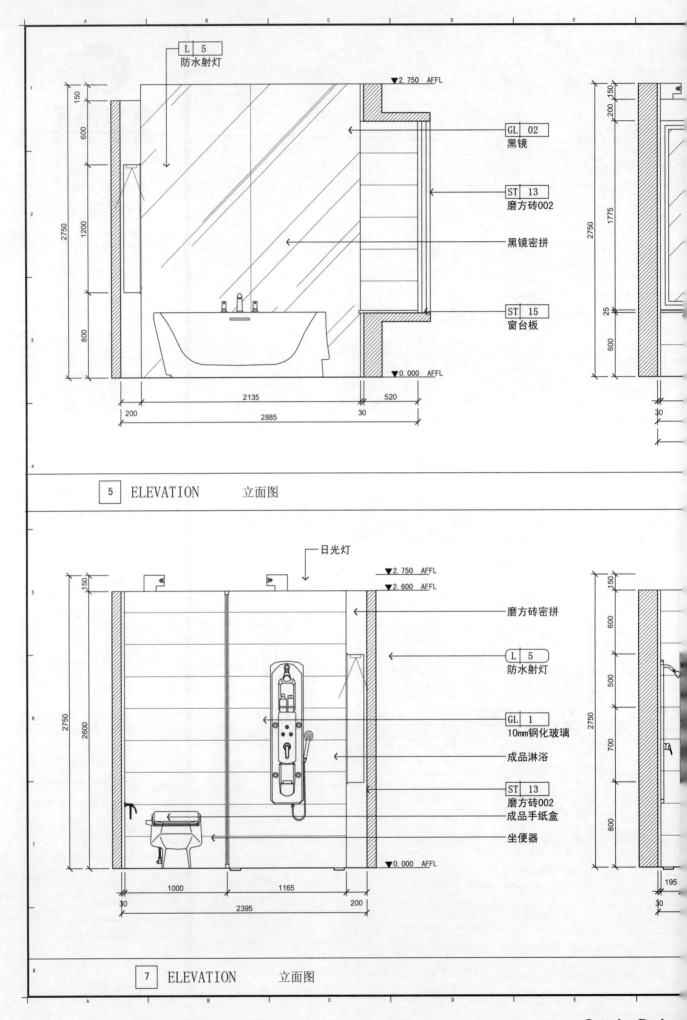

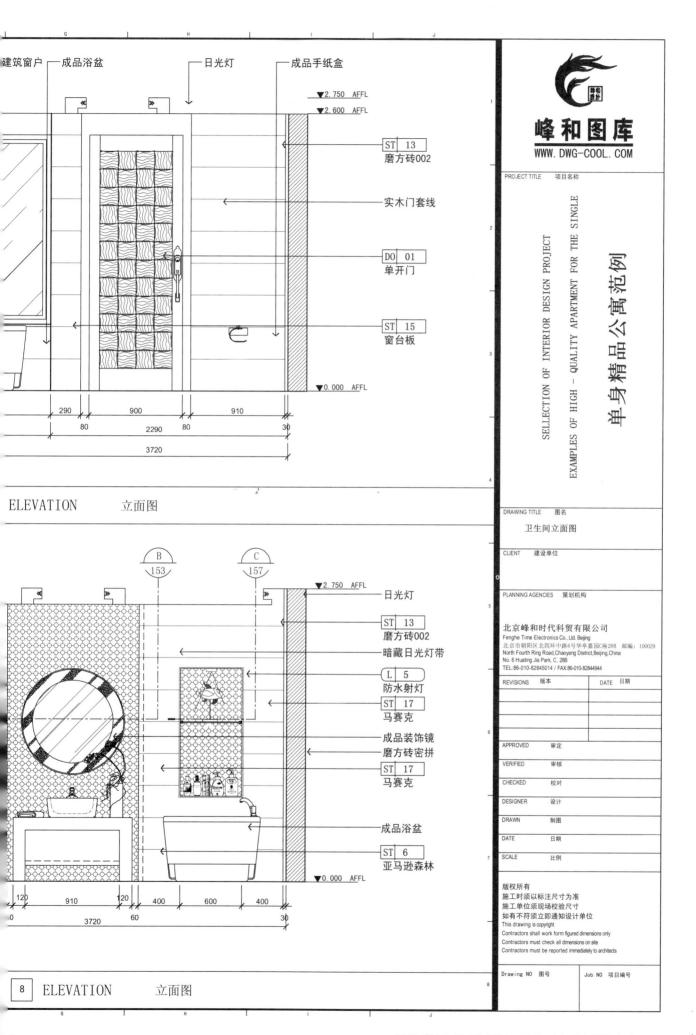

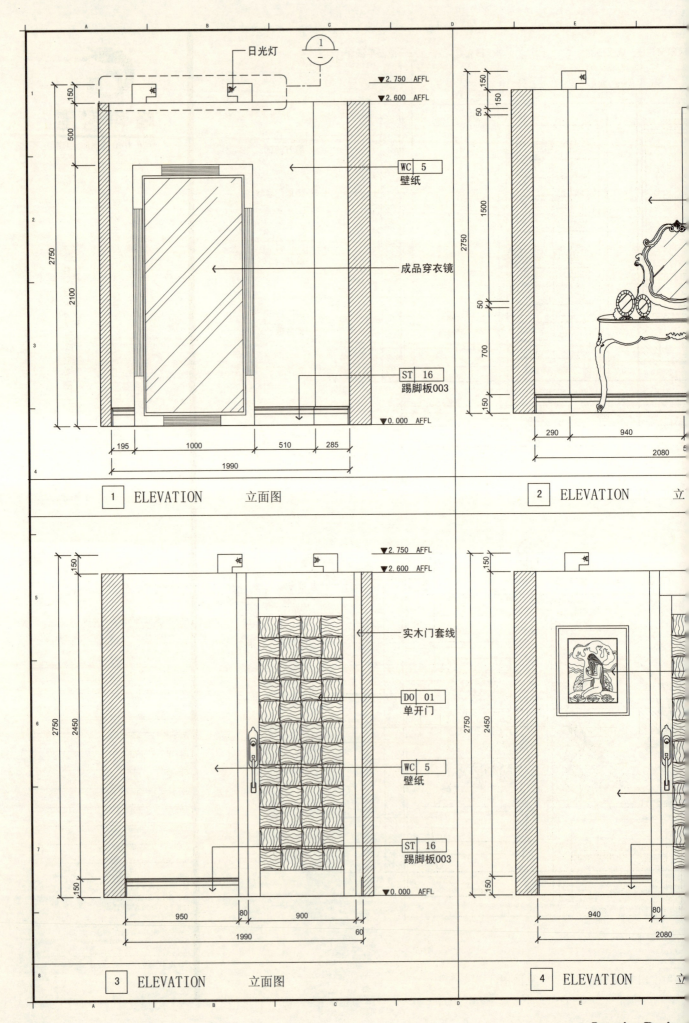

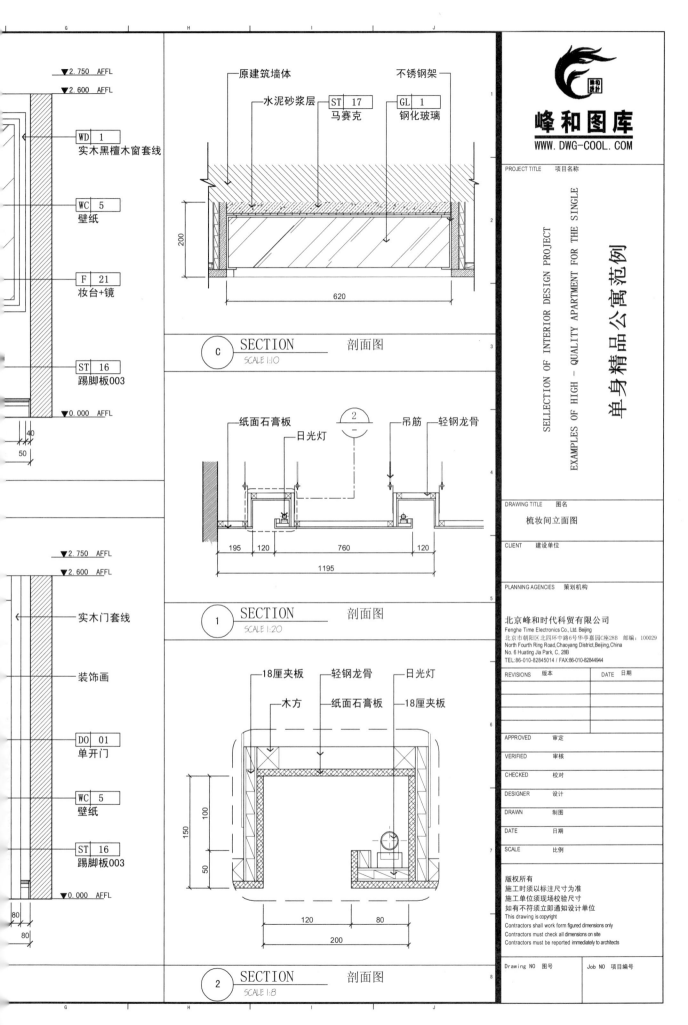

材 料 表

(注：更多供应商信息，请根据项目情况自选或登陆"峰和图库"网站查询)

图例	名称	材料编号	品牌	型号\规格\材质	供应商	装饰部位
	三人沙发	F-1	沙芬	型号：ESF-M7777-3 尺寸：2400x920x1080	周先生 13938528959	客厅
	单人沙发椅	F-2	沙芬	型号：ESF-M7777-4 尺寸：800X770X1080	周先生 13938528959	客厅
	大方几	F-3	沙芬	型号：ETT-7077-L 尺寸：1200x1200x460	周先生 13938528959	客厅
	圆几	F-4	沙芬	型号：ETT-7077-5 尺寸：D：765X650	周先生 13938528959	客厅
	边柜	F-5	沙芬	型号：ESF-B7772-1 尺寸：1400X900X550	周先生 13938528959	客厅
	边柜	F-6	沙芬	型号：ESF-B7772-2 尺寸：1465X900X550	周先生 13938528959	客厅
	酒柜	F-7	沙芬	型号：ESF-J7773-1 尺寸：1500X2190X500	周先生 13938528959	餐厅
	餐桌	F-8	沙芬	型号：ET-M16-150 尺寸：2100x1150x780	周先生 13938528959	餐厅
	餐椅	F-9	沙芬	型号：DC-211 尺寸：580x650x990	周先生 13938528959	餐厅
	藤椅	F-10	沙芬	型号：ESF-7733 尺寸：700x700x950	周先生 13938528959	门厅
	藤几	F-11	沙芬	型号：定制 尺寸：D：600X650	周先生 13938528959	门厅
	吧凳	F-12	沙芬	型号：ES-B05 尺寸：480x480x1200	周先生 13938528959	视听室
	躺椅及脚踏	F-13	沙芬	型号：ESF-2222-1 尺寸：910x100x1160	周先生 13938528959	视听室
	圆几	F-14	沙芬	型号：HS-18 尺寸：720x680	周先生 13938528959	视听室
	加大床	F-15	沙芬	型号：EB-3969-K 尺寸：1800x2000x1400	周先生 13938528959	主卧室
	床头柜	F-16	沙芬	型号：EB-3969-N 尺寸：650x480x660	周先生 13938528959	主卧室
	双人沙发	F-17	沙芬	型号：ESF-9977-3 尺寸：208x90x118	周先生 13938528959	主卧室

单身精品公寓范例

材料表

北京峰和时代科贸有限公司
Fenghe Time Electronics Co., Ltd. Beijing
北京市朝阳区北四环中路6号华亭嘉园C座28B 邮编：100029
North Fourth Ring Road, Chaoyang District, Beijing, China
No. 6 Huating Jia Park, C, 28B
TEL:86-010-82845014 / FAX:86-010-82845014

称	材料编号	品牌	型号\规格\材质	供应商	装饰部位
沙发	F-18	沙芬	型号：ESF-5511 尺寸：930x890x1110	周先生 13938528959	主卧室
榻	F-19	沙芬	型号：ESF-0299-V 尺寸：1960x780x1080	周先生 13938528959	主卧室
几	F-20	沙芬	型号：ESF-0298 尺寸：900X600X450	周先生 13938528959	主卧室
+镜	F-21	沙芬	型号：EB-3265-V 尺寸：520x470x890	周先生 13938528959	主卧室 化妆间
	F-22	沙芬	型号：EB-3699-V 尺寸：530x420x470	周先生 13938528959	主卧室 衣帽间
床	F-23	沙芬	型号：EB-3968-K 尺寸：1800X2100X650	周先生 13938528959	次卧室
柜	F-24	沙芬	型号：EB-3968-N 尺寸：500X500X650	周先生 13938528959	次卧室
台	F-25	沙芬	型号：SH-2869 尺寸：700X1600X800	周先生 13938528959	视听室
柜	F-26	沙芬	型号：SH-2880 尺寸：1560X715X500	周先生 13938528959	主卧室
沙发	F-27	沙芬	型号：ESF-M7777-2 尺寸：1800X1000X1080	周先生 13938528959	客厅
	F-28	沙芬	型号：YG-215 尺寸：1800X2200X600	周先生 13938528959	次卧室
椅	F-29	沙芬	型号：SH-2869-A 尺寸：750X650X1100	周先生 13938528959	视听室
	F-30	沙芬	型号：SH-2869-B 尺寸：2160X2700X450	周先生 13938528959	视听室
	L-1	奥特斯汀	型号：ATSD-1 尺寸：3440X950X800	陈先生 13903849359	客厅、餐厅
	L-2	奥特斯汀	型号：ATSD-1 尺寸：D:380	陈先生 13903849359	次卫生间
筒灯	L-3	SK	型号：SKTD-2 尺寸：φ68（开孔尺寸）	陈先生 13903849359	卫生间
	L-4	SK	型号：SKTD-1 尺寸：φ68（开孔尺寸）	陈先生 13903849359	

材 料 表

图例	名称	材料编号	品牌	型号\规格\材质	供应商	装饰部位
	防雾射灯	L-5	SK	型号：SKTD-3 尺寸：φ60（开孔尺寸）	陈先生 13903849359	卫生间
	射灯	L-6	SK	型号：SKTD-1 尺寸：φ60（开孔尺寸）	陈先生 13903849359	见图纸
	定向射灯	L-7	SK	型号：SKTD-2 尺寸：φ60（开孔尺寸）	陈先生 13903849359	见图纸
	吊灯	L-9	奥特斯汀	型号：ATSD-3 尺寸：D:300	陈先生 13903849359	门厅
	台灯	L-10	奥特斯汀	型号： 尺寸：	陈先生 13903849359	客厅
	书桌台灯	L-11	奥特斯汀	型号： 尺寸：	陈先生 13903849359	视听室
	地灯	L-12	奥特斯汀	型号： 尺寸：	陈先生 13903849359	主卧
	厨房专用吊灯	L-13	SK	型号： 尺寸：	陈先生 13903849359	厨房
	单头斗胆灯	L-14	SK	型号： 尺寸：185x183	陈先生 13903849359	客厅
	波西米亚	ST-1	米洛西	型号：金典光面 尺寸：800x800	严小姐 13693711762	见图纸
	米洛奇米黄	ST-2	米洛西	型号：金典光面 尺寸：800x800	严小姐 13693711762	见图纸
	香榭丽舍	ST-3	米洛西	型号：金典光面 尺寸：800x800	严小姐 13693711762	见图纸
	冰川世纪	ST-4	米洛西	型号：金典光面 尺寸：600x1200	严小姐 13693711762	见图纸
	墨玉白根	ST-5	米洛西	型号：金典光面 尺寸：定制	严小姐 13693711762	门套线
	亚马逊森林	ST-6	米洛西	型号：仿古大理石 尺寸：600x600	严小姐 13693711762	公卫洗手台
	水晶宫	ST-7	米洛西	型号：金典光面 尺寸：300x600	严小姐 13693711762	见图纸
	幕墙004	ST-8	米洛西	型号：PJG-MQ004-XM 尺寸：	严小姐 13693711762	门厅墙面

-Interior Design-

(注：更多供应商信息，请根据项目情况自选或登陆"峰和图库"网站查询)

峰和图库
WWW.DWG-COOL.COM

称	材料编号	品牌	型号\规格\材质	供应商	装饰部位
花框014	ST-9	米洛西	型号：PJG-SDPH014 尺寸：100x100	严小姐 13693711762	走廊地面
花框013	ST-10	米洛西	型号：PJG-SDPH013 尺寸：800x100	严小姐 13693711762	门厅地面
花框010	ST-11	米洛西	型号：PJG-SDPH010 尺寸：100x100	严小姐 13693711762	次卫地面
花框011	ST-12	米洛西	型号：PJG-SDPH011 尺寸：800x100	严小姐 13693711762	主卫地面
砖002	ST-13	米洛西	型号：PJG-SWPZ002 尺寸：300x300	严小姐 13693711762	卫生间墙面
砖	ST-14	安拿度	型号：F2274-P 尺寸：600x600	严小姐 13693711762	厨房墙面
板	ST-15	米洛西	型号：加厚鸭嘴板 尺寸：定制	严小姐 13693711762	
板003	ST-16	米洛西	型号：PJG-DJX004 尺寸：600x150	严小姐 13693711762	公共空间 踢脚板
克	ST-17	JNJ	型号： 尺寸：	严小姐 13693711762	卫生间
边线014	ST-18	米洛西	型号：PJF-YXXT014-XM 尺寸：400x42	严小姐 13693711762	次卫生间
雨林	ST-19	米洛西	型号：仿古大理石 尺寸：	严小姐 13693711762	吧台
门	DO-1		型号： 尺寸：900x2400		
门	DO-2		型号： 尺寸：1400x2400		
钢化	GL-1		型号：选样 尺寸：见图纸	市场选购	见图纸
黑镜	GL-2		型号：选样 尺寸：5mm	市场选购	见图纸
黑镜车边	GL-3		型号：选样 尺寸：5mm	市场选购	见图纸
清镜 (m清镜)	GL-4		型号：选样 尺寸：5mm（8mm）	市场选购	见图纸

PROJECT TITLE　项目名称

SELLECTION OF INTERIOR DESIGN PROJECYS
EXAMPLES OF HIGH-QUALITY APARTMENT FOR THE SINGLE

单身精品公寓范例

DRAWING TITLE　图名
材料表

CLIENT　建设单位

PLANNING AGENCIES　策划机构

北京峰和时代科贸有限公司
Fenghe Time Electronics Co., Ltd. Beijing
北京市朝阳区北四环中路6号华亭嘉园C座28B　邮编：100029
North Fourth Ring Road, Chaoyang District, Beijing, China
No. 6 Huating Jia Park, C, 28B
TEL:86-010-82845014 / FAX:86-010-82845014

REVISIONS	版本	DATE	日期

APPROVED	审定
VERIFIED	审核
CHECKED	校对
DESIGNER	设计
DRAWN	制图
DATE	日期
SCALE	比例

版权所有
施工时须以标注尺寸为准
施工单位须现场校验尺寸
如有不符须即通知设计单位
This drawing is copyright
Contractors shall work form figured dimensions only
Contractors must check all dimensions on site
Contractors must be reported immediately to architects

Drawing NO　图号	Job NO　项目编号

材 料 表

(注：更多供应商信息，请根据项目情况自选或登陆"峰和图库"网站查询)

图例	名称	材料编号	品牌	型号\规格\材质	供应商	装饰部位
	窗帘	FA-1		型号：选样 尺寸：见图纸	市场选购	见图纸
	纱帘	FA-2		型号：选样 尺寸：见图纸	市场选购	见图纸
	罗马帘	FA-3		型号：选样 尺寸：见图纸	市场选购	酒室
	百叶帘	FA-4		型号：选样 尺寸：见图纸	市场选购	公卫
	浅咖啡色皮革硬包	UP-1		型号：定制 尺寸：见图纸	市场定购	客厅
	米色皮革硬包	UP-2		型号：定制 尺寸：见图纸	市场定购	视听室
	暗红皮革硬包	UP-3		型号：定制 尺寸：见图纸	市场定购	视听室
	壁纸1	WC-1	美高	型号：MG-D-71 尺寸：见图纸	张先生 13838188789	客厅
	壁纸2	WC-2	美高	型号：MG-D-72 尺寸：见图纸	张先生 13838188789	走廊
	壁纸3	WC-3	美高	型号：MG-D-73 尺寸：见图纸	张先生 13838188789	视听室
	壁纸4	WC-4	美高	型号：MG-D-74 尺寸：见图纸	张先生 13838188789	主卧室
	壁纸5	WC-5	美高	型号：MG-D-75 尺寸：见图纸	张先生 13838188789	化妆间
	壁纸6	WC-6	美高	型号：MG-D-76 尺寸：见图纸	张先生 13838188789	次卧室
	防火板01	SP-1		型号：选样 尺寸：见图纸	市场选购	视听室
	防火板02	SP-2		型号：选样 尺寸：见图纸	市场选购	次卧室
	银箔做旧	SP-3		型号：选样 尺寸：见图纸	市场选购	见图纸
	金箔做旧	SP-4		型号：选样 尺寸：见图纸	市场选购	主卧室吊顶

-Interior Design-

称	材料编号	品牌	型号\规格\材质	供应商	装饰部位
踢脚板 混水漆	MF-1		型号：定制 尺寸：见图纸	市场定购	主卧室踢脚板
踢脚板	MF-2		型号：定制 尺寸：见图纸	市场定购	视听室
乳胶漆	PT-1		型号：选样 尺寸：见图纸	市场选购	
白色 漆	PT-2		型号：选样 尺寸：见图纸	市场选购	卫生间吊顶
	CA-1	海马	型号：HM-D-033 尺寸：满铺	刘先生 13903856695	主卧室
	CA-2	海马	型号：HM-D-042 尺寸：满铺	刘先生 13903856695	次卧室
	CA-3	海马	型号：HM-D-056 尺寸：800X1400	刘先生 13903856695	衣帽间
地板	CA-4		型号：选样 尺寸：见图纸	市场选购	门厅
	CA-5	海马	型号：HM-D-062 尺寸：2200X1300	刘先生 13903856695	次卧室
	CA-6	海马	型号：HM-D-061 尺寸：满铺	刘先生 13903856695	视听室
不锈钢	MT-1		型号：常规 尺寸：见图纸	市场选购	
不锈钢	MT-2		型号：常规 尺寸：见图纸	市场选购	
木	WD-1		型号：选样 尺寸：见图纸	市场选购	木门
造型板	WD-2		型号：选样 尺寸：见图纸	市场选购	木门

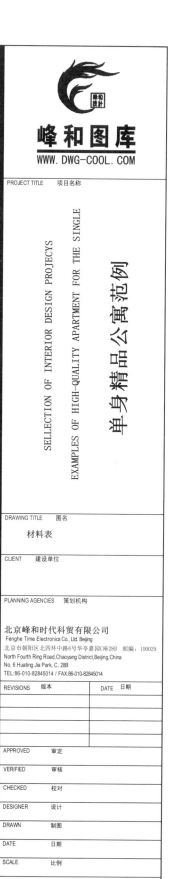